极客学院
jikexueyuan.com

互联网＋职业技能系列

职业入门｜基础知识｜系统进阶｜专项提高

HTML+CSS+JavaScript

Web 前端开发技术

Web Front-end Development Technology

极客学院 出品

聂常红 编著

人 民 邮 电 出 版 社

北 京

图书在版编目（ＣＩＰ）数据

HTML+CSS+JavaScript Web前端开发技术 / 聂常红编著. -- 北京：人民邮电出版社，2017.9（2020.1重印）
ISBN 978-7-115-45371-6

Ⅰ. ①H… Ⅱ. ①聂… Ⅲ. ①超文本标记语言－程序设计②网页制作工具③JAVA语言－程序设计 Ⅳ. ①TP312.8②TP393.092.2

中国版本图书馆CIP数据核字(2017)第155554号

内 容 提 要

本书全面介绍了Web标准的三个主要组成部分HTML、CSS和JavaScript，本书循序渐进地讲述了三大Web前端开发技术的内容、应用技巧以及它们的综合应用，每部分都配置了大量的实用案例，图文并茂，效果直观。

在HTML篇，本书系统介绍了常用的HTML标签、HTML5语法变化、HTML5表单新增属性和新增input元素类型、HTML5新增文档结构元素和表单元素，以及新增的客户端校验方式等内容；在CSS篇，本书系统介绍了CSS定义、CSS常用选择器、CSS常用属性、盒子模型、定位排版和浮动排版、网页常用布局版式及其应用等内容；在JavaScript篇，本书系统介绍了JavaScript的基础知识、脚本函数、事件处理、正则表达式模式匹配、JavaScript内置对象、BOM对象、DOM模型以及使用DOM操作HTML文档等内容；最后，在HTML+CSS+JavaScript综合案例篇通过一个综合实例，详细讲解了整合三大Web前端技术制作网页所涉及的各方面内容和技巧。

本书可作为大中专院校及培训学校计算机及相关专业的教材，并可供从事前端开发工作的相关人员参考。

♦ 编　　著　聂常红
　　责任编辑　许金霞
　　责任印制　周昇亮
♦ 人民邮电出版社出版发行　　北京市丰台区成寿寺路 11 号
　　邮编　100164　电子邮件　315@ptpress.com.cn
　　网址　http://www.ptpress.com.cn
　　涿州市京南印刷厂印刷
♦ 开本：787×1092　1/16
　　印张：24　　　　　　　　　2017 年 9 月第 1 版
　　字数：630 千字　　　　　　2020 年 1 月河北第 4 次印刷

定价：59.80 元

读者服务热线：(010)81055256　印装质量热线：(010)81055316
反盗版热线：(010)81055315
广告经营许可证：京东工商广登字 20170147 号

前言

在 2005 年以前的 Web1.0 时代，网页内容比较简单，主要就是一些文字和图片，所以开发也比较简单，只要熟悉几个网页制作软件，诸如 Photoshop+Dreamweaver+flash 软件，就可以很容易地把网页制作出来，网页开发对开发人员的要求并不高。然而在 2005 年之后，随着互联网进入 Web2.0 时代，网页不仅要求完全地展现，而且还要求具备炫酷的页面交互、良好的用户体验以及跨终端的适配兼容等功能。可见，在 Web2.0 时代，对网页开发的要求越来越高了。不论是在开发难度上，还是在开发方式上，此时的网页开发都更接近传统的网站后台开发，所以此时的网页开发不再叫网页制作，而是叫前端开发，并需要专业的前端工程师才能做好。

要成为一名合格的前端工程师，需要掌握前端开发相关的技术，比如 "HTML" "CSS" "JavaScript" "Ajax" "node.js" "React.js" 等技术。在众多的前端开发技术中，"HTML" "CSS" "JavaScript" 是最基本也是最核心的技术，其他很多技术都是在这些核心技术的基础上发展起来的，这些新技术常常会随着时代的发展而被淘汰，而 "HTML" "CSS" "JavaScript" 作为原生语言却一直保持着旺盛的生命力。所以，作为前端开发人员，"HTML" "CSS" "JavaScript" 是要掌握的最核心的开发技能！鉴于 "HTML" "CSS" "JavaScript" 在前端开发中的重要性，本书对它们进行了详尽的讲述。

本书全文分为四篇：HTML、CSS、JavaScript 和 HTML+CSS+JavaScript 综合案例。全书系统、全面地介绍了 Web 开发所涉及的三大前端技术的内容和应用技巧。

第一篇　HTML 篇

这部分内容由第 1 章 ~ 第 12 章组成，主要讲述了 HTML 相关概念、HTML 文件的基本结构、文档类型、网站建设与发布流程、常用的 HTML 标签、HTML5 语法变化、HTML5 表单新增属性和新增 input 元素类型、HTML5 新增文档结构元素和表单元素，以及新增的客户端校验方式等内容。

第二篇　CSS 篇

这部分内容由第 13 章 ~ 第 15 章组成，主要讲述了 CSS 的定义、CSS 基本选择器和复合选择器、CSS 常用属性、在 HTML 文档中应用 CSS 的方式、盒子模型、定位排版和浮动排版、网页常用布局版式及其应用等内容。

第三篇　JavaScript 篇

这部分内容由第 16 章 ~ 第 24 章组成，主要讲述了 JavaScript 基础知识、在 HTML 网页中嵌入脚本的方式、脚本函数、事件处理、正则表达式模式匹配、JavaScript 内置对象、BOM 对象、DOM 模型以及使用 DOM 操作 HTML 文档和几个经典案例等内容。

第四篇　HTML+CSS+JavaScript 综合案例篇

这部分由第 25 章组成，这章将理论知识贯穿于实践，介绍了整合 HTML+CSS+JavaScript 进行前端开发涉及的各方面的内容和技巧。

本书具有以下几个特点。

● 内容全面、系统。本书系统、详细介绍了 Web 开发所涉及的三大前端技术各方面内容和技巧。

● 理论和实践完美结合。每章都配有大量的实用案例，对一些核心知识点，还在章节中引入综合案例，同时在全面、系统介绍各章内容知识的基础上，还提供了一个整合 HTML+CSS+JavaScript 开发企业级网站的综合案例。通过各种实例，将理论知识和实践完美地结合起来。

● 图文并茂。本书的每个实例代码都配有相应的运行效果图，效果直观，使读者轻易获得感性认识，提高学习效率。

本书可作为大中专院校及培训学校计算机及相关专业的教材，也可供从事前端开发工作的相关人员参考。

聂常红

2017 年 1 月

目　录

第 1 篇　HTML 篇

第3篇　JavaScript 篇

第 4 篇　HTML+CSS+JavaScript 综合案例篇

第 1 篇
HTML 篇

第1章
HTML 基础

随着计算机技术和通信技术的迅猛发展和日益普及，以 Internet 为代表的计算机网络已经从最初的军事、科研和教育的专用网络逐步向全球化网络、商业化网络和大众化网络方向发展，逐渐成为人们工作、学习和生活的一个重要部分，并深深地改变着我们的学习、工作和生活方式。时至今日，人们已经在很大程度上离不开网络了。目前 Internet 为人们提供了多种服务，如 WWW、E-mail、FTP、BBS 等，其中 WWW 是应用最广泛的服务之一，它已经成为查找信息、网上购物、网上结算、软件下载等活动的好场所。若要将网上的信息展现在用户面前，就需要使用一种称为 HTML 的标签语言。

1.1 基本概念

Internet 也称为因特网、互联网，是全球最大的、开放的、由众多网络互连而成的计算机网络。

Internet 提供的服务主要有：WWW、FTP、E-mail、BBS 和 Telnet。其中，WWW 用于提供网页浏览服务，是应用最广、发展最快的一种服务。

1. WWW 简介

WWW 是全球广域网（World Wide Web）的缩写，简称为 Web，中文又称为"万维网"。它起源于 1989 年 3 月，是由欧洲量子物理实验室（ the European Laboratory for Particle Physics, CERN）所发展出来的超媒体系统。

WWW 为使用者提供了一个可以轻松驾驭的图形用户界面来查阅 Internet 上的文档，它允许使用者通过"跳转"或"超级链接"从某一页跳到其他页。一个完整的 WWW 系统包括 WWW 服务器、浏览器、HTML 文件（Web 页面，网页）和网络 4 部分。

WWW 服务器是指能够实现 WWW 服务功能的计算机，也称为 Web 站点。服务器上包含了许多称为 html 文件的资源，这些 Web 页面采用超级文本（Hypertext）的格式，即可以包含指向其他 Web 页面或其本身内部特定位置的超级链接。服务器信息资源主要是以网页的形式向外提供。访问者要查看 Web 站点上的信息，需使用 Web 浏览器软件，如 Microsoft 的 IE 或 Google 的 Chrome 等，它们能将 Web 站点上的信息转换成用户显示器上的文本或图形。一旦浏览器连接到了 Web 站点，就会在计算机上显示出有关的信息。相对于服务器来说，浏览器称为 WWW 的客户端。

一般来讲，一个 Web 站点由多个网页构成。每个 Web 站点上都有一个起始页，通常称为主页或首页。这是一个特殊的页面，它是网站的入口页面，其中包含指向其他页面的超链接。通常主页的名称是固定的，一般使用 index 或 default 来命名主页，例如，index.html 或 default.html。

WWW 的运行涉及 3 个重要的概念：统一资源定位器（Uniform Resource Locator，URL）、超文本传输协议（Hypertext Transfer Protocol，HTTP）和超文本标签语言（Hypertext Markup Language，HTML）。

（1）URL。在 Internet 上查找 WWW 信息资源需要使用 URL。URL 提供了在 Web 上访问资源的统一方法和路径，相当于现实生活中的门牌号，它标识了链接所指向的文件的类型及其准确位置。

（2）HTTP。WWW 服务器和 WWW 客户机之间是按照文本传输协议（HTTP）互传信息的。HTTP 协议制订了 HTML 文档运行的统一规则和标准，它是基于客户端请求、服务器响应的工作模式，主要由 4 个过程组成：客户端与服务器建立连接；客户端向服务器发出请求；服务器接受请求、发送响应；客户端接收响应，客户端与服务器断开连接。这一过程就好比打电话一样，打电话者一端为客户端，接电话者一端为服务端。

（3）HTML。HTML 是一种文本类、解释执行的标签语言，用于编写要通过 WWW 显示的超文本文件。在后面会进一步介绍 HTML。

2. 浏览器

浏览器是专门用于执行 HTML 文件以及查看 HTML 源代码的一种软件。比如 Microsoft 的 IE、Google 的 Chrome 以及 Mozilla 的 Firefox。

浏览器执行 HTML 文件有两种方式：鼠标双击 HTML 文件来执行和通过浏览器地址栏中输入 HTML 文件的 URL 来执行。

3. 静态网页和动态网页

由 HTML 直接书写，内容不会因人因时变化，并且不能够在客户端与服务器端进行交互的网页称为静态网页。静态网页的扩展名为.html 或.htm。

内容能够因人因时变化，且能够在客户端与服务器端进行交互的网页称为动态网页。动态网页的扩展名依据所用的编程语言来定，如.jsp、.aspx 等。

全部由静态页面组成的网站称为静态网站；包含有动态网页的网站称为动态网站。

1.2　HTML 概述

1.2.1　HTML 定义

HTML 是一种文本类、由浏览器解释执行的标签语言，用于编写要通过 WWW 显示的超文本文件，具有平台无关性。

1.2.2　HTML 的发展历程

HTML 诞生于 20 世纪 90 年代，由 Tim Berners-Lee 所设计。最初的 HTML 被设计得很简单，只包含几个标签，主要用于在网上展现文本。随着 Web 网络的迅速发展，人们开始希望在网上发布的信息图文并茂，并且动感十足。为满足人们不断增加的需要，HTML 被不断地发展，其标签不断被充实，功能也得到了不断增强。至今，HTML 已发展到了 HTML5。在 HTML5 之前的 HTML 的最高版本是 HTML4.0.1，现在说的 HTML 通常就是指 HTML4.0.1。在这个版本的语言中，规范更加统一，浏览器之间的兼容性也更强了。

虽然 HTML 目前的功能已得到了极大的增强，不同浏览器之间的兼容性也更加好了，但 HTML 本身存在致命的缺点，就是不能描述数据的具体含义，同时它的标签也是很有限的，这就使得 HTML 的发展比较有限。另外在 HTML 的整个发展历程中，各种浏览器厂商对 HTML 的支持并没有完全严格按规范要求来做，使得 HTML 显得极其宽松，比如双标签可以没有结束标签，标签和属性的大小写不约束，属性值是否有引号都没关系，标签是否正确嵌套也没关系。而运行在计算机上的各种浏览器对错误的 HTML 也极其宽容，以至于明显格式不良的 HTML 文档在浏览器上竟然也能正确显示结果。随着技术的发展，浏览器不仅能在计算机上运行，而且还能在移动设备和手持设备上运行，而运行在这些设备上的浏览器对 HTML 的错误就没有这么宽容了。为此，W3C 建议使用可扩展标签语言（Extensible Markup Language，XML）规范来约束 HTML 文档。

XML 是一套用来定义如何标签文本的规则，没有固定的标签，在 XML 中，程序员可以根据需要定义不同的标签。XML 是区分大小写的，所有元素必须成对出现，所有属性值必须用英文引号引起来。XML 的主要用途：一是作为定义各种实例标签语言标准的元标签；二是作为 Web 数据的标准交换语言，起到描述交换数据的作用。

XML 作为 Web 数据的标准交换语言，具有很强的数据转换功能，完全可以替代 HTML。但目前存在成千上万的基于 HTML 语言设计的网站，因此马上采用 XML 还不太合适。为从 HTML 平滑过渡到 XML，而采用了可扩展 HTML（Extensible Hyper-Text Markup Language, XHTML）。XHTML 是一个过渡技术，它同时结合了 HTML 的简单性和 XML 的规范性等优点，是一种增强了的 HTML。2000 年 1 月，W3C 发布了 XHTML1.0 版本。

虽然 HTML 看上去显得很不规范，但事实上，W3C 将它以及 XHTML 作为标准来发布时，都通过文档类型定义（Document Type Definition，DTD）对它们制订了严格的规范标准，但现在大量存在互联网上的 HTML 文档却很少完全遵守这些规范。出于"存在即是合理"的考虑，Web 超文本应用技术工作组（Web Hypertext Application Technology Working Group，WHATWG）组织制定了 HTML5 这样一个新的 HTML 标准，这是一种由规范向现实"妥协"的规范。HTML5 的规范极其宽松，甚至不用提供 DTD。在 WHATWG 的努力下，W3C 在 2008 年终于认可了 HTML5，2014 年 10 月 28 日，W3C 的 HTML 工作组正式发布了 HTML5 的正式推荐标准（W3C Recommendation）。HTML5 增加了支持 Web 应用开发者的许多新特性，以及更符合开发者使用习惯的新元素，并重点关注定义清晰的、一致的准则，以确保 Web 应用和内容在不同用户代理（浏览器）中的互操作性。HTML5 带来了一组新的用户体验，如 Web 的音频和视频不再需要插件，通过 Canvas 更灵活地完成图像绘制，而不必考虑屏幕的分辨率，浏览器对可扩展矢量图（SVG）和数学标签语言（MathML）的本地支持等。HTML5 是构建开放 Web 平台的核心，为此，各大浏览器厂商都对 HTML5 抱着极大的热情，纷纷在自己的浏览器中对 HTML5 提供越来越高的支持。在 Web 开发界，它也得到了越来越多开发人员的青睐，事实上，Google 在很多地方都开始使用 HTML5。

1.3　HTML 文件

使用 HTML 语言编写的文件称为 HTML 文件，也叫 Web 页面或网页，扩展名为.html 或.htm。HTML 文件是一种纯文本文件，可以使用记事本、Editplus 等文本编辑工具，或 frontPage、IntelliJIDEA、Dreamweaver 等可视化编辑工具来编写。HTML 文件由浏览器解释执行，具有跨平台性，任何一台主机，只要具有浏览器就可以执行 HTML 文件。通过浏览器中的"查看>>源文件"命令，访问者可以查看网页的 HTML 代码。

HTML 文件的组成包含两部分内容：一是 HTML 标签；二是 HTML 标签所设置的内容。

1.3.1　HTML 标签

HTML 标签，也称为元素，用于描述网页结构，同时也可对页面对象样式进行简单的设置。所有标签都是由一对尖括号（"<"和">"）和标签名所构成的，并分为开始标签和结束标签。开始标签使用<标签名>表示，结束标签使用</标签名>表示。在开始标签中使用 attributename="value" 这样的格式来设置属性，结束标签不包含任何属性。标签中的标签名用来在网页中描述网页对象，属性则用于表示元素所具有的一些特性。比如事物的形状、颜色、用途等特性。

标签语法格式：

<标签名称　属性="属性值" 属性="属性值" ...> ...</标签名称>

一个标签中可以包含任意多个属性，不同属性之间使用空格分隔，例如：<a href="http://www.sise.com.cn" title="华软主页">。

属性值可以使用引号括起来，也可以不使用引号。使用引号时既可以是单引号，也可以是双引号，例如，title="华软主页"及 title='华软主页'都正确。但需注意的是，引号必须配对使用，不能一边使用双引号，另一边却使用单引号；此外，使用引号时必须保证是在英文输入状态下输入。另外，HTML 标签和属性不区分大小写，即标签<hr>、<Hr>和<HR>作用是一样的。

标签属性虽然可以对标签所设置的内容进行一些简单样式的设置，如对文字颜色、字号、字体等样式进行设置。但在实际应用中，一般使用 CSS 来设置样式，而不建议标签属性来设置样式，这是因为使用标签属性设置样式，一方面会使表现和结构无法分开；另一方面有可能造成在不同浏览器中得到不同的表现效果。

通常标签都具有默认属性，当一个标签中只包含标签名时，标签将使用默认属性来获得标签的默认样式，例如：段落标签<p>，其存在一个默认的居左对齐方式。需要修改标签的默认样式时，通常使用 CSS 来重置默认样式。

大多数 HTML 标签都有一个开始标签和结束标签，有部分标签只有开始标签，没有结束标签，如
。对于同时具有开始标签和结束标签的称为双标签，而只具有开始标签的称为单标签。

HTML 开始标签后面或标签对之间的内容就是 HTML 标签所设置的内容，其中的内容可以是普遍的文本，也可是嵌套的标签。

1.3.2　HTML 文件的基本结构

按照实现功能的不同，整个 HTML 文件可分成两层：一层是外层，由<html>和</html>标签对来标识；另外一层是内层，用于实现 HTML 文件的具体功能。根据实现功能的不同，又可以将内层细分为两个区域，即头部区域和主体区域。

头部区域的标识标签是<head>和</head>，<head>和</head>之间的内容都属于头部区域中的内容。这个区域主要用来设置一些与网页相关的信息，如网页标题、字符集、网页描述的信息等，设置的信息内容一般不会显示在浏览器窗口中。

要在浏览器窗口显示的内容需要放在主体区域。主体区域的标识标签是<body>和</body>。

HTML 文件的基本结构如下。

1.3.3　HTML 文件的编写方法

HTML 文件是一个文本文件，我们可以使用任意一种文本编辑工具进行编写。在此，我们将介绍三种编写方法，即使用最简单的记事本工具编写和使用可视化的 Dreamweaver 以及 IntelliJ IDEA 编写。

1. 使用记事本编写 HTML 文件

打开记事本，在光标处直接输入图 1-1 所示的代码，并以"ex1-1.html"为文件名将文件保存在 E:\jk\lesson1 目录下。

在 E:\jk\lesson1 目录找到 ex1-1.html 文件，双击该文件，会自动打开浏览器执行该 html 文件；或者打开浏览器，选择"文件→打开"命令，从弹出的"打开"对话框中找到 ex1-1.html 文件后，单击"确定"按钮，即可以执行该文件，运行效果如图 1-2 所示。

图 1-1　使用记事本编写 HTML 文件

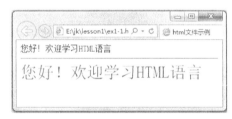

图 1-2　HTML 文件在浏览器中的运行效果

2. 使用 Dreamweaver 编写 HTML 文件

Dreamweaver 是 Macromedia 公司推出的目前最流行、使用最广泛的一款专业的可视化网页制作软件，它集网页制作和网站管理于一身，可用于对 Web 站点、Web 页面进行设计和编码。

Dreamweaver 的文档窗口通常包含多个视图窗口，其中 Dreamweaver CS6 包含了 4 个视图窗口，分别如下。

代码视图：用于编写和编辑 HTML、CSS、JavaScript 等代码的编码环境。

设计视图：用于可视化页面布局、可视化编辑的设计环境。

拆分视图：用于同时显示同一文档的代码视图和设计视图。

实时视图：用于实时展现浏览器浏览效果的窗口。

打开 Dreamweaver CS6 软件，在打开的界面中选择"新建"栏目下的"HTML"，将会默认打开图 1-3 所示的代码视图。在代码视图中可直接编写代码，编写完后将文件保存为 html 文件，如图 1-4 所示。如果同时单击拆分视图和实时视图，则可同时查看代码视图及其在浏览器中的显示效果，如图 1-5 所示。

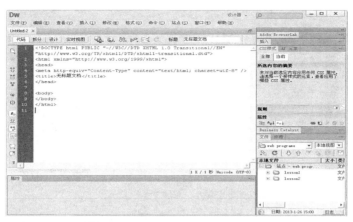

图 1-3　使用 Dreamweaver 新建 HTML 文件默认打开的代码视图

图 1-4　在代码视图中进行代码的编写

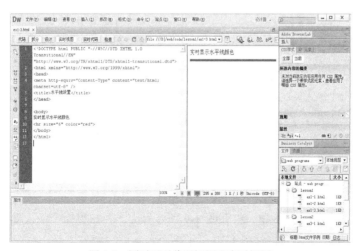

图 1-5　同时显示代码视图和实时视图

在代码视图、设计视图和拆分视图中，也可通过单击"在浏览器中预览/调试"按钮，以打开选择的浏览器来浏览网页，如图 1-6 所示。

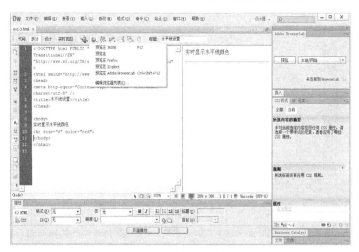

图 1-6　选择浏览器浏览网页

3. 使用 IntelliJ IDEA 编写 HTML 文件

IntelliJ IDEA 是 Java 语言开发的集成环境。IntelliJ IDEA 虽然主要用于开发 Java 的工具，但其创建 HTML、CSS 和 JavaScript 文档时一样特别出色。在静态网站的开发方面，IntelliJ IDEA 和 Dreamweaver 都是优秀的集成化开发工具，都可以开发 HTML、CSS 和 JavaScript 文档。但在智能代码助手、代码自动提示等方面，IntelliJ IDEA 优于 Dreamweaver。Dreamweaver 的主要优点是可视化和网站的管理。下面我们来介绍使用 IntelliJ IDEA 编写 HTML 文件的步骤。

运行 IntelliJ IDEA 软件后打开图 1-7 所示界面。在该界面双击第一项"Create New Project"打开图 1-8 所示界面。在图 1-8 界面中选择"Static Web"新建一个静态网站。

图 1-7　欢迎页面

图 1-8　新建一个静态网站项目

单击图 1-8 中的"Next"按钮，打开图 1-9 所示界面。在该界面中输入项目名和项目保存位置，然后点击"finish"按钮后打开图 1-10 所示界面。

在图 1-10 中对项目名单击鼠标右键，在弹出的菜单中依次选择"New""HTML File"菜单，然后在打开的对话框中输入 HTML 文件名，并从下拉列表中选择 HTML 文件的类型。创建步骤如图 1-11 所示。

图 1-9　输入项目名和项目保存位置

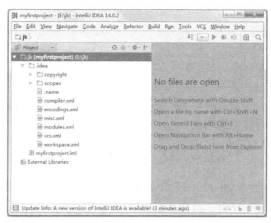

图 1-10　创建的静态网站项目的默认文件结构

图 1-11　新建 HTML 文件

单击"OK"按钮即可打开所创建的 HTML 文件，如图 1-12 所示。在打开的 HTML 文件中输入相应的内容，然后将鼠标移到 HTML 文件代码行区域的任何位置处，此时将会出现五大浏览器的图标（注意：如果鼠标移在</html>标签之后的空白区域，浏览器图标不会出现），如图 1-13 所示。单击你已安装的浏览器对应的图标，你所创建的 HTML 文件将在该浏览器中运行，如图 1-14 所示。

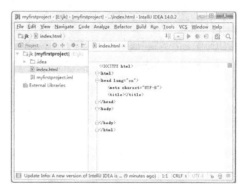

图 1-12　打开所创建的 HTML 文件

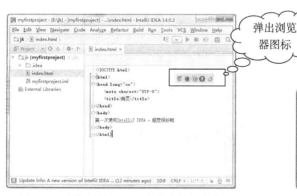

图 1-13　在打开的 HTML 文件中输入内容

图 1-14　单击图 1-13 中的浏览器图标后运行 HTM 文件

1.4 XHTML 基础

我们知道 XHTML 是 HTML 向 XML 发展的一种过渡技术,它使用了 XML 的规则对 HTML4 进行了扩展。

1.4.1 XHTML 基本语法

标准的 XHTML 遵循严格的 XML 语法规则,这些规则主要如下。

(1)文档之首必须使用 DOCTYPE 声明。

(2)文档的根元素必须是 html,并且必须为其指定命名空间,例如:

```
<html xmlns="http://www.w3.org/1999/xhtml">
```

(3)元素必须正确嵌套。即当有标签嵌套使用时,必须先结束里层的标签,再结束外层的标签。

例如:

```
<b>标签嵌套<font color="red">错误!</b></font>
<b>标签嵌套<font color="blue">正确!</font></b>
```

(4)标签必须成对使用。每个元素都必须有结束标签,除非在 DTD 中将其声明为 EMPTY。对于单标签,必须在开始标签的右尖括号前加一反斜线,如
。

(5)标签名和属性名必须小写。

(6)属性值必须用引号括起来,并且引号必须在英文状态下输入。

(7)每个属性都必须有属性值。

HTML 标签的属性可以没有值,而 XHTML 规定所有属性都必须有一个确定的值,没有值的以属性名作为属性值,例如:

```
<input type="checkbox" name="shirt" value="short" checked="checked" >
```

(8)使用 id 作为标签的标识属性。

(9)<script>和<style>标签必须设置 type 属性。

1.4.2 XHTML 文档类型

规范的 XHTML 文档需要以<!DOCTYPE>标签开始。DOCTYPE(document type)主要用来说明所使用的 XHTML 或者 HTML 是什么版本以及按什么规范来解析网页。解析规范由 DOCTYPE 定义的 DTD(文档类型定义)所指定,DTD 规定了使用通用标签语言的网页语法。XHTML1.0 提供了以下 3 种类型的 DOCTYPE。

(1)过渡类型(Transitional):浏览器对 XHTML 的解析比较宽松,它允许使用 HTML4.01 的标签,但要符合 XHTML 的语法。

基本格式:

```
<!DOCTYPE html PUBLIC "-//W3C//DTD XHTML 1.0 Transitional//EN"
   "http://www.w3.org/TR/xhtml1/DTD/xhtml1-transitional.dtd">
```

（2）严格类型（Strict）：浏览器对 XHTML 的解析比较严格，不允许使用任何表现样式的标签和属性，提倡内容与样式分开。

基本格式：

```
<!DOCTYPE html PUBLIC "-//W3C//DTD XHTML 1.0 Strict//EN"
    "http://www.w3.org/TR/xhtml1/DTD/xhtml1-strict.dtd">
```

（3）框架类型（Frameset）：如果页面中使用框架结构，就需要使用框架类型。

基本格式：

```
<!DOCTYPE html PUBLIC "-//W3C//DTD XHTML 1.0 Frameset//EN"
    "http://www.w3.org/TR/xhtml1/DTD/xhtml1-frameset.dtd">
```

注：在 HTML5 中，对标签的书写格式要求很宽松，所以可以不用规定标签必须遵循的 dtd 文件，所以在 HTML5 中的文档类型设置格式如下。

```
<!DOCTYPE html>
```

极客学院
jikexueyuan.com

有关 XHTML 的视频（HTML 中的"XHTML 的使用规范"）
二维码
该视频介绍了 XHTML 的相关概念、XHTML 的属性和元素。

XHTML 的使用规范

1.5　网站的建设与发布

网站建设是一个系统工程，包含一定的工作流程，我们只要遵循这个流程，按部就班把每一步工作做好，就有可能创建一个令人满意的网站。简单来说，这个流程大致可分为：网站策划、网站素材收集、网站目录设计、网页规划、网页制作、网站测试和网站发布等几个主要步骤。

1.5.1　网站策划

网站策划，即网站定位，在建设一个网站前，首先必须确定网站的主题。这一步主要是确定网站的题材，即要明确网站的类型，是作为一个个人主页，还是作为门户网站、社交网站、公司网站或是电子商务网站。确定主题后还要明确访问网站的对象和网站内容。主题、对象和内容三者之间存在的相互关系如图 1-15 所示。

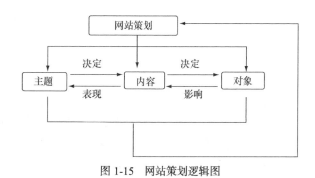

图 1-15　网站策划逻辑图

1.5.2　网站素材收集

网站定位后，接下来就应该围绕网站的主题和访问对象收集网站的素材。这些素材主要包括文字、图片、动画、声音及影像等类型的资料。对网站素材的收集途径主要有以下两种。

（1）自己编制文字材料或使用一些制作软件（如 Photoshop、Fireworks 等软件）制作图片，使用 Flash 等软件制作动画，以及使用一些影视软件制作影像视频等多媒体文件。

（2）从网络、书本、报刊、杂志、光盘等媒体中获取所需素材。

收集到素材后应分门别类地保存在相应的目录中，以便制作网站时使用。另外，在使用别人的素材时，要注意版权问题以及确保内容的完整性与正确性。

1.5.3　网页规划

网页规划包括网页版面布局和颜色规划。

网页的版面，指的是在浏览器中看到的完整的一个页面的大小。由于浏览器有 800 像素 × 600 像素、1024 像素 × 768 像素，1280 像素 × 800 像素等多种不同的分辨率，故为了能在浏览器窗口完整地显示页面，我们制作网页时需要对页面的宽度进行设置。目前宽度一般设置为不超过 800px 或让网页自适应浏览器宽度变化。

网页布局指的是网页结构的设计，即合理地设计页面中的栏目和板块，并将其合理地分布在页面中。如网站主页的基本构成内容包括网站标志、导航栏、广告条、主内容区、页脚等，在进行规划时需要对这些内容进行布局规划。如作为网站的标志应该能集中体现网站的特色、内容及其内在的文化内涵和理念；广告条位置应该对访问者有较高的吸引力，通常在此处放置网站的宗旨、宣传口号、广告语或设置为广告席位来出租；导航栏则可以根据具体情况放在页面的左侧、右侧、顶部和底部；主内容区一般是二级链接内容的标题、内容提要或内容的部分摘录，布局通常是按网站内容的分类进行分栏或划分板块；页脚通常用来标注站点所属的单位的地址、E-mail 链接以及版权所有或导航条。

页面颜色的规划需要遵循一定的原则：保持网页的色彩搭配的协调性；保持不同网页色彩的一致性；根据页面的主题、性质及浏览者来规划整体色彩。

1.5.4　网站目录设计

为了能正确地访问，以及便于日后的维护和管理，我们在设计网站目录时，需要遵循这样的原则：目录的层次不要太深，一般不要超过 3 层；不要使用中文目录；尽量使用意义明确的目录名称。

一个网站的目录一般按以下步骤来设计。

（1）创建一个站点根目录。

（2）根据网站主页中的导航条，一般在站点根目录下为每个导航栏目建一个目录（除首页栏目外）。

（3）在站点根目录下创建用于存放公用图片的目录 images。

（4）在站点根目录下创建一个保存样式文件的 CSS 文件夹。

（5）在站点根目录下创建一个保存脚本文件的 JS 文件夹。

（6）如果有 flash、avi 等多媒体文件，则可以在站点根目录下再创建一个用于保存多媒体文件的 media 文件夹。

（7）创建主页，将主页命名为 index.html 或 default.html，并存放在根目录下。

（8）每个导航栏目的文件分别存放在相应导航栏目录下。

1.5.5　网页制作

上述各项工作准备好后，就可以开始制作网页了。网页包括静态网页和动态网页，如果是静态网页，只需使用 HTML、CSS 和 JavaScript 来创建；如果是动态网页，则还需要使用到诸如 JSP、ASP.net、PHP 等这样一些用于创建动态网页的技术。在此我们主要介绍静态网页的制作。静态网页的制作可以使用任意一种文本编辑工具，如记事本、Dreamweaver 等工具。

1.5.6　网站测试

为了保证所建设的网站能被用户快速有效地访问到，在发布网站之前以及之后都应对网站进行测试。根据测试内容的不同，可将网站测试分为以下几种类型。

（1）浏览器兼容的测试：在不同的浏览器中和在不同的版本下访问网页，查看显示情况是否正确。

（2）链接测试：单击每一个链接，查看能否正确链接到目标页面，确保不存在无效和孤立链接。

（3）发布测试：将网站发布到 Internet 上后，对网站中的网页进行链接及访问速度等内容的测试，确保各个链接有效，同时访问速度可接受。

1.5.7　网站发布

网站创建好后，就可以申请域名供别人访问了，如果网站空间需要使用别人提供的，则还需要申请空间，并且将网站上传到所申请的空间上。网站的上传可以使用 cutFtp 这样的 FTP 软件，也可以使用 Dreamweaver 软件的上传文件功能进行上传。

习 题 1

1. 填空题

（1）WWW 的全称是_____，简称为_____，中文名为_____。

（2）HTML 的中文名称叫_____，是一种文本类的由_____解释执行的标签语言。

（3）用 HTML 语言编写的文件称为_____，HTML 文件的扩展名可以是_____或.htm。

（4）HTML 文件的头部区域使用_____标签来标识，主体区域使用_____标签来标识

2. 简答题

网站的创建流程包括哪些步骤？简述每个步骤的操作内容。

3. 上机题

（1）熟悉 Dreamweaver 软件，并分别使用记事本和 Dreamweaver 软件创建一个简单的 HTML 文件。

（2）在浏览器中单击菜单"查看→源文件"查看所创建的 HTML 文件的源代码。

2.1　页面的头部标签

我们知道，人体按功能可分成两大部分：头部和身体。同样的道理，一个网页，也可以从功能上将其分成头部和主体两大部分。页面的头部是指由<head>和</head>所包含的部分，主要用于设置当前网页的页面标题、字符集、关键字、描述信息等内容。一般来说，位于头部的内容都不会在网页上直接显示，而主体部分则通常会在网页中直接表现出来。常用的头部标签如表 2-1 所示。

表 2-1　　　　　　　　　　　　　　　常用头部标签

标　　签	描　　述
<title>	设置网页的标题，该标题同时可作为搜索关键字以及搜索结果的标题
<meta>	定义网页的字符集、关键字、描述信息等内容
<style>	设置 CSS 层叠样式表的内容
<link>	设置对外部 CSS 文件的链接
<script>	设置页面脚本或链接外部脚本文件
<base>	设置页面的链接或源文件 URL 的基准 URL 和链接的目标

本章将介绍<title>和<meta>两个标签，<style>、<link>和<script>标签将分别放到后面相关章节中介绍。

2.2　标题标签<title>

<title>标签的作用有两个：一是设置网页的标题，以告诉访客网页的主题是什么，设置的标题将出现在浏览器中的标签栏或选项卡中；二是给搜索引擎索引，作为搜索关键字以及搜索结果的标题使用。需要注意的是：搜索引擎会根据<title>标签设置的内容将你的网站或文章合理归类，所以标题对一个网站或文章来说，特别重要。此外，到目前为止，标题标签是 SEO（搜索引擎优化）中最为关键的优化项目之一，一个合适的标题可以使你的网站获得更好的排名。实践证明，对标题同时设置关键字时可以使网站获得更靠前的排名。包含关键字的标题的设置格式为标题-关键字,例如:百度医生-网上预约挂号平台首选。为了让访客更好地了解网页内容以及使网站获得更好的排名,每个页面都应该有一个简短的、描述性的、最好能带上关键字的标题,而且这个标题在整个网站应该是唯一的。有关 title 标题对搜索影响的示例请参见示例 2-2。

标题设置语法:

```
<title>标题内容</title>
```

【示例 2-1】页面标题设置。

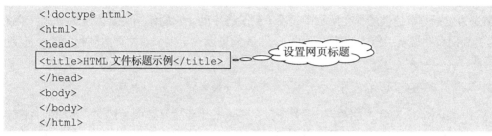

上述代码在 IE11 浏览器中的运行结果如图 2-1 所示,页面标题显示在选项卡中。但我们发现标题显示乱码了。为什么会这样呢? 原因是我们在网页中没有设置页面使用的字符集。字符集的设置需要使用下一节介绍的<meta>标签。

图 2-1 网页标题设置

2.3 元信息标签<meta>

meta 标签是页面头部区域中的一个辅助性标签,用于提供 HTTP 标题信息和页面描述信息的设置。

2.3.1 <meta >标签属性

meta 功能虽然强大,但使用却很简单,它包含 4 个属性,各个属性的描述如表 2-2 所示。

表 2-2 <meta>标签的属性

属　　性	描　　述
http- equiv	以键/值对的形式设置一个 HTTP 标题信息,“键”指定设置项目,由 http-equiv 属性设置,“值”由 content 属性设置
name	以键/值对的形式设置页面描述信息,“键”指定设置项目,由 name 属性设置,“值”由 content 属性设置
content	设置 http-equiv 或 name 属性所设置项目对应的值
charset	设置页面使用的字符集

http-equiv 属性类似于 HTTP 的头部协议，它回应给浏览器一些有用的信息，以帮助正确地显示网页内容。name 属性用于描述网页，以便于搜索引擎机器人查找、分类。目前几乎所有的搜索引擎都使用网上机器人自动查找 meta 值来给网页分类，一个设计良好的 meta 标签可以大大提高网站被搜索到的可能性。

每一个<meta>实现一种功能，可以在 html 文件的头部区域中包含任意数量的<meta>标签，以实现多种功能。

2.3.2　设定网页关键字

关键字是为搜索引擎提供的，在网页中是看不到关键字的，它的作用主要体现在搜索引擎优化上面。为提高网页在搜索引擎中被搜索到的概率，我们可以设定多个与网页主题相关的关键字。

基本语法：

```
<meta name="keywords" content="关键字 1,关键字 2,关键字 3,…">
```

语法说明：keywords 表示"关键字"设置项目，content 中设置具体的关键字，不同的关键字使用逗号或空格分隔。需注意的是，虽然设定多个关键字可提高被搜索到的几率，但目前大多数的搜索引擎在检索时都会限制关键字的数量，一般 10 个以内比较合理，关键字多了会分散关键字优化，影响排名。

示例代码如下所示：

```
<meta name="keywords" content="网页制作三剑客
Dreamweaver、Flash、Fireworks 综合实例教程,计算机类">
```

2.3.3　设定网页描述信息

网页的描述信息主要用于概述性地描述页面的主要内容，用来补充关键词，当描述信息中包含了部分关键字时，会作为搜索结果返回给浏览者。像关键字一样，搜索引擎对描述信息的字数也有限制，一般允许 70 ~ 100 个字，所以内容应尽量简明扼要。需注意的是，不同的搜索引擎，对待描述信息有不同的态度，例如对百度搜索引擎来说，描述信息没什么用处，而对 google 搜索引擎来说，描述作息在搜索信息中会起到一点作用。

基本语法：

```
<meta name="discription" content="网页描述信息">
```

语法说明：discription 表示"描述"设置项目，content 中设置具体的描述信息。

示例代码如下所示：

```
<meta name="discription" content="本书以 Adobe 公司的网页制作三剑客 Flash、
Dreamweaver 和 Fireworks 为依托，结合建立一个完整网站的实例，完全按照实际的操
作流程，系统地介绍了网站的规划、设计和制作方法以及上传的全过程。">
```

【示例 2-2】使用标题、关键字和网页描述信息搜索网页。

```
<!DOCTYPE html>
<html lang='en' xmlns='http://www.w3.org/1999/xhtml'>
<head>
<meta http-equiv="Content-Type" content="text/html; charset=UTF-8" />
<title>极客学院 IT 在线教育平台-中国专业的 IT 职业在线教育平台</title>
```

```
<meta name="keywords" content="极客学院,IT 职业教育,IT 在线教育平台,IT 在线教育,IT 在线
学习,it 职业培训,android,ios,flash,java,python,html5,swift,cocos2dx" />
 <meta name="description" content="极客学院作为中国专业 IT 职业在线教育平台,拥有海量高清 IT
职业课程,涵盖 30+个技术领域,如 Android,iOS ,Flash,Java,Python,HTML5,Swift,Cocos2dx 等视
频教程.根据 IT 在线学习特点,极客学院推出 IT 学习知识体系图,IT 职业学习实战路径图,帮助 IT 学习者从零
基础起步,结合 IT 实战案例演练,系统学习,助你快速成为 IT 优秀技术人才！" />
......
</head>
<body>
......
</body>
</html>
```

上述代码为极客学院首页的部分源代码，当我们在百度搜索框中输入"极客学院"时会搜索到该页面，同时在返回的搜索结果中，会以网页标题"极客学院 IT 在线教育平台-中国专业的 IT 职业在线教育平台"作为搜索结果的标题，而返回的搜索结果描述信息则是上述代码中设置的网页描述信息，如图 2-2 所示。

图 2-2　使用标题、关键字和描述信息搜索网页

上述网页也可以使用标题中设置的关键字作为查询关键字来查询，返回的结果一样。

2.3.4　设定网页字符集

<meta>标签可以设置页面内容所使用的字符编码，浏览器会据此来调用相应的字符编码显示页面内容和标题。当页面没有设置字符集时，浏览器会使用默认的字符编码显示。简体中文操作系统下，IE 浏览器的默认字符编码是 GB2312，Chrome 浏览器默认字符编码是 GBK。所以当页面字符集设置不正确或没有设置时，文档的编码和页面内容的编码有可能不一致，此时将导致页面内容和标题显示乱码。

在 HTML 页面中，常用的字符编码是"utf-8"。"utf-8"又叫"万国码"，它涵盖了世界上几乎所有地区的文字。我们也可以把它看成是一个世界语言的"翻译官"。有了"utf-8"你可以在 HTML 页面上写中文、英语、法语、越南语、韩语等语言的内容。默认情况下，我们的 HTML 文档的编码也是"utf-8"。这就使文档编码和页面内容的编码保持一致，这样的页面在世界上几乎所有地区都能正常显示。

<meta>标签设置字符集有两种格式，一种是 HTML5 的格式，一种是 HTML5 以下版本的格式。设置基本语法如下。

HTML4/XHTML 设置格式：

```
<meta http-equiv="Content-Type" content="text/html; charset=字符集">
```

HTML5 对字符集的设置作了简化，格式如下：

```
<meta charset="字符集">
```

语法说明：http-equiv 传送 HTTP 通信协议标题头，Content-Type 表示"字符集"设置项目，content 用于定义文档的 MIME 类型以及页面所使用的具体的字符集。当 charset 取值为 gb2132 时，表示页面使用的字符集是国标汉字码，目前最新的国标汉字码是 gb18030，在实际应用中，我们也经常使用 utf-8 编码。

【示例 2-3】 网页字符集设置。

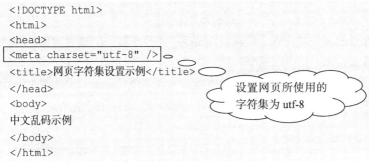

上述代码在 IE11 浏览器中的运行结果如图 2-3 所示。

图 2-3　设置字符集后中文显示正常

将示例 2-3 中的<meta>标签去掉后，再在 IE11 浏览器中运行，结果如图 2-4 所示。

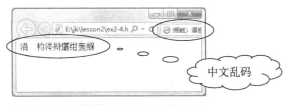

图 2-4　去掉字符集设置后中文乱码显示

对比图 2-3 和图 2-4，可见页面字符集设置的重要性。

2.3.5　设定网页自动刷新

使用<meta>标签可以实现每隔一定时间刷新页面内容，这一功能常用于需要实时刷新页面的场合，如 Internet 现场图文直播、聊天室、论坛消息的自动更新等。

基本语法：

```
<meta http-equiv="refresh" content="刷新间隔时间">
```

语法说明：http-equiv 传送 HTTP 通信协议标题头，refresh 表示刷新功能， content 用于设定刷新间隔的时间，单位是秒。

【示例 2-4】页面的自动刷新设置。

```
<!DOCTYPE html>
<html>
<head>
<meta charset="utf-8" />
<meta http-equiv="refresh" content="3">
<title>页面的自动刷新设置示例</title>
</head> .
<body>
    页面每隔 3 秒刷新一次
</body>
</html>
```

2.3.6　设定网页自动跳转

使用 http-equiv 属性值 refresh，不仅能够完成页面自身的自动刷新，也可以实现页面之间的跳转。这一功能目前已被越来越多的网页所使用，例如，当网站地址有变化时，希望在当前的页面中等待几秒钟后自动跳转到新的网站地址；或者希望首先在一个页面上显示欢迎信息，然后经过一段时间后，自动跳转到指定的网页上。

基本语法：

```
<meta http-equiv="refresh" content="刷新间隔时间;url=页面地址">
```

语法说明：http-equiv 传送 HTTP 通信协议标题头，refresh 表示刷新功能， content 中设定刷新间隔的秒数以及跳转到的页面地址。

【示例 2-5】页面的自动跳转设置。

```
<!DOCTYPE html>
<html>
<head>
<meta charset="utf-8" />
<meta http-equiv="refresh" content="3;url=http://www.sina.com.cn">
<title>页面的自动跳转设置示例</title>
</head>
<body>
    <p>本页面 3 秒钟后跳转到新浪网</p>
</body>
</html>
```

> 在当前页面停留 3s 后，自动跳转到新浪网站首页

上述代码在 IE11 浏览器中的运行结果如图 2-5 和图 2-6 所示。首先显示图 2-5 所示的当前页面，3s 后跳转到新浪首页。

图 2-5　当前页面

图 2-6　3s 后跳到新浪首页

习 题 2

1. 填空题

（1）用于设置页面标题的是_____标签。

（2）Meta 标签可以提供 HTTP 标题信息和页面描述信息的设置，分别使用属性_____和_____，其中前者用于设置 HTTP 标题信息，后者用于设置页面描述信息。

（3）某一聊天页面，如果希望每隔 1s 显示最新聊天信息，应将 meta 标签代码设置为_____。

2. 上机题

创建一个网页，并按如下要求设置页面头部信息。

（1）网页标题，如"使用头部标签设置网页相关信息"。

（2）网页关键字，如"title, meta"。

（3）网页描述信息，如"这是一个关于介绍 html 语言的网站"。

（4）网页停留 5s 后自动跳转到某个网如 http://www.sise.com.cn 上。

第3章
页面的主体标签<body>

<body>标签封装了页面的主体内容，此外，使用<body>标签，还可以设置页面背景、页面文字颜色、页边距等页面属性。

3.1　设置网页正文颜色与背景颜色

网页正文的颜色默认是黑色，背景颜色默认是白色。在网页设计时经常需要根据内容和主要面向的访问者修改网页正文颜色和页面背景颜色。设置网页正文颜色可以使用<body>标签的 text 属性，网页背景颜色则可用 bgcolor 属性。

基本语法：

```
<body bgcolor="颜色值" text="颜色值">
```

语法说明： 在 HTML 页面中，颜色值的书写可以是颜色的英文名称或#RRGGBB 表示的十六进制的颜色值或使用 RGB（R，G，B）表示的 RGB 颜色值。#RRGGBB 和 RGB（R，G，B）中的 R、G、B 分别表示颜色中的红、绿、蓝三种基色。其中，#RRGGBB 中每种颜色用两位十六进制数表示，如#ffffff，表示白色；而 RGB（R，G，B）中的每种颜色的取值范围是 0~255，如 RGB（255，255，255）表示白色。

【示例 3-1】设置网页正文颜色和背景颜色。

```
<!DOCTYPE html>
<html>
<head>
<meta charset="utf-8" />
<title>网页正文颜色和背景颜色设置</title>
</head>
<body bgcolor="#336699" text="white">
    <h2>设定页面的背景颜色为深蓝色,文字颜色为白色</h2>
</body>
</html>
```

上述代码在 IE11 浏览器中的运行结果如图 3-1 所示。

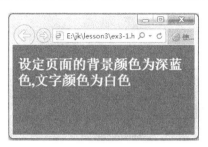

图 3-1　网页正文颜色和背景颜色设置

3.2　添加网页背景图片

在网页设计时，为了取得更好的视觉效果，常常会为网页添加背景图片。需要注意的是，背景图片的作用主要是为了衬托网页的显示效果，所以在选择背景图片时，通常使用深色的背景图片配合浅色的文本，或者使用浅色的背景图片配合深色的文本。网页背景图片可以使用<body>标签的 background 属性来设置。默认情况下，背景图片会随页面的滚动而滚动，设置<body>标签的 bgproperties="fixed"，可以使背景图片固定不动。

基本语法：

```
<body background="背景图片的 URI" bgproperties="fixed">
```

语法说明：background 用于指定背景图片的路径和文件名，bgproperties 属性可省略不设置，以实现背景图片和页面一起滚动。

【示例 3-2】为网页添加背景图片。

```
<!DOCTYPE html>
<html>
<head>
<meta charset="utf-8" />
<title>为网页添加背景图片并设置背景固定</title>
</head>
<body background="images/g03.jpg " bgproperties="fixed">
    <h2>李开复给大学生的第三封信</h2>
    大学四年每个人都只有一次，大学四年应这样度过 …… <br>
    自修之道：从举一反三到无师自通<br>
    记得我在哥伦比亚大学任助教时，曾有位中国学生的家长向我抱怨说：
    "你们大学里到底在教些什么？我孩子读完了大二计算机系，
    居然连 VisiCalc[1]  都不会用。"
    我当时回答道：电脑的发展日新月异。我们不能保证大学里所教的任何一项
    技术在五年以后仍然管用，我们也不能保证学生可以学会每一种技术和工具。我们能保证的是，你的孩子
    将学会思考，并掌握学习的方法，这样，
    无论五年以后出现什么样的新技术或新工具，你的孩子都能游刃有余。"
    <br>
    ……
</body>
</html>
```

在页面中添加背景图像，并设置背景属性为固定

上述代码通过设置 bgproperties="fixed" 使背景固定，即不随滚动条的滚动而滚动，在 IE11 浏览器中的运行结果如图 3-2 和图 3-3 所示。

图 3-2　没有拖动滚动条之前的效果

图 3-3　拖动滚动条后的效果

从图 3-2 和图 3-3 中可以看出，当设置了 bgproperties="fixed" 后，滚动条滚动时，背景图片并没有随之滚动。

3.3　设置网页链接文字颜色

为了突出超链接，超链接文字通常采用与普通文字不同的颜色，而且为了便于用户区分某个链接是否已访问过，通常会使处在不同状态下的超链接文字颜色不同。比如默认情况下，未访问过的超链接文字是蓝色，访问过后文字则变成暗红色。如果想将整个网页的超链接文字的默认颜色改成其他颜色，可使用多种方式，其中一种就是通过设置<body>标签的相应属性来实现。

基本语法：

```
<body link="颜色值" vlink="颜色值" alink="颜色值">
```

语法说明： 颜色值既可以是颜色的英文名称也可以是十六进制的 RGB 颜色值。link 属性设置未访问状态下的链接文字颜色；vlink 属性设置访问过后的链接文字颜色；alink 属性设置正在访问中的链接文字颜色。

【示例 3-3】设置网页链接文字颜色。

```
<!DOCTYPE html>
<html>
<head>
<meta charset="utf-8" />
<title>设置页面链接文字的颜色</title>
</head>
<body link="#0000FF" alink="#00FF00" vlink="#FF6600">
    <h2>设定不同的链接颜色</h2>
    <p><a href="http://www.google.com">链接未访问时的颜色</a></p>
    <p><a href="http://www.baidu.com">链接访问过后的颜色</a></p>
    <p><a href="http://www.microsoft.com">链接正在访问时的颜色</a></p>
</body>
</html>
```

对链接文字分别进行了未访问时、正在访问中和访问过后的颜色的设置上述代码在 IE11 浏览器运行后，先后用鼠标点击第二和第三个超链接，并且在点击第三个超链接后再按浏览器上的后退键，最后结果如图 3-4 所示。

图 3-4　不同状态下的链接文字颜色

3.4　设置网页边距

默认情况下，网页内容和浏览器边框之间有一个大约 8 个像素的间距，在我们设计网页时，有时可能不希望网页与浏览器边框之间有间距，当然，有时也可能希望网页与浏览器之间的间距更大一点，那么如何实现这些需求呢？

<body>标签包括了 4 个专门用于设置网页与浏览器的上、下、左、右边框间距的属性，通过这些属性可以很容易地实现上面的需求。

基本语法：

```
<body leftmargin="边距值" rightmargin="边距值" topmargin="边距值" bottommargin="边距值">
```

语法说明：leftmargin 用于设置页面内容与浏览器左边框的间距；rightmargin 用于设置页面内容与浏览器右边框的间距；topmargin 用于设置页面内容与浏览器上边框的间距；bottommargin 用于设置页面内容与浏览器底部边框的间距。边距值以像素为单位。默认边距大致是 8 个像素。

【示例 3-4】设置网页边距。

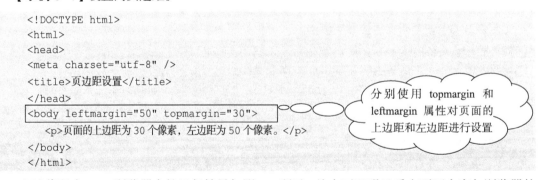

```
<!DOCTYPE html>
<html>
<head>
<meta charset="utf-8" />
<title>页边距设置</title>
</head>
<body leftmargin="50" topmargin="30">
    <p>页面的上边距为 30 个像素，左边距为 50 个像素。</p>
</body>
</html>
```

分别使用 topmargin 和 leftmargin 属性对页面的上边距和左边距进行设置

上述代码在 IE11 浏览器中的运行结果如图 3-5 所示，从中可以明显看出页面内容与浏览器的边距效果。

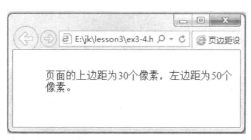

图 3-5　页边距设置

习 题 3

1．填空题

（1）使用\<body\>标签的_____属性可以为整个网页正文设置颜色；使用_____属性可以为整个网页正文设置背景颜色。

（2）使用\<body\>可以为网页处在不同状态下的超链接文字设置不同颜色，其中_____属性用于设置未访问过的超链接文字颜色，_____属性用于设置已访问过的超链接文字颜色，_____属性用于设置正在访问中的超链接文字颜色。

（3）使用_____属性可设置网页与浏览器左边框的间距，使用_____属性可设置网页与浏览器右边框的间距，使用_____属性可设置网页与浏览器上边框的间距，使用_____属性可设置网页与浏览器下边框的间距。

2．上机题

使用记事本或 Dreamweaver 工具按以下要求创建一个 HTML 文件。

（1）将网页正文颜色设置为白色。

（2）将网页的背景颜色设置为海蓝色（Teal/#008080）。

（3）将链接文字的 link 状态的颜色设置为"蓝色"（blue/#0000ff），alink 状态的颜色设置为"橄榄色"（Olive/#808000），vlink 状态的颜色设置为"红色"（red/#ff0000）。

第4章
文字与段落标签

文字是网页设计最基础的部分，对页面传达信息起着关键性的作用。为了得到不同的页面效果和更好的信息传达，常常需要对页面文字进行有效的控制。

4.1　常用文字标签

文字标签主要用于设置网页中的所有有关文字方面的内容，具体包括普通文字、特殊字符、标题字、换行以及段落等方面的标签。

4.1.1　文字内容的输入

根据文字输入方式的不同以及是否显示在页面中，我们可以将网页文字分成以下几类：普通文字、空格、特殊文字和注释语句。

1．普通文字的输入

普通文字包括英文和汉字等字符，这些字符可直接通过键盘输入或从其他地方拷贝到<body></body>标签对之间的指定位置。

2．空格的输入

通常情况下，在我们制作网页时，通过空格键输入的多个空格，在浏览器浏览时将只保留一个空格，其余空格都被自动截掉了。为了在网页中增加空格，可以在网页源代码中使用空格对应的一个字符代码，如下所示。

基本语法：

```
 
```

语法说明：一个 表示一个半角空格，多个空格时需要连续输入多个 。在 中 nbsp 表示空格对应的实体名称，而"&"和";"则是用于表示引用字符实体的前缀和后缀符号。

3．特殊文字的输入

有些字符在 HTML 里有特别的含义，比如小于号＜就表示 HTML 标签的开始；另外，还有一些字符无法通过键盘输入。这些字符对于网页来说都属于特殊字符。要在网页中显示这些特殊字符，可以使用输入空格的形式，即使用它们对应的字符实体。

基本语法：

```
&实体名称;
```

语法说明：使用时用特殊字符对应的实体名称。常用的特殊字符与对应的字符实体如表 4-1 所示。

表 4-1　　　　　　　　　　　常用特殊字符及其字符实体

特殊符号	字符实体	特殊符号	字符实体
"	&quot;	¢	&cent;
&	&amp;	¥	&yen;
<	&lt;	£	&pound;
>	&gt;	©	&copy;
•	&middot;	®	&reg;
×	&times;	™	&trade;
§	&sect;		

4. 注释语句

为了提高代码的维护性和可读性，常常在源代码中添加注释语句，用于对代码进行说明。浏览器解析页面时会忽略注释，因而注释语句不会显示在浏览器中，但查看源代码时可以看到。

基本语法：

```
<!--     注释内容      -->
```

语法说明：注释内容可以是多条语句。

【示例 4-1】在网页中输入文字内容。

```html
<!DOCTYPE html>
<html>
<head>
<meta charset="utf-8" />
<title>文字内容标签示例</title>
</head>
<body>
    <!-- 普通文字直接在光标处输入即可 -->
    对于页面中的普通文字直接在主体标签对之间输入即可。
    <!-- 使用一个 输入一个半角空格 -->
    <p>    此句首缩进了 4 个空格。</p>
    <!-- 特殊字符使用对应的字符实体输入 -->
    <p>这是一本教材是一本专业&amp;详尽的有关&quot;HTML&quot;标签的书籍，其中介绍了常用标签如
    &lt;body&gt;、&lt;form&gt;等标签。　&reg;</p>
    <p>&copy;广州大学华软软件学院版权所有 2013</p>
</body>
</html>
```

上述示例演示了普通文字、空格、特殊字符（"<"、">"、"&"、注册符号、版权符号以及双引号）及注释语句的输入方式，在 IE11 浏览器中运行结果如图 4-1 所示。

从图 4-1 中可看出，三条注释语句的内容没有显示在浏览器窗口中。另外上述示例中的<p></p>是段落标签，这个标签主要用于产生一个段落，将在本章中稍后介绍。

图 4-1　在网页中输入文字内容

4.1.2 标题字设置

标题字就是以某几种固定的字号去显示文字，一般用于强调段落要表现的内容或作为文章的标题，具有加粗显示并与下文产生一空行的间隔特性。其根据字号的大小分为六级，分别用标签 h1～h6 表示，字号的大小随数字增大而递减。

基本语法：

```
<hn>标题字</hn>
```

语法说明： hn 中的 "n" 表示标题字级别，取值 1～6，具体设置如表 4-2 所示。

表 4-2　　　　　　　　　　　　　各级标题字设置

标　记	描　述	标　记	描　述
\<h1>...\</h1>	一级标题设置	\<h4>...\</h4>	四级标题设置
\<h2>...\</h2>	二级标题设置	\<h5>...\</h5>	五级标题设置
\<h3>...\</h3>	三级标题设置	\<h6>...\</h6>	六级标题设置

默认情况下，标题字居左对齐，如果要改变标题字的对齐方式，可以使用标题字的属性 align 进行设置。

基本语法：

```
<hn align= "水平对齐方式">标题字</hn>
```

语法说明： hn 中的 "n" 表示标题字级别。水平对齐方式可分别取 left、center 和 right 三种值，含义如表 4-3 所示。

表 4-3　align 属性取值及含义

属　性　值	描　　述
left	居左对齐
center	居中对齐
right	居右对齐

【**示例 4–2**】设置标题字及其对齐方式。

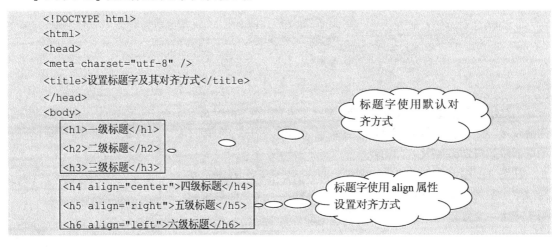

```
<!DOCTYPE html>
<html>
<head>
<meta charset="utf-8" />
<title>设置标题字及其对齐方式</title>
</head>
<body>
    <h1>一级标题</h1>
    <h2>二级标题</h2>
    <h3>三级标题</h3>
    <h4 align="center">四级标题</h4>
    <h5 align="right">五级标题</h5>
    <h6 align="left">六级标题</h6>
```

标题字使用默认对齐方式

标题字使用 align 属性设置对齐方式

```
</body>
</html>
```

上述代码在 IE11 浏览器中的运行结果如图 4-2 所示。

图 4-2 中的页面显示了 6 个级别的标题字，它们的字号从一级到六级依次减小。其中前三级标题字使用了默认对齐方式，即左对齐；后面三级标题字使用 align 属性显式设置对齐方式分别是居中、居右和居左。

图 4-2 标题字及其对齐方式设置

4.1.3 使用 strong 设置强调并加强文字

<strong>是通过语气的加重来强调文本，是一个具有强调语义的标签，除了样式上要显示加粗效果外，还通过语气上作特别的加重来强调文本。而且使用<strong>修饰的文本会更容易吸引搜索引擎。另外，盲人朋友使用阅读设备阅读网页时，strong 标签内的文字会着重朗读。

<strong>标签对文本的设置语法如下：

```
<strong>文本</strong>
```

语法说明： 需要修饰的文本直接放到标签对之间即可。

【示例 4-3】strong 标签的使用。

```
<!doctype html>
<html>
<head>
<meta charset="utf-8" />
<title>strong 标签的使用</title>
</head>
<body>
  <p>你中了 500 万(没有使用任何格式化标签)</p>
  <p><strong>你中了 500 万(使用 strong 标签加强语气)</strong></p>
</body>
</html>
```

上述代码创建了两段文本，最后一段文本会加粗显示。运行结果如图 4-3 所示。

图 4-3 strong 标签的设置效果

"中 500 万奖"那是一件多么让人激动的事。但图 4-3 的第一行文本，仅仅平铺直叙的表达中奖这一件事，让我们无法体会到陈述者激动的心情；而第二文本不仅从视觉效果可以引起我们的注意，而且还能通过陈述者加强的语气，来体现其此刻情绪的激昂，使用阅读设备阅读该文本时，也会更大声地着重阅读。

4.2 段落标签

所谓段落就是一段格式上统一的文本。在 Dreamweaver 设计视图中按 Enter 键后，将自动生成一个段落。

4.2.1 段落标签\<p>

在 HTML 中，创建段落的标签是\<p>。
基本语法：

```
<p>段落内容</p>
```

语法说明：段落从\<p >开始创建，到\</p>结束段落。使用\<p>和\</p>标签对创建的段落则与上下文同时有一空行的间隔。

与标题字一样，段落标签也具有对齐属性，可以设置段落相对于浏览器窗口在水平方向上的居左、居中和居右对齐方式。段落的水平对齐方式设置同样使用属性 align 进行设置。
基本语法：

```
<p align= "对齐方式">段落内容</p>
<p align= "对齐方式">段落内容
```

语法说明：对齐方式可分别取 left、center 和 right 三种值，含义如表 4-6 所示。默认情况下，段落居左对齐，当段落是左对齐时对齐方式可以省略不设置。

【**示例 4-4**】创建并设置段落。

```
<!DOCTYPE html>
<html>
<head>
<meta charset="utf-8" />
<title>创建段落</title>
</head>
<body>
这是第一行文本，没有使用任何标签进行设置
<p>这是第二行文本，被设置为一个段落</p>
这是第三行文本，没有使用任何标签进行设置
</body>
    </html>
```

上述代码在 IE11 浏览器中的运行结果如图 4-4 所示。

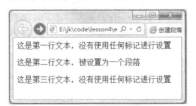

图 4-4 创建段落

从图 4-4 中可看出，设置为段落的第二行文本与第一行和第二行之间存在一个空行间隔。

4.2.2 换行标签

段落之间是隔行换行的，文字的行间距比较大，当希望换行后文字显示比较紧凑时，可以使用标签
来实现换行。
是一个单标签，在 XHTML 中直接在
中加一个反斜线表示结束。基本语法：

```
<br/>
```

语法说明： 一个换行使用一个
，多个换行可以连续使用多个
，连续使用两个
等效一个<p>单标签。

【示例 4-5】 换行设置。

```
<!DOCTYPE html>
<html>
<head>
<meta charset="utf-8" />
<title>换行设置</title>
</head>
<body>
一本好书并非一定要帮助你出人头地，<br />
而是应能教会你了解这个世界以及你自己。
<p>一本好书并非一定要帮助你出人头地，</p>而是应能教会你了解这个世界以及你自己。
</body>
</html>
```

上述代码在 IE11 浏览器中的运行结果如图 4-5 所示。从图 4-5 可看出，换行标签使文字紧凑显示。

图 4-5 换行设置

习 题 4

1．填空题

（1）要在某行文字中添加两个半角空格可以使用_____得到。

（2）使用_____标签时可创建一个段落，该标签对创建的段落与上下文存在一个_____间隔，只能实现换行显示的标签是_____”。

（3）标题字标签的级别通过标签后面的数字来标识，可取的数值为_____，并且数字越大，标题字的字号_____，默认情况下，最大字号的标题字是_____。

2. 上机题

使用文字标签、段落及换行标签创建如图 4-6 所示的 HTML 页面。

图 4-6　上机题运行结果图

第5章
列表标签

使用列表标签可以使相关的内容以一种整齐划一的方式排列显示。根据列表项排列方式的不同，可以将列表分为：有序列表、无列序列表和嵌套列表三大类。

5.1　有序列表

以数字或字母等可以表示顺序的符号为项目前导符来排列列表项的列表，称为有序列表，如图 5-1 所示。

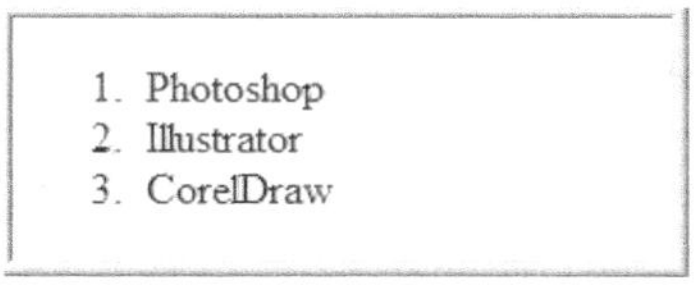

```
1. Photoshop
2. Illustrator
3. CorelDraw
```

图 5-1　有序列表

创建有序列表的基本语法如下：

```
<ol>
    <li>列表项一</li>
    <li>列表项二</li>
    …
</ol>
```

语法说明：首先使用<ol>标签声明有序列表，然后在<ol>标签对之间使用<li>标签创建列表项，每个列表项使用一个<li>标签对。

【示例 5-1】创建有序列表。

```
<!DOCTYPE html>
<html>
<head>
<meta charset="utf-8" />
<title>创建有序列表</title>
</head>
<body>
    <h3>图像设计软件</h3>
    <ol>
     <li>Photoshop</li>
```

```
        <li>Illustrator</li>
        <li>CorelDraw</li>
        </ol>
    </body>
    </html>
```

运行结果如图 5-2 所示，其显示了一个以阿拉伯数字来排序的包含 3 个列表项的有序列表。

图 5-2　创建有序列表

5.1.1　有序列表的前导符设置

默认情况下，有序列表是以阿拉伯数字作为列表项的前导符。在有序列表中，除了可以使用阿拉伯数字外，还可以使用大写或小写的英文字母以及大写或小写的罗马数字。使用属性 type 可以修改有序列表的前导符。

基本语法：

```
<ol type="前导符">
```

语法说明：按列表项的排序序号的不同，前导符可分别取 1、A、a、I、i 这几种值，各个值的含义如表 5-1 所示，默认的前导符是"1"。

表 5-1　　　　　　　　　　　　　有序列表 type 属性取值描述

属　性	描　述	属性值及其说明	
type	设置有序列表的前导符	1	前导符为数字 1、2、3……
		a	前导符为小写字母 a、b、c……
		A	前导符为大写字母 A、B、C……
		i	前导符为小写罗马数字 i、ii、iii……
		I	前导符为大写罗马数字 I、Ⅱ、Ⅲ……

5.1.2　有序列表的前导符起始编号设置

默认情况下，有序列表的前导符是从排序符号的第一位开始排序，如果希望从排序符号的中间某个位置开始排序列表项，则需要使用属性 start 进行设置。

基本语法：

```
<ol start="起始编号位序">
```

语法说明："起始编号位序"表示列表项的开始编号所处的位置序号，如编号"c"的位序是"3"。默认情况下，有序列表的起始编号位序为"1"。

【示例 5-2】 设置有序列表前导符和起始编号。

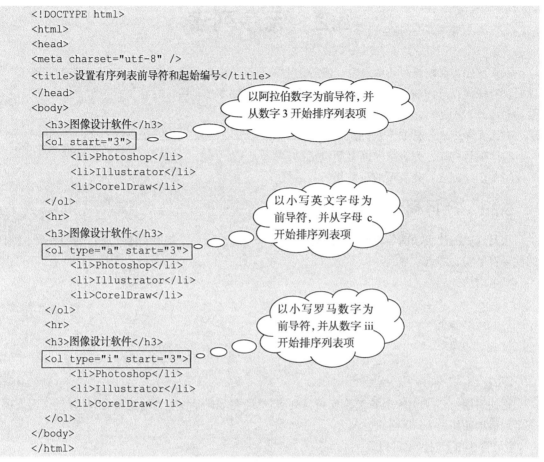

上述代码在 IE 浏览器中的运行结果如图 5-3 所示。

图 5-3　设置有序列表前导符和起始编号

5.2 无序列表

以无次序含义的符号（●、○、■等）为前导符来排列列表项或没有任何符号作前导符的列表，称为无序列表，如图 5-4 所示。

常用无序列表包含如下两种。

（1）项目列表：列表项前面必须包括前导符。

（2）定义列表：列表项前没有任何前导符。

- Photoshop
- Illustrator
- CorelDraw

图 5-4　无序列表

5.2.1 项目列表

项目列表的列表项前导符使用无次序含义的符号（●、○、■等符号）来排列列表项，默认的前导符是实心圆点"●"。

基本语法：

```
<ul>
    <li>列表项一</li>
    <li>列表项二</li>
    …
</ul>
```

语法说明： 首先使用<ul>标签声明项目列表，然后在<ul>标签对之间使用<li>标签创建列表项，每个列表项使用一个<li>标签对。

【**示例 5-3**】创建项目列表。

```
<!DOCTYPE html>
<html>
<head>
<meta charset="utf-8" />
<title>创建项目列表</title>
</head>
<body>
    <h3>图像设计软件</h3>
    <ul>
        <li>Photoshop</li>
        <li>Illustrator</li>
        <li>CorelDraw</li>
        </ul>
</body>
</html>
```

上述代码在 IE11 浏览器中的运行结果如图 5-5 所示，其中创建了一个以实心圆点为前导符的包含 3 个列表项的项目列表。

图 5-5　创建项目列表

5.2.2　项目列表的前导符设置

默认情况下，项目列表以实心圆点作为列表项的前导符，除了可以使用实心圆点外，还可以使用空心圆点和实心小方块等符号。使用属性 type 可以修改项目列表的前导符。属性 type 的取值如表 5-2 所示。

基本语法：

```
<ul type="前导符">
```

语法说明： 前导符可分别取 disc、circle 和 square 等这几种值，各个值的含义请参见表 5-2。

表 5-2　　　　　　　　　　　　　　项目列表 type 属性取值描述

属　　性	描　　述	属性值及其说明	
type	设置项目列表的前导符	disc	前导符为实心圆点●（默认前导符）
		circle	前导符为空心圆点○
		square	前导符为实心小方块■

【示例 5-4】设置项目列表前导符。

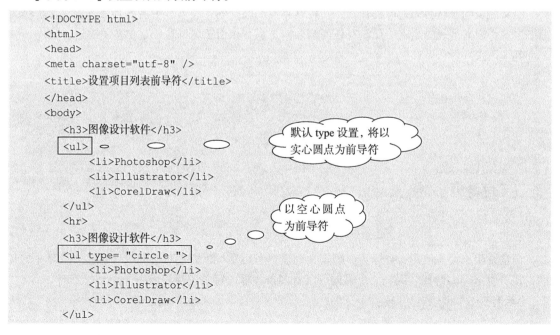

```
<!DOCTYPE html>
<html>
<head>
<meta charset="utf-8" />
<title>设置项目列表前导符</title>
</head>
<body>
    <h3>图像设计软件</h3>
    <ul>
        <li>Photoshop</li>
        <li>Illustrator</li>
        <li>CorelDraw</li>
    </ul>
    <hr>
    <h3>图像设计软件</h3>
    <ul type= "circle ">
        <li>Photoshop</li>
        <li>Illustrator</li>
        <li>CorelDraw</li>
    </ul>
```

默认 type 设置，将以实心圆点为前导符

以空心圆点为前导符

```
    <hr>
    <h3>图像设计软件</h3>
    <ul type= "square ">
        <li>Photoshop</li>
        <li>Illustrator</li>
        <li>CorelDraw</li>
    </ul>
</body>
</html>
```

以实心小方块为前导符

上述代码在 IE11 浏览器中的运行结果如图 5-6 所示。

图 5-6　设置项目列表的前导符

5.2.3　定义列表

定义列表用于对名词进行解释，是一种具有两个层次的列表，其中名词为第一层次，解释为第二层次。定义列表的列表项前没有任何前导符，解释相对于名词有一定位置的缩进。

基本语法：

```
<dl>
    <dt>名词一</dt>
        <dd>解释 1</dd>
        <dd>解释 2</dd>
        …
    <dt>名词二 </dt>
        <dd>解释 1</dd>
        …
    …
</dl>
```

语法说明： 首先使用<dl>标签声明定义列表，然后在<dl>标签对中使用<dt>定义需解释的名词，接着使用<dd>解释名词。一个名词可以有多条解释，每条解释使用一个<dd>标签对。

【**示例 5–5**】创建定义列表。

```
<!DOCTYPE html>
<html>
<head>
<meta charset="utf-8" />
<title>创建定义列表</title>
</head>
<body>
    <dl>
        <dt>Photoshop</dt>
            <dd>Adobe 公司出品</dd>
            <dd>图像处理软件</dd>
        <dt>Illustrator</dt>
            <dd>Adobe 公司出品</dd>
            <dd>矢量绘图软件</dd>
        <dt>Freehand</dt>
            <dd>Mecromedia 公司出品,矢量绘图软件</dd>
        <dt>CorelDraw</dt>
            <dd>Corel 公司出品,图形图像软件</dd>
        </dl>
</body>
</html>
```

> 定义了 4 个名词, 前两个名词包含了两条解释, 后两个名词只有一条解释

上述代码在 IE11 浏览器中的运行结果如图 5-7 所示。从图 5-7 中可看到, 一共定义了 4 个名词, 每个名词下面包括一条到多条解释, 所有解释都显示在名词的下面, 并通过位置上的缩进来体现解释和名词之间的所属关系。

图 5-7　创建定义列表

5.3　嵌套列表

嵌套列表是指在一个列表项的定义中嵌套了另一个列表的定义。

【示例 5-6】创建嵌套列表。

```
<!DOCTYPE html>
<html>
<head>
<meta charset="utf-8" />
```

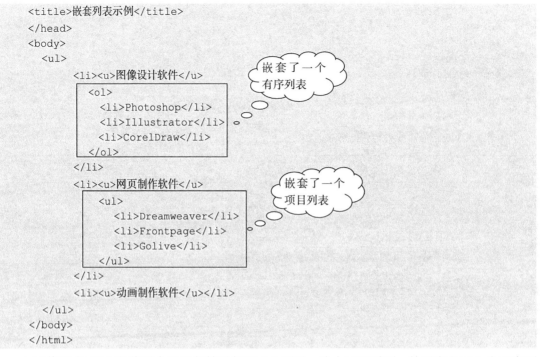

```
<title>嵌套列表示例</title>
</head>
<body>
  <ul>
      <li><u>图像设计软件</u>
        <ol>
          <li>Photoshop</li>
          <li>Illustrator</li>
          <li>CorelDraw</li>
        </ol>
      </li>
      <li><u>网页制作软件</u>
        <ul>
          <li>Dreamweaver</li>
          <li>Frontpage</li>
          <li>Golive</li>
        </ul>
      </li>
      <li><u>动画制作软件</u></li>
  </ul>
</body>
</html>
```

（嵌套了一个有序列表）

（嵌套了一个项目列表）

上述代码在 IE11 浏览器中的运行结果如图 5-8 所示，从中可以看到，外层定义了 3 个无序列表项，其中，前面两个无序列表项中又分别嵌套定义了一个有序列表和一个无序列表。

图 5-8　创建嵌套列表

极客学院
jikexueyuan.com

关于 HTML 列表的视频讲解（HTML5 中的"HTML5 列表、块和布局"视频）
该视频介绍了 HTML 有序、无序及定义列表的语法及其创建等相关内容。

HTML5 列表、块和布局

习　题　5

1. 填空题

（1）声明有序列表需要使用_____标签，有序列表项定义使用_____标签。有序列表前导符包括_____，默认前导符是_____，可通过_____属性来修改前导符类型。前导符的起始编号默认是____，可使用_____属性修改前导符起始编号。

（2）声明项目列表需要使用_____标签，项目列表项定义使用_____标签。项目列表的前导符包括_____，默认的前导符是_____，可通过_____属性来修改前导符类型。

（3）声明定义列表需要使用_____标签，定义列表中，定义名词的标签是_____，定义解释的标签是_____。

（4）嵌套定义列表是指在一个_____中嵌套定义了另一个列表的定义。

2. 上机题

定义如图 5-9 所示的嵌套列表。

图 5-9　上机题图

第6章
图片标签

在网页中插入图片可以使网页更加生动、直观，一个图文并茂的网页更能吸引用户的眼球。

6.1　网页常用图片格式

目前，图片格式有 GIF、JPEG、PNG、BMP、TIF 等多种格式，在我们制作网页时，是否可以对图片的格式不加考虑呢？我们的答案是否定的。因为不同格式的图片的浏览速度是不一样的。从浏览速度的角度来看，目前适合在网上浏览的图片格式主要有 JPEG、GIF 和 PNG 三种。

* JPEG 格式。

JPEG（Joint Photographic Experts Group，联合图像专家组标准），又称 JPG，支持数百万种色彩，主要用于显示照片等颜色丰富的精美图像。JPEG 是质量有损耗的格式，这意味着在压缩时会丢失一些数据，因而降低了最终文件的质量，然而由于数据丢失得很少，因此在质量上不会差很多。

* GIF 格式。

GIF（Graphics Interchange Format，图形交换格式），是网页图像中很流行的格式。它最多使用 256 种色彩，最适合显示色调不连续或具有大面积单一颜色的图像。此外，GIF 还可以包含透明区域和多帧动画，所以 GIF 常用于卡通、导航条、Logo、带有透明区域的图形和动画等。

* PNG 格式。

PNG（Portable Network Graphics，可移植网络图形）既融合了 GIF 格式透明显示的颜色，又具有 JPEG 处理精美图像的优势，是逐渐流行的网络图像格式，但目前浏览器对其支持并不一致。

6.2　插入图片

在网页中插入图片，需要使用<img>标签。

基本语法：

```
<img src="图片文件路径">
```

语法说明：src 属性指定需要插入的图片文件路径，这是一个必设属性。<img>标签除了 src 属性外，还有一些常用的属性。通过这些属性可以获得插入的图片的不同表现效果。

6.2.1 设置图片大小

使用<img>标签插入图片,默认情况下将插入原始大小的图片,如果想在插入时修改图片的大小,可以使用 height 和 width 属性来实现。

基本语法:

```
<img src="图片文件路径" width="宽度" height="高度">
```

语法说明:宽度和高度的单位是像素。

【示例 6-1】设置图片大小。

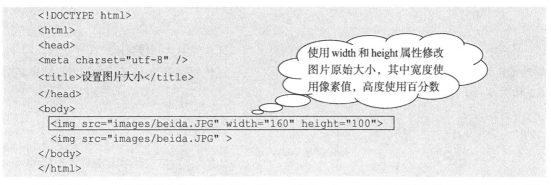

```
<!DOCTYPE html>
<html>
<head>
<meta charset="utf-8" />
<title>设置图片大小</title>
</head>
<body>
    <img src="images/beida.JPG" width="160" height="100">
    <img src="images/beida.JPG" >
</body>
</html>
```

使用 width 和 height 属性修改图片原始大小,其中宽度使用像素值,高度使用百分数

上述代码在 IE11 浏览器中的运行结果如图 6-1 所示,在该示例中共插入了两张图片,其中一张是以原始图片插入,如图 6-1 中右图所示;另一张则在插入时修改了原始图片的高度和宽度,其中宽度是 160 像素,高度是 100 像素,如图 6-1 中左图所示。

图 6-1 设置图片大小

6.2.2 设置图片描述信息和替换信息

为了能让用户了解网页上的图片内容,在用户将鼠标移到图片上时应弹出图片的相关描述信息,而在图片无法正常显示时,则应该在图片位置处显示替换图片文本。要达到这些目的,需要对网页上的图片设置描述信息和替换信息。设置图片描述信息需要使用 title 属性,设置图片的替换信息需要使用 alt 属性。

基本语法:

```
<img src="images/flower.JPG" title="图片描述信息" alt="图片替换信息">
```

语法说明:图片描述信息和替换信息可以包括空格、标点以及一些特殊字符。在实际使用时 title 和 alt 属性的值通常会设置一样。

注:在较低版本的浏览器,如 IE7 及以下版本的浏览器,alt 属性可以同时设置图片的描述信息和图片的替换信息。但在各大浏览器的较高版本,如 IE8 及以上版本的浏览器中,图片的描述信息设置必须使用 title 属性,而图片的替换信息则必须使用 alt 属性来设置。所以为了兼容各种浏览器,设置图片的描述信息和替换信息时,应分别使用 title 和 alt 属性。

【示例 6-2】设置图片描述信息和替换信息。

```
<!DOCTYPE html>
<html>
<head>
<meta charset="utf-8" />
<title>设置图片描述信息和替换信息</title>
</head>
<body>
  <img src="images/flower.JPG"
    alt="图片无法下载时的描述信息" title="该图片使用了默认的高度和宽度"/>>
目前，网页技术进入了一个新的阶段，现在的网页再也不是图片的堆积
和枯燥无味的文本了，人们现在追求的是网页的动态效果和交互性。
</body>
</html>
```

> 同时使用alt和title属性分别设置图片的描述信息和替换信息。

上述代码使用 title 属性设置图片的描述信息，当鼠标移到图片时将弹出该描述信息。而 alt 属性设置的信息则是图片无法下载时显示的提示信息。上述代码在 IE11 浏览器中的运行结果如图 6-2 和图 6-3 所示。

图 6-2　图片正常下载时显示描述信息

图 6-3　图片无法正常下载时显示的替换信息

6.2.3　设置图片与周围对象的间距

默认情况下，图片与周围对象的水平间距和垂直间距都为 0，这样的间距，很多时候都不符合我们的设计需要。使用图片的 hspace 和 vspace 属性可以分别设置图片与周围对象的间距。
基本语法：

```
<img src="图片文件路径" hspace="水平间距" vspace="垂直间距" >
```

语法说明： 可以根据需要只设置水平间距或垂直间距，间距的单位是像素。

【示例 6-3】 设置图片与周围对象的间距。

```
<!DOCTYPE html>
<html>
<head>
<meta charset="utf-8" />
<title>设置图片与周围对象的间距</title>
</head>
<body topmargin="0" leftmargin="0">
  <img src="images/beida.JPG"><br />
  <img src="images/beida.JPG" vspace="2" hspace="5">
北京大学创办于 1898 年，初名京师大学堂，是中国第一所国立综合性大学，也是当时中国最高教育行政
机关。辛亥革命后，于 1912 年改为现名。
</body>
</html>
```

上述代码在 IE11 浏览器中的运行结果如图 6-3 所示。

从上述代码可知，浏览器窗口的上边框和左边框的间距都设为 0，所以如果不设置图片垂直间距，图片将和浏览器窗口上边框重叠，不设置图片的水平间距，图片将和浏览器窗口的左边框重叠，如图 6-4 中的第一个图片所示效果。

图 6-4　设置图片与周围对象的间距

6.2.4　设置图片的对齐方式

默认情况下，插入的图片在水平方向放置在后面对象的左边，在垂直方向则与 baseline（基线）对齐。我们可以使用图片的 align 属性修改它的对齐方式。

基本语法：

```
<img src="图片文件路径" align="对方方式">
```

语法说明：align 属性的取值如表 6-1 所示。

表 6-1　　　　　　　　　　　　　　align 属性的取值

属　　性	属 性 值	描　　述
align	baseline	默认对齐方式。元素的基线与父元素的基线对齐。
	bottom	元素的底部与 line-box(行框)的底端对齐。注：每一行称为一个 line-box。
	text-bottom	元素的底部与父元素的文本的底部对齐。
	middle	元素放置在父元素的中部。注：当元素不是单元格时，只有父元素为 table-cell 且父元素也设置为垂直居中时这个属性值才能体现元素垂直居中效果。
	top	元素的顶部与 line-box（行框）的顶端对齐。
	text-top	元素的顶部与父元素的文本的顶部对齐。
	left	图片在后面对象的左边
	right	图片在后面对象的右边

【示例 6-4】设置图片与周围对象的对齐方式。

```
<!DOCTYPE html>
<html>
<head>
<meta charset="utf-8" />
<title>设置图片与周围对象的对齐方式</title>
</head>
<body>
    <img src="images/beida.JPG">北京大学创办于 1898 年，初名京师大学堂，是中国第一所国立综合
    性大学，也是当时中国最高教育行政机关。辛亥革命后，于 1912 年改现名。<img src="images/flower.
    JPG"align="right">北京大学作为国内前茅的文理医工综合性大学，在培养高素质创新型人才、取得突
    破性科研进展，以及为国民经济发展和社会进步提供智力支持等方面都发挥着极其重要的作用。
</body>
</html>
```

使用默认的对齐方式

图片放置在后面文字的右边

上述代码在 IE11 浏览器中的运行结果如图 6-5 所示。图 6-5 中的第一个图片使用的是默认的对齐方式，图片将放置在后面文字的左边，而第二个因为使用了 align 属性设置对齐方式为右边，所以将显示在后面文字的右边。

图 6-5　图片与周围对象的对齐设置

6.2.5　设置图片的边框

默认情况下，插入的图片是没有边框的，有时在我们设计网页时为了获得某种效果，需要让图片显示边框。设置图片的边框可以使用图片的 border 属性。

基本语法：

```
<img src="图片文件路径" border="边框宽度">
```

语法说明："边框宽度"的单位是像素，最小值是 1。

【**示例 6-5**】设置图片与周围对象的对齐方式。

```
<!DOCTYPE html>
<html>
<head>
<meta charset="utf-8" />
<title>设置图片边框</title>
</head>
<body>
    万里长江第一湾位于中甸县城南部沙松碧村与丽江石鼓镇之间。万里长江从"世界屋脊"青藏高原奔腾而下，
    在巴塘县城境内进入云南，与澜沧江、怒江一起在横断山脉的高山深谷中穿行。到了中甸县的沙松碧村，突
    然来了个 100 多度的急转弯，转向东北，形成了罕见的"V"字形大弯。远眺，美丽的江湾恍若一弯上弦月
    飘落人间。<img src="images/scene.JPG" border="3" title="万里长江第一湾" alt="万里长
    江第一湾">
</body>
</html>
```

图片边框宽度为 3 个像素

上述代码在 IE11 浏览器中的运行结果如图 6-6 所示。其中很明显地可以看出图片加了一条黑色的边框线。

图 6-6　设置图片边框

习 题 6

1．填空题

（1）目前适合在网上浏览的图片格式主要有_____、_____和_____。

（2）使用_____标签可在网页中插入图片，默认情况下，插入的图片没有边框，使用前述标签的_____属性可为图片添加边框；使用_____属性为图片添加提示信息；使用_____属性可设置图片的对齐方式。

2．上机题

创建一个 HTML 网页，在其中插入图片，运行效果如图 6-7 所示。

图 6-7　上机题运行效果

第7章
在网页中嵌入多媒体内容

7.1　概述

在制作网页时，除了可以在网页中放置文本、图片外，还可以在页面中嵌入声音、视频、动画等多媒体内容，使得页面看上去更加丰富多彩、动感十足。在网页中嵌入多媒体内容，主要使用以下一些标签，如表 7-1 所示。

表 7-1　常用多媒体标签

标　记	描　述
<audio>	在页面中嵌入音频
<embed>	在页面中嵌入 Flash 动画、音频和视频等多媒体内容
<marquee>	设置文字等对象在页面中的滚动效果
<object>	主要用于在页面中嵌入 Flash 动画
<video>	在页面中嵌入视频

7.2　设置滚动字幕

在网页中要获得如字幕一般的滚动文字效果，可以使用<marquee>标签。

7.2.1　设置默认效果的滚动字幕

默认情况下，使用<marquee>标签得到的滚动字幕是从右向左移动的。
基本语法：

```
<marquee>滚动文字</marquee>
```

语法说明：处在<marquee>和</marquee>之间的滚动文字将以一定的速度从右向左循环滚动。当将滚动文字换成图片时，将获得图片的滚动效果。

【示例 7-1】设置滚动字幕。

```
<!DOCTYPE html>
<html>
```

```
<head>
<meta charset="utf-8" />
<title>默认效果的滚动文字设置</title>
</head>
<body>
    <marquee>默认情况下，滚动文字从右向左滚动</marquee>
</body>
</html>
```

上述代码在 IE11 浏览器中的运行结果如图 7-1 和图 7-2 所示。

图 7-1　刚开始滚动的效果

图 7-2　滚动过程中的效果

默认情况下，滚动字幕以一定的速度从右向左循环往复滚动，如果希望改变滚动字幕的默认效果，可以使用滚动字幕的属性来实现，下面将分别介绍使用滚动字幕标签的不同属性来获得不同的效果。

7.2.2　设置滚动字幕的滚动方向

使用<marquee>标签的 direction 属性可以修改滚动字幕的滚动方向。
基本语法：

```
<marquee direction="滚动方向">滚动文字</marquee>
```

语法说明：滚动文字将向指定的滚动方向滚动，direction 属性可以取上、下、左、右 4 个值，其中默认的滚动方向是向左，如表 7-2 所示。

表 7-2　　　　　　　　　　　　　　direction 属性的取值

属　　性	属　性　值	描　　　述
direction	up	设置文字从下往上滚动
	down	设置文字从上往下滚动
	left	设置文字从右往左滚动（默认滚动方向）
	right	设置文字从左往右滚动

【示例 7-2】设置滚动字幕的滚动方向。

```
<!DOCTYPE html>
<html>
<head>
<meta charset="utf-8" />
<title>设置滚动字幕的滚动方向</title>
</head>
<body>
    <marquee direction="up">文字从下往上循环滚动</marquee>
</body>
</html>
```

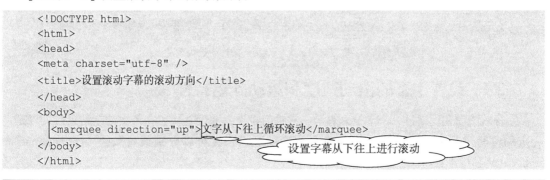

设置字幕从下往上进行滚动

上述代码在 IE11 浏览器中的运行结果如图 7-3 和图 7-4 所示。其中可以看到字幕从下往上进行滚动。

图 7-3 刚开始滚动的效果   图 7-4 滚动过程中的效果

7.2.3 设置滚动字幕的滚动行为

默认情况下，滚动字幕循环地以一个方向向另外一个方向的方式滚动，使用<marquee>标签的 behavior 属性可以修改滚动字幕的滚动方式。

基本语法：

```
<marquee behavior="滚动行为">滚动文字</marquee>
```

语法说明：滚动文字将以指定的滚动行为进行滚动，behavior 属性可以取回滚、幻灯片和交替往返 3 个值，其中默认的滚动行为是回滚，如表 7-3 所示。

表 7-3   behavior 属性的取值

属　　性	属　性　值	描　　　　述
behavior	scroll	设置文字循环往复滚动（默认行为）
	slide	设置文字只进行一次滚动
	alternate	设置文字循环交替往返进行滚动

【示例 7-3】设置滚动字幕的滚动行为。

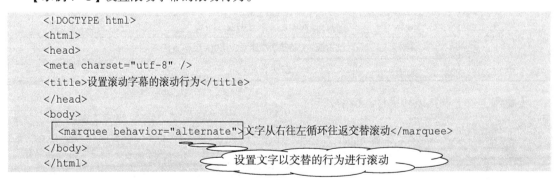

```
<!DOCTYPE html>
<html>
<head>
<meta charset="utf-8" />
<title>设置滚动字幕的滚动行为</title>
</head>
<body>
    <marquee behavior="alternate">文字从右往左循环往返交替滚动</marquee>
</body>
</html>
```

设置文字以交替的行为进行滚动

7.2.4 设置字幕的滚动速度和滚动延迟特性

字幕的滚动速度通过一个常量来表示，常量值越大，速度越快。在每次滚动结束后可以延迟一定的时间进行下一次滚动。滚动速度和滚动延迟特性可以分别通过属性 scorllamount 和 scrolldelay 进行设置。

基本语法：

```
<marquee scrollamount="滚动速度值" scrolldelay="延迟时间" >
    滚动文字
</marquee>
```

语法说明： 属性 scrollamount 和 scrolldelay 的取值如表 7-4 所示。

表 7-4　　　　　　　　　　　　滚动速度和滚动延迟属性的取值

属　　　　性	属　性　值	描　　　　述
scorllamount	value	设置文字滚动速度，取值为某个数字，数字越大滚动越快，默认的速度值是 6
scrolldelay	value	设置文字在每一次滚动后，延迟一段时间后再进行下一次滚动，value 以毫秒为单位，值越小越快，默认值是 100ms

【**示例 7-4**】设置字幕的滚动方向。

```
<!DOCTYPE html>
<html>
<head>
<meta charset="utf-8" />
<title>设置滚动速度和滚动延迟</title>
</head>
<body>
    <marquee>文字以默认速度值值从右向左滚动</marquee>
    <marquee scrollamount="6">文字以速度值 6 从右向左滚动</marquee>
    <marquee scrollamount="3">文字以速度值 3 从右向左滚动，延迟时间默认</marquee>
    <marquee scrollamount="3" scrolldelay="100">文字以速度值 3 从右向左滚动，延迟时间
100ms</marquee>
    <marquee scrollamount="6" scrolldelay="190">文字以速度值 6 从右向左滚动，每次滚动
    后延迟 190ms</marquee>
</body>
</html>
```

> 同时设置字幕的滚动速度和滚动延迟特性

其运行结果如图 7-5 和图 7-6 所示。从中可以看到字幕从右往左进行滚动。

图 7-5　刚开始滚动的效果

图 7-6　滚动过程中的效果

在示例 7-4 的代码中共设置了 5 个滚动字幕，它们同时从右往左滚动，其中第一个没有使用任何属性设置，所以各个属性值保持默认值，将以速度值 6 进行字幕的滚动，从图 7-6 中可看到第一个字幕的滚动速度和第二个速度设为 6 的字幕滚动速度完全一样，它们的滚动速度是最快的；第三个字幕的滚动延迟时间使用默认值，其效果和第四个延迟时间设为 100ms 的字幕滚动效果完全一样；第五个字幕虽然滚动速度大于前面两个，但由于延迟时间比它们长，所以看上去还不如

前面的字幕滚动得快。

7.3　使用<object>嵌入 Flash 动画

object 标签用于包含音频、视频、Java applets、ActiveX、PDF 以及 Flash 等对象。object 设计的初衷是取代 img 和 applet 元素。不过由于漏洞以及缺乏浏览器支持，这一点并未实现。

object 标签可用于 Windows IE3.0 及以后浏览器或者其他支持 ActiveX 控件的浏览器。

基本语法：（针对 IE9/8/7/6 等低版本）

```
<object classid="clsid_value" codebase="url" width="value"
    height="value">
    <param name="movie" value="file_name">
    <param name="quality" value="high">
     <param name="wmode" value="opaque">
  ...
</object>
```

语法说明：上述语法只针对 IE9 及以下较低版本的 IE 有效，在 IE10 及以上的 IE 浏览器以及非 IE 浏览器使用上述语法无效，对这些浏览器需要在<object>标签中再嵌入<object>，语法如下：（针对 IE10/11 和非 IE 浏览器，注：Firefox 不支持 object）

```
<object classid="clsid_value" codebase="url" width="value"
    height="value">
 <param name="movie" value="media_fileName">
 <param name="quality" value="high">
 ...
 <!--[if !IE]>-->
 <object type="media_type" data="media_fileName" width="value" height="value">
 <!--<![endif]-->
    <param name="quality" value="high">
    <param name="wmode" value="opaque">
    ...
    <!--[if !IE]>-->
 </object>
 <!--<![endif]-->
</object>
```

说明：<object>和<param>标签常用属性说明如表 7-5 所示。

表 7-5 　　　　　　　　　　　　　　<object>和<param>标签常用属性

属　　性	描　　述
classid	设置浏览器的 ActiveX 控件
codebase	设置 ActiveX 控件的位置，如果浏览器没有安装，会自动下载安装
data	在嵌套的 object 标签中指定嵌入的多媒体文件名
type	嵌套的 object 标签中设置媒体类型，对动画的类型是：application/x-shockwave-flash
height	以百分比或象素指定嵌入对象的宽度
width	以百分比或象素指定嵌入对象的宽度
name	设置参数名称

续表

属　　性	描　　述
value	设置参数值
movie	指定动画的下载地址
quality	指定嵌入对象的播放质量
wmode	设置嵌入对象窗口模式，可取：window|opaque|transparent。其中，Window 为默认值，表示嵌入对象始终位于 html 的顶层；opaque 允许嵌入对象上层可以有网页的遮挡；transparent 设置 Flash 背景透明

【示例 7-5】使用 object 标签在网页中嵌入 Flash 动画。

```
<!doctype html>
<html>
<head>
<meta charset="utf-8" />
<title>使用 object 标签嵌入 flash 动画</title>
</head>
<body>
    <object id="FlashID" classid="clsid:D27CDB6E-AE6D-11cf-96B8-444553540000"
        width="777" height="165">
        <param name="movie" value="flash/01.swf">
        <param name="quality" value="high">
        <param name="wmode" value="opaque">
        <!--[if !IE]>-->
        <object type="application/x-shockwave-flash"
            data="flash/01.swf" width="777" height="165">
        <!--<![endif]-->
            <param name="quality" value="high">
            <param name="wmode" value="opaque">
        <!--[if !IE]>-->
        </object>
        <!--<![endif]-->
    </object>
</body>
</html>
```

上述代码使用<object>在网页中嵌入了一个指定宽度和高度的 Flash 动画中。上述代码通过在<object>标签中嵌入<object>的方式，实现了对 IE 和非 IE 浏览器的兼容处理。在 IE11 浏览器中的运行结果如图 7-7 所示。

图 7-7　使用 object 标签在网页中嵌入 Flash 动画

7.4 使用<embed>嵌入多媒体内容

embed 标签和 object 标签一样，也可以在网页中嵌入 Flash 动画、音频和视频等多媒体内容。不同于 object 标签的是，embed 标签用于 Netscape Navigator 2.0 及以后的浏览器或其它支持 Netscape 插件的浏览器，其中包括 IE 和 Chrome 浏览器，Firefox 目前还不支持 embed。

基本语法：

```
<embed src="file_url"></embed>
```

语法说明： src 属性指定多媒体文件，这是一个必设属性。多媒体文件的格式可以是 mp3、mp4、swf 等。

在<embed>标签中，除了必须设置 src 属性外，还可以设置其他属性获得所嵌入多媒体对象的不同表现效果。<embed>标签的常用属性如表 7-6 所示。

表 7-6   <embed>标签常用属性

属　　性	描　　述
src	指定嵌入对象的文件路径
width	以像素为单位定义嵌入对象的宽度
height	以像素为单位定义嵌入对象的高度
loop	设置嵌入对象的播放是否循环不断，取值 true 时循环不断，否则只播放一次，默认值是 false
hidden	设置多媒体播放软件的可视性，默认值是 false，即可见
type	定义嵌入对象的 MIME 类型

【示例 7-6】使用 embed 在网页中嵌入嵌入 MP3 和 Flash 动画。

```
<!doctype html>
<html>
<head>
<meta charset="utf-8" />
<title>使用 embed 嵌入嵌入 mp3 和 flash 动画</title>
</head>
<body>
 <p>使用 embed 嵌入 mp3:</p>
  <embed src="flash/song.mp3"></embed>
 <p>使用 embed 嵌入 flash 动画:</p>
  <embed src="flash/01.swf" width="777" height="165"></embed>
</body>
</html>
```

上述代码使用了两个<embed>标签在网页中分别嵌入了默认大小的 MP3 播放器和一个指定宽度和高度的 Flash 动画。在 IE11 浏览器中的运行结果如图 7-8 所示。

图 7-8　使用 embed 标签在网页中嵌入 Flash 动画

7.5　使用<video>嵌入媒体内容

前面介绍的<object>和<embed>虽然可以在网页中嵌入多媒体内容，但都存在浏览器兼容问题，例如在 Firefox 浏览器中都无法获得支持。当在一些较新版的支持 HTML5 标签的浏览器中，如果嵌入的是非 Flash 动画，则我们可以使用<video>和<audio>标签来替代<object>和<embed>标签。<video>和<audio>标签是 HTML5 新增标签，其中<video>用于在网页中嵌入音频、视频，<audio>则用于在网页中嵌入音频。IE9 及以上版本、Firefox、Opera、Chrome 以及 Safari 都支持<video>和<audio>标签。本节我们介绍<video>标签的使用，<audio>标签将在下一节介绍。

基本语法：

```
<video src="file_url"></video>
```

语法说明： src 属性指定多媒体文件，这是一个必设属性。多媒体文件的格式可以是 mp3、mp4、ogg 和 web 等。

在<video>标签中，除了必须设置 src 属性外，还可以设置其他属性获得所嵌入多媒体对象的不同表现效果。<video>标签的常用属性如表 7-7 所示。

表 7-7　　　　　　　　　　　　　　　<video>标签常用属性

属　　性	描　　述
src	指定嵌入对象的文件路径
autoplay	嵌入对象在加载页面后自动播放
controls	出现该属性，则向用户显示控件
preload	设置视频在页面加载时进行加载，并预备播放，如果同时使用了 "autoplay"，则该属性没效
muted	设置视频中的音频输出时静音
width	以像素为单位定义嵌入对象的宽度
height	以像素为单位定义嵌入对象的高度
loop	设置嵌入对象的播放是否循环不断，取值 true 时循环不断，否则只播放一次，默认值是 False
hidden	设置多媒体播放软件的可视性，默认值是 False，即可见
poster	设置视频下载时显示的图像，或者在用户点击播放按钮前显示的图像
type	定义嵌入对象的 MIME 类型

【**示例 7-7**】使用 video 标签在网页中嵌入 MP3 音乐和 MP4 视频。

```
<!doctype html>
<html>
<head>
<meta charset="utf-8" />
<title>使用video标签在网页中嵌入mp3音乐和mp4视频</title>
</head>
<body>
  <p>使用video嵌入mp3音乐:</p>
  <video src="flash/三百六十五个祝福 - 蔡国庆.mp3" controls autoplay></video>
  <p>使用video嵌入mp4视频:</p>
  <video src="flash/软丝木棉视频欣赏.mp4" width="300" height="200" controls
    muted></video>
</body>
</html>
```

上述代码使用了两个<video>标签在网页中分别嵌入了默认大小的 MP3 播放器和一个指定宽度和高度的 MP4 视频播放器，两个 video 都设置了 controls，因而都可以显示播放软件。另外，MP3 设置了 autoplay 属性，因而加载页面后自动播放，而 MP4 设置了 muted，因而播放视频时音频输出被静音。上述代码在 IE11 浏览器中的运行结果如图 7-9 所示。

图 7-9　使用 video 标签在网页中嵌入 MP3 音乐和 MP4 视频

7.6　使用<audio>嵌入音频

<audio>用于在网页中嵌入音频。嵌入的音频格式包括 mp3、wav、ogg、web 等。
基本语法：

```
<audio src="file_url" control></audio>
```

语法说明： src 属性指定多媒体文件，这是一个必设属性。在<audio>标签中，除了必须设置 src 属性外，还可以设置其他属性获得所嵌入多媒体对象的不同表现效果。<audio>标签的常和<video>标签的绝大都数属性都是一样的，对表 7-7 中所列属性，除了 poster 属性<audio>标签没有外，其他属性都有，且作用也一样，在此就不再这赘述了。

【示例 7-8】使用 audio 标签在网页中嵌入嵌入音频。

```
<!doctype html>
<html>
<head>
<meta charset="utf-8" />
<title>使用 audio 标签嵌入音频</title>
</head>
<body>
 <p>使用 audio 在网页中嵌入 mp3 音乐:</p>
 <audio src="flash/song.mp3" controls loop></audio>
</body>
</html>
```

上述代码使用了一个<audio>标签在网页中嵌入了默认大小的 MP3 播放器。Audio 标签设置了 controls，因而可以显示播放软件。另外，MP3 设置了 loop 属性，因而 MP3 将循环不断的播放。上述代码在 IE11 浏览器中的运行结果如图 7-10 所示。

图 7-10　使用 audio 标签在网页中嵌入 MP3

习　题　7

1.　填空题

（1）使用＿＿＿＿标签可在网页中插入滚动字幕，默认情况下，字幕的滚动方向是＿＿＿＿，使用＿＿＿＿属性可修改字幕的滚动方向；滚动速度可使用＿＿＿＿属性来修改。

（2）在网页中嵌入多媒体的标签有：＿＿＿＿，其中＿＿＿＿标签和＿＿＿＿标签都可以嵌入 Flash 动画，嵌入非 Flash 动画的多媒体可使用＿＿＿＿标签和＿＿＿＿标签。

2.　上机题

在网页中嵌入从下往上滚动的字幕。

第8章
在网页中创建超链接

　　浏览者通过单击文本或图片对象，可以从一个页面跳到另一个页面，或从页面的一个位置跳到另一个位置，实现这样功能的对象称为超链接。超链接是一个网站的灵魂。一个网站，如果没有超链接或者超链接设置不正确，将很难或根本无法完整地实现网站功能。

8.1　创建超链接

　　创建超链接使用的标签是<a>。超链接要能正确地进行链接跳转，需要同时存在两个端点，即源端点和目标端点。源端点是指网页中提供链接单击的对象，如链接文本或链接图像；目标端点是指链接跳过去的页面或位置，如某网页、书签等。超链接的目标端点使用<a>标签的 href 属性来指定，源端点则通过<a>标签的内容来指定。

8.1.1　超链接标签

　　超链接<a>标签既可以用来设置超链接，也可以用来设置书签，其常用属性如表 8-1 所示。

表 8-1 　　　　　　　　　　　　　　<a>标签常用属性

属　　性	属性值	描　　述
href	超链接文件路径	指定链接路径（必设属性），用于设置超链接的目标端点
name	书签名	在 HTML5 以前定义书签名称，在 HTML5 使用 id 定义书签名称
target	目标窗口名称	在指定的目标窗口中打开链接文档
title	提示文字	设置链接提示文字

　　使用<a>标签创建超链接的基本语法如下。
　　基本语法：

```
<a href="目标端点">源端点</a>
```

　　语法说明：源端点可以是文本，也可以是图片。目标端点指定了超链接页面 URL，用户点击源端点后，页面将跳转到目标端点所指页面。

　　【示例 8-1】创建基本超链接。

　　（1）包含超链接的页面 ex8-1.html。

```
<!DOCTYPE html>
```

```
<html>
<head>
<meta charset="utf-8" />
<title>创建基本超链接</title>
</head>
<body>
  <a href="welcome.html">我的第一个超链接</a>
</body>
</html>
```

（2）链接的页面 welcome.html。

```
<!DOCTYPE html>
<html>
<head>
<meta charset="utf-8" />
<title>welcome.html</title>
</head>
<body>
  <h1><font color="#FF0000">恭喜您！超链接创建成功！</font></h1>
</body>
</html>
```

在 IE11 浏览器中运行 ex8-1.html 文件的结果如图 8-1 所示。单击超链接文本后页面跳转到目标端点 welcome.html 页面，如图 8-2 所示。

图 8-1 创建超链接

图 8-2 超链接目标端点页面

8.1.2 设置超链接目标窗口

超链接页面默认情况下在当前窗口打开，有时为了某种目的，希望超链接页面在其他窗口，如新开一个窗口中打开，此时在我们创建超链接时就必须修改它的目标窗口。目标窗口的修改可以通过 target 属性来实现。

基本语法：

```
<a href="目标端点" target="目标窗口名称">源端点</a>
```

语法说明： target 属性可取表 8-2 所示的 5 种值。

表 8-2 target 属性的取值

属性值	描　　述
_blank	新开一个窗口打开链接文档
_self	在同一个框架或同一窗口中打开链接文档（默认属性）
_parent	在上一级窗口中打开，一般在框架页面中经常使用
_top	在浏览器的整个窗口中打开，忽略任何框架
框架名称	在指定的浮动框架窗口中打开链接文档

【示例 8-2】设置链接目标窗口。

本示例主要演示新开一个窗口和当前窗口作为目标，浮动框架作为链接目标的示例请参见示例 8-12。

```
<!DOCTYPE html>
<html>
<head>
<meta charset="utf-8" />
<title>设置链接目标窗口</title>
</head>
<body>
    <p><a href="http://www.163.com" target="_self">_self 目标窗口</a></p>
    <p><a href="http://www.163.com" target="_blank">_blank 目标窗口</a></p>
    <p><a href="http://www.163.com">默认目标窗口</a></p>

</body>
</html>
```

设置目标窗口

上述代码在 IE11 浏览器中运行的结果如图 8-3~图 8-6 所示。从图 8-4 和图 8-6 可看出，_self 目标窗口和默认目标窗口是一样的。

图 8-3　页面运行后的最初效果

图 8-4　单击"_self 目标窗口"链接时的效果

图 8-5　单击"_blank 目标窗口"链接时的效果

图 8-6　单击"默认目标窗口"链接时的效果

8.1.3　超链接的链接路径

每个文件都有一个指定自己所处的位置的标识。对于网页来说，这个标识就是 URL，而对于一般的文件则是它的路径，即所在的目录和文件名。

链接路径就是在超链接中用于标识目标端点的位置标识。常见的链接路径主要有以下两种类型。

- 绝对路径：文件的完整路径，如 http://www.sise.com.cn/index.html。

- 相对路径：相对于当前文件的路径。

总体来说，相对路径包含以下 3 种情况。

① 两文件在同一目录下。

② 链接文件在当前文件的下一级目录。

③ 链接文件在当前文件的上一级目录。

对上述相对路径的链接路径设置分别如下。

- 同一目录，只需输入链接文件名称。

- 下一级目录，需在链接文件名前添加"下一级目录名/"。

- 上一级目录，需在链接文件名前添加 "../"。

下面以图 8-7 所示的一个网站的部分目录结构为例来介绍
上述 3 种情况的相对路径的链接路径的设置。

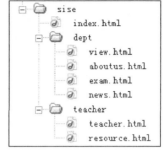

图 8-7　某个站点的部分目录结构

① 同一目录：从 teacher.html 链接到 resource.html 的链接设置：<a href="resource.html"></a>。

② 下一级目录：从 index.html 链接到 view.html 的链接设置：<a href="dept/view.html"></a>。

③ 上一级目录：从 exam.html 链接到 index.html 的链接设置：<a href="../index.html"></a>。

8.2　基准 URL 标签<base>

如果一个文档中<a>、<img>、<link>、<form>等标签中的绝大部分的链接 URL 的前面部分
都是一样时，我们可以将 URL 这个公共的部分提取出来放到<base>中进行设置。另外，<a>、<form>
等标签的链接目标窗口大部分相同时，我们也可以将这个公共的目标放到<base>标签中进行设置，
而不必分别在每个标签中一一设置。

基本语法：

```
<base href="..." target="..."/>
```

语法说明：<base>标签是单标签。<base>标签在一个文档中，只能最多出现一次，而且必须
放到<head>标签对内。它有 href 和 target 两个属性，使用<base>标签时至少必须设置一个属性。
<base>标签的属性介绍见表 8-3。

表 8-3　　　　　　　　　　　　　　　　　　<base>标签属性取值及含义

属　　性	属　性　值	描　　　述
href	URL	规定作为基准的 URL
target	_blank	该属性的各个值和<a>标签的 target 属性的各个值的含义完全一样； 该属性规定在何处打开页面上的链接，它会被每个链接中的 target 属性覆盖
	_parent	
	_self	
	_top	
	framename	

示例 8-3 使用了<img>、<a>和<base>三个标签在页面中下载 http://www.w3school.com.cn 网站
上的一张图片以及链接这个网站上的一个网页。

【示例 8-3】使用 base 标签设置基准 URL 和目标。

```
<!DOCTYPE html>
<html>
<head>
<meta charset="utf-8" />
<title>使用 base 标签设置基准 URL 和目标</title>
<base href="http://www.w3school.com.cn" target="_blank"/>
</head>
<body>
  <img src="i/tulip_ballade_s.jpg"/>
  <p>
  <a href="html5/html5_base.asp">base 标签使用介绍</a>
</body>
</html>
```

使用相对 URL

上述代码使用<base>分别设置了图片和链接的基准 URL，所以图片和链接的完整路径都是基准 URL+它们各自的相对 URL。此外，<base>标签还设置了链接的目标为新窗口。在 IE11 浏览器中的运行结果如图 8-8 所示。

图 8-8　正常显示网络图片，点击链接后新开一个窗口显示链接页面

8.3　超链接的类型

根据超链接目标端点以及源端点的内容，我们可以将超链接分成不同的类型。

（1）根据目标端点的内容，可将链接分成以下几种类型。

- 内部链接。
- 外部链接。
- 书签链接。
- 脚本链接。
- 文件下载链接。

（2）按照源端点的内容，又可将链接分成以下几种类型。

- 文本链接。
- 图像链接。
- 图像映射。

8.3.1　内部链接

内部链接是指在同一个网站内部，不同网页之间的链接关系。

基本语法：

```
<a href="file_url">源端点</a>
```

语法说明：通过"href"属性指定链接文件，即目标端点，"file_url"表示链接文件的路径，一般使用相对路径；"源端点"既可以是文本，也可以是图片。

8.3.2　外部链接

外部链接是指跳转到当前网站外部，和其他网站中的页面或其他元素之间的链接关系。

基本语法：

```
<a href="URL ">源端点</a>
```

语法说明：通过"href"属性指定链接文件，即目标端点，"URL"表示链接文件的路径，一般情况下，该路径需要使用绝对路径；"源端点"既可以是文本，也可以是图片。

常用的 URL 格式如表 8-4 所示。

表 8-4　　　　　　　　　　　　常用 URL 格式

URL 格式	服　务	描　　述
http://	www	进入万维网
mailto:	E-mail	启动邮件发送系统
ftp://	FTP	进入文件传输服务器
telnet://	Telnet	启动远程登录方式
news://	News	启动新闻讨论组

上述 URL 中，除了发送邮件的 URL 设置较复杂外，其他的 URL 的使用都比较简单，所以下面主要介绍一下发送邮件的 URL。

邮件链接基本语法：

```
<a href="mailto:邮址 1?subject=content&cc=邮址 2&bcc=邮址 3">源端点</a>
```

语法说明：邮址 1 代表收件人邮箱地址，subject 属性用于设置邮件主题，cc 属性用于设置抄送邮箱地址，bcc 属性用于设置暗抄送邮箱地址。注意："?"和"&"两个符号后面都不能包含空格。源端点既可以是文本，也可以是图片。

【示例 8-4】创建内部和外部超链接。

```
<!DOCTYPE html>
<html>
<head>
<meta charset="utf-8" />
<title>创建内部和外部链接</title>
</head>
<body>
  <p><a href="dreamweaver.html"> 内部超链接</a></p>
```

```
    <p><a href="http://www.51yala.com">链接到外部网站 </a></p>
    </body>
    </html>
```

上述代码在 IE11 浏览器中的运行结果如图 8-9 所示。单击内部超链接后，页面跳转到同一站点下的 dreamweaver.html 文件，并在当前窗口中显示 dreamweaver.html 文件内容，如图 8-10 所示。

单击链接到外部网站链接后，页面跳转到中国旅游网站，如图 8-11 所示。

图 8-9 运行最初效果

图 8-10 内部链接

图 8-11 外部链接

8.3.3 书签链接

书签链接指的是目标端点为网页中的某个书签（锚点）的链接。最常见书签链接就是电商页面的"返回顶部"效果，当页面滑到最底层时，点击"返回顶部"，然后页面会滑到最顶层。

创建书签链接涉及两个步骤。

- 创建书签。
- 创建书签链接。

1. 创建书签

创建书签的标签与链接标签一样，都使用<a>标签。在 HTML5 以前使用 a 标签的 name 属性来创建书签，在 HTML5 中直接使用 id 属性创建书签，即 id 属性值就是书签名。

基本语法：

```
HTML5 以前版本:<a name="书签名">[文字/图片]</a>
HTML5:<a id="书签名">[文字/图片]</a>
```

语法说明： [文字/图片]中的 "[]" 表示文字或图片可有可无。注意：书签名不能含有空格。

2. 创建书签链接

基本语法如下。

（1）链接到同一页面中的书签，称为内部书签链接。

```
<a href="#书签名">源端点</a>
```

（2）链接到其他页面中的书签，称为外部书签链接。

```
<a href="file_url#书签名">源端点</a>
```

语法说明： 如果书签与书签链接在同一页面，则链接路径为#号加上书签名；如果书签和书签链接分处在不同的页面，则必须在书签名及#号前加上书签所在的页面路径。

【示例 8-5】创建书签链接。

```
<!DOCTYPE html>
<html>
```

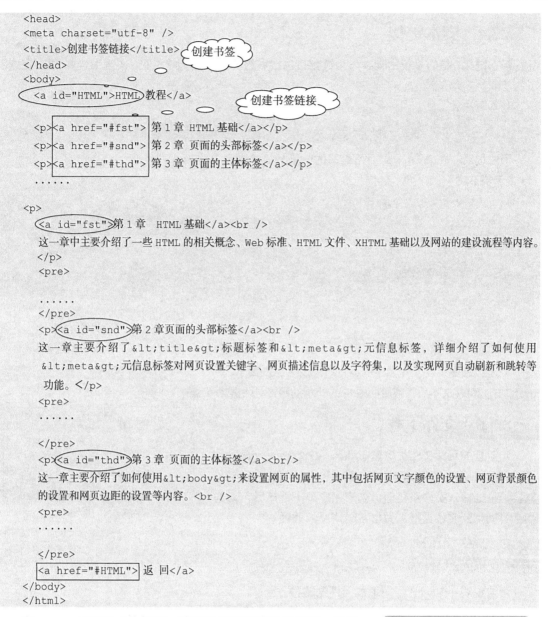

```
<head>
<meta charset="utf-8" />
<title>创建书签链接</title>          创建书签
</head>
<body>
    <a id="HTML">HTML 教程</a>           创建书签链接

    <p><a href="#fst">第 1 章 HTML 基础</a></p>
    <p><a href="#snd">第 2 章 页面的头部标签</a></p>
    <p><a href="#thd">第 3 章 页面的主体标签</a></p>
    ......

<p>
    <a id="fst">第 1 章　HTML 基础</a><br />
    这一章中主要介绍了一些 HTML 的相关概念、Web 标准、HTML 文件、XHTML 基础以及网站的建设流程等内容。
    </p>
    <pre>

    ......
    </pre>
    <p><a id="snd">第 2 章 页面的头部标签</a><br />
    这一章主要介绍了&lt;title&gt;标题标签和&lt;meta&gt;元信息标签，详细介绍了如何使用
    &lt;meta&gt;元信息标签对网页设置关键字、网页描述信息以及字符集，以及实现网页自动刷新和跳转等
    功能。</p>
    <pre>
    ......

    </pre>
    <p><a id="thd">第 3 章 页面的主体标签</a><br/>
    这一章主要介绍了如何使用&lt;body&gt;来设置网页的属性，其中包括网页文字颜色的设置、网页背景颜色
    的设置和网页边距的设置等内容。<br />
    <pre>
    ......

    </pre>
    <a href="#HTML">返 回</a>
</body>
</html>
```

注：<pre>是预格式化标签，其可以保留源代码的空格、换行等格式。

上述代码在 IE11 浏览器中的运行结果如图 8-12 所示。示例 8-5 分别在 HTML 教程和内容介绍中的章标题处创建书签，在章标题列表中则分别对每个章标题创建书签链接，在文章最后的"返回"处也创建了一个书签链接。这样当单击对应书签链接时，当前窗口中将会立即显示书签所对应的内容，这就好比我们在书中夹了书签一样，我们可以直接翻到书签所在页码，从这一点来说，我们创建的书签和现实生活中书签的作用完全是一样的，即都是定位作用。

图 8-12　创建书签链接

8.3.4 脚本链接

脚本链接，指的是使用脚本作为链接目标端点的链接。通过脚本可以实现 HTML 语言完成不了的功能。

基本语法：

```
<a href="javascript:…">源端点</a>
```

语法说明：在 javascript:后面编写的就是具体的脚本。

【**示例 8-6**】创建脚本链接。

```
<!DOCTYPE html>
<html>
<head>
<meta charset="utf-8" />
<title>脚本链接</title>
</head>
<body>
   <a href="javascript:alert('您好，欢迎访问我的站点!')">欢迎访问</a>
</body>
</html>
```

上述代码在 IE11 浏览器中的运行结果如图 8-13 所示。单击其中的超链接文本后将弹出如图 8-13 所示的警告对话框。

图 8-13　脚本链接

8.3.5 文件下载

当链接的目标文档类型属于.doc、.Rar、.cab、.zip、.exe 等时，可以获得文件下载链接。要创建文件下载，只要在链接地址处输入文件路径即可。当用户单击链接后，浏览器会自动判断文件类型，做出不同情况的处理。

基本语法：

```
<a href="file_url ">链接内容</a>
```

语法说明：file_url 指明下载文件的路径。

【**示例 8-7**】创建文件下载链接。

```
<!DOCTYPE html>
<html>
<head>
<meta charset="utf-8" />
<title>文件下载链接</title>
<body>
   <a href="lab6.doc">word 文档文件下载</a>
   <p>
   <a href="task.exe">可执行文件下载</a>
   </p>
   <p>
   <a href="resources/test.rar">压缩文件下载</a>
   </p>
```

```
</body>
</html>
```

上述代码在 IE11 浏览器中的运行结果如图 8-14、图 8-15 和图 8-16 所示。

图 8-14　下载 Word 文档　　　　图 8-15　下载可执行文件　　　　图 8-16　下载压缩文件

由上可见，浏览器会自动根据下载文件的类型给出不同的处理方式。

8.3.6　文本链接

文本链接是指源端点为文本的超链接。

基本语法：

```
<a href="file_url ">文本</a>
```

语法说明：file_url 可以是任意的目标端点。

前述章节中使用的超链接全部是文本链接，所以本节不再举示例说明。

8.3.7　图片链接

图片链接是指源端点为图片文件的超链接。

基本语法：

```
<a href="file_url "><img src="img_url"…> </a>
```

语法说明：file_url 指明链接目标端点，img_url 指明了图片文件路径。在较低版本的浏览器，如 IE10 及以下版本的浏览器中，默认情况下，图片链接中的图片会显示大约 2px 宽的边框。但现在各大浏览器的最新版本中，如 IE11，默认情况下图片链接中的图片不再显示边框。此时如果要显示边框，需要通过样式设置来实现。所以如果需要图片链接显示边框，为了兼容各个浏览器，应对图片设置边框样式。

【**示例 8-8**】创建图片链接。

```
<!DOCTYPE html>
<html>
<head>
<meta charset="utf-8" />
<title>图片链接</title>
<body>九寨沟风景区简介，请点击下面的图片链接查看
  <a href="http://www.51yala.com/Html/20061013152546-1.html" target="_blank">
    <img src="images/jiuzaigou.jpg">
  </a>
</body>
</html>
```

上述代码在 IE11 浏览器中的运行结果如图 8-17 所示。当单击图片时，将在新窗口中打开图 8-18 所示的页面。

图 8-17　图片链接

图 8-18　单击图片链接后打开的页面

8.4　超链接与浮动框架

8.4.1　在页面中嵌入浮动框架

浮动框架就像 HTML 页面中的其他对象一样，可以出现在页面中的任何一个位置，但与其他对象不同的是浮动框架在页面中构建了一个区域，在这个区域中可以显示另一个 HTML 页面的内容，区域中显示的页面使用浮动框架的属性 src 来指定。创建浮动框架需要使用<iframe>标签。

基本语法：

```
<iframe src="源文件地址"> </iframe>
```

语法说明：源文件地址是指需要在浮动框架中显示的页面的地址，可以是绝对路径，也可以是相对路径。

【示例 8-9】在 HTML 页面中插入浮动框架。

```
<!DOCTYPE html>
<html>
<head>
<meta charset="utf-8" />
<title>在 HTML 页面中插入浮动框架</title>
</head>
<body>
  <p>
  浮动框架就象 HTML 页面中其他对象一样，可以出现在页面中的任何一个位置，但与其他对象不同的是浮动
  框架在页面中构建了一个区域，在这个区域中可以显示另一个 HTML 页面的内容，区域中显示的页面使用浮
  动框架的属性 src 来指定在 HTML 文档中。下面将通过嵌入一个网站的首页到当前 HTML 页面的例子来演示
  如何使用 iframe 嵌入其他网页的内容到一个 HTML 页面。
  </p>
  <iframe src="http://www.163.com"/> </iframe>
</body>
</html>
```

在此插入了一个浮动窗口显示一个网站首页

上述代码在当前页面中嵌入了一个外部网站的首页到浮动框架中，在 IE11 浏览器中运行的结果如图 8-19 所示。

8.4.2　设置浮动框架的大小

在示例 8-8 中，我们在页面中插入了一个默认大小的浮动框架。浮动框架的默认宽度是 200 像素，高度是 100 像素。很显然，这个默认的大小有时候是不能满足要求的。我们可以使用 width 和 height 属性来分别修改浮动框架的宽度和高度。

基本语法：

图 8-19　在 HTML 页面中插入浮动框架

```
<iframe src="源文件地址" height="高度" width="宽度"> </iframe>
```

语法说明：height 和 width 属性值是一个数值，单位是像素。

【示例 8-10】设置浮动框架大小。

```
<!DOCTYPE html>
<html>
<head>
<meta charset="utf-8" />
<title>设置浮动框架大小</title>
</head>
<body>
  <p>
    浮动框架是一种特殊的框架页面，其作为 HTML 文档的一部分，就像图像一样出现在 HTML 文档中。
    浮动框架允许将一个 HTML 文档插入到另一个 HTML 文档内部的某个区域。下面将通过嵌入一个网站的首
    页到当前 HTML 页面的例子来演示如何使用 iframe 嵌入其他网页的内容到一个 HTML 页面。
  </p>
  <iframe src="http://www.163.com" width="800" height="600"/> </iframe>
</body></html>
```

修改浮动框架的大小

上述代码将浮动框架的宽度设置为 800 像素，高度设置为 600 像素，在 IE11 浏览器中运行的结果如图 8-20 所示。

图 8-20　设置浮动框架的大小

8.4.3 设置浮动框架的边框

默认情况下浮动框架会显示边框。为了使浮动框架中的内容无缝地嵌入 HTML 页面，我们需要取消浮动框架的边框。浮动框架边框的设置使用属性 frameborder，可取 0 或 1 值。

基本语法：

```
<iframe frameborder="0|1"> </iframe>
```

语法说明： frameborder 属性的默认值是 1，取 1 值时会显示边框，取 0 值时取消边框。

【示例 8-11】设置浮动框架的边框。

```
<!DOCTYPE html>
<html>
<head>
<meta charset="utf-8" />
<title>设置浮动框架的对齐方式</title>
</head>
<body>
    <p>浮动框架是一种特殊的框架页面，其作为 HTML 文档的一部分，就像图像一样出现在 HTML 文档中。浮
    动框架允许将一个 HTML 文档插入到另一个 HTML 文档内部的某个区域。下面将通过嵌入一个网站的首页到
    当前 HTML 页面的例子来演示如何使用 iframe 嵌入其他网页的内容到一个 HTML 页面。
    </p>
<div align="center"><iframe src="http://www.sise.com.cn" frameborder="0"/> </iframe>
</div>
</body>
</html>
```

取消边框

上述代码将浮动框架边框取消，在 IE11 浏览器中运行的结果如图 8-21 所示。

图 8-21　取消浮动框架边框

8.4.4 浮动框架作为超链接目标

浮动框架的一个重要应用就是作为超链接的目标。应用方法是首先需要给浮动框架命名，然后将框架名作为超链接的 target 的属性值。应用示例如下所示。

【示例 8-12】浮动框架作为超链接的目标窗口。

```
<!DOCTYPE html>
<html>
<head>
<meta charset="utf-8" />
```

```
<title>设置浮动窗口为超链接目标窗口</title>
</head>
<body>
    <div align="center"><iframe src="http://www.163.com" name="iframe" width="700"
      height="500"></iframe></div>
    <p align="center"><a href="http://www.sina.com" target="iframe">链接到新浪网：目
    标窗口为浮动窗口</a></p>
</body>
</html>
```

命名浮动框架

设置目标为浮动框架

上述代码在 IE11 中运行的结果如图 8-22 和图 8-23 所示。

图 8-22　页面浏览后的最初效果

图 8-23　单击超链接后的效果

关于 HTML 框架的视频讲解（HTML5 中的"HTML5 框架、背景和实体"视频）
该视频介绍了 HTML 框架、浮动框架的相关概念和实例等内容。

HTML5 框架、背景和实体

习 题 8

1. 填空题

（1）创建超链接必须具备的条件是同时存在_____和_____。

（2）在创始超链接时经常涉及的路径有两种：_____和文件相对路径，通常外部链接需要使用_____，内部链接一般使用_____。

（3）超链接必设的一个属性是_____。

（4）通过_____属性，可使目标端点在不同的窗口打开。

（5）根据源端点，超链接可分为_____超链接、_____超链接和图像映射；根据目标端点，超链接则可分为_____链接、_____链接、书签链接、_____链接和文件下载链接。

（6）创建书签链接的步骤有两步：一是_____；二是_____。

2. 上机题

演示本章中的各种类型超链接创建。

第9章
在网页中使用表格

9.1 表格概述

　　表格通过行列的形式直观形象地将内容表达出来，结构紧凑且蕴涵的信息量巨大，是文档处理过程中经常用到的一种对象。我们可以通过 HTML 表格中的单元格放进任何的网页元素，比如：导航条、文字、图像、动画等，从而使网页中的各个组成部分排列有序。鉴于表格对数据的有序组织，在 web 标准出现前，表格曾作为网页的一个重要排版方式。

　　表格属于结构性对象，一个表格包括行、列和单元格 3 个组成部分。其中行是表格中的水平分隔，列是表格中的垂直分隔，单元格是行和列相交所产生的区域。在网页中描述表格至少需要 3 个标签，分别是<table>、<tr>和<td>，其中<table>用于声明一个表格对象，<tr>用于声明一行，<td>用于声明一个单元格。

　　基本语法：

```
<table>
  <tr>
    <td>单元格内容<td>
    …
  </tr>
  <tr>
   <td>单元格内容<td>
    …
  </tr>
  …
</table>
```

　　语法说明： 表格中所有<tr>标签对都必须放到<table>标签对之间，一个<table>标签对可以包含一个或多个<tr>，而<td>标签对需要放到<tr>标签对之间，一个<tr>标签对可以包含一个或多个<td>标签对，需要注意的是，所有需在表格中显示的内容包括嵌套表格都是放到单元格<td>标签对之间的。

　　【示例 9-1】表格基本结构示例。

```
<!DOCTYPE html>
<html>
<head>
<meta charset="utf-8" />
```

```
<title>表格基本结构</title>
</head>
<body>
  <table>
    <tr>
       <td>第 1 行中的第 1 个单元数据</td>
       <td>第 1 行中的第 2 个单元数据</td>
    </tr>
    <tr>
       <td>第 2 行中的第 1 个单元数据</td>
       <td>第 2 行中的第 2 个单元数据</td>
    </tr>
  </table>
</body>
</html>
```

上述代码使用了<table>、<tr>和<td>创建了一个两行两列的表格，在 IE11 浏览器中运行的结果如图 9-1 所示。该表格没有边框，下面将介绍如何使表格显示边框。

图 9-1　表格基本结构

9.2　表格标签<table>

使用<table>可以设置表格宽度、高度、边框线、对齐方式、背景颜色、背景图片、单元格间距和边距等表格属性。

9.2.1　设置表格的边框

默认情况下创建的表格没有边框，使用表格的 border 属性可以设置边框的粗细。
基本语法：

```
<table border="边框宽度">
```

语法说明：表格边框宽度值是一个数值，单位为像素，数值越大，边框越粗，当值为 0 时不显示边框。

【示例 9-2】设置表格边框。

```
<!DOCTYPE html>
<html>
<head>
<meta charset="utf-8" />
```

```
<title>设置表格边框</title>
</head>
<body>
  <table border="3"
    <tr>
        <td>第 1 行中的第 1 个单元数据</td>
        <td>第 1 行中的第 2 个单元数据</td>
    </tr>
    <tr>
        <td>第 2 行中的第 1 个单元数据</td>
        <td>第 2 行中的第 2 个单元数据</td>
    </tr>
  </table>
</body>
</html>
```

上述代码在 IE11 浏览器中的运行结果如图 9-2 所示。

图 9-2　具有边框的表格

9.2.2　设置表格的宽度和高度

默认情况下，创建的表格的宽度和高度将根据单元格中的内容自动调整。我们在制作网页时为了达到某种效果，常常需要修改默认的表格宽度和高度，使用表格的 width 和 height 属性可以实现这些要求。

基本语法：

```
<table width="表格宽度" height="表格高度" >
```

语法说明： 表格的宽度和高度既可以是像素值，也可以是百分数。需要注意的是，这个百分数是相对于表格的上一级对象的一个值。

【**示例 9-3**】设置表格的宽度和高度。

```
<!DOCTYPE html>
<html>
<head>
<meta charset="utf-8" />
<title>设置表格的宽度和高度</title>
</head>
<body>
  <table border="1" width="500" height="100">
    <tr>
        <td>第 1 行中的第 1 个单元数据</td>
        <td>第 1 行中的第 2 个单元数据</td>
    </tr>
```

```
    <tr>
        <td>第 2 行中的第 1 个单元数据</td>
        <td>第 2 行中的第 2 个单元数据</td>
    </tr>
    </table>
</body>
</html>
```

上述代码分别将表格的宽度和高度设置为 500 个像素和 100 像素，在 IE11 浏览器中运行的结果如图 9-3 所示。

图 9-3　设置表格宽度和高度

9.2.3　设置表格的对齐方式

默认情况下，创建的表格在窗口中居左对齐，使用 align 属性可以修改表格的对齐方式。

基本语法：

```
<table align="对齐方式" >
```

语法说明：对齐方式有 3 种取值，分别为 left（居左对齐）、center（居中对齐）和 right（居右对齐）。

【**示例 9-4**】设置表格的对齐方式。

```
<!DOCTYPE html>
<html>
<head>
<meta charset="utf-8" />
<title>设置表格的对齐方式</title>
</head>
<body>
    <table border="1" align="center">
    <tr>
        <td>第 1 行中的第 1 个单元数据</td>
        <td>第 1 行中的第 2 个单元数据</td>
    </tr>
    <tr>
        <td>第 2 行中的第 1 个单元数据</td>
        <td>第 2 行中的第 2 个单元数据</td>
    </tr>
    </table>
</body>
</html>
```

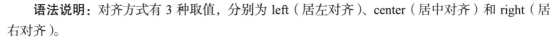
设置表格对齐方式

上述代码将表格设置为居中对齐，在 IE11 浏览器中运行的结果如图 9-4 所示，从中可看到表格在浏览器窗口中居中显示。

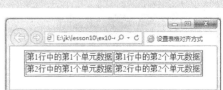

图 9-4　设置表格对齐方式

9.2.4　设置表格的边距

表格的边距指单元格内容与单元格边框之间的间距。当我们没有指定表格的高度时，表格单元格中的内容与单元格的边框靠得比较近，看上去显得比较拥挤。可以通过 cellpadding 改变单元格内容和边框的间距。

基本语法：

```
<table cellpadding="边距值" >
```

语法说明： 边距值的单位是像素，值越大，单元格内容和边框的间距越大。

【示例 9-5】设置表格的边距。

```
<!DOCTYPE html>
<html>
<head>
<meta charset="utf-8" />
<title>设置表格的边距</title>
</head>
<body>
  <table border="1" cellpadding="8">          设置表格边距
  <tr>
       <td>第 1 行中的第 1 个单元数据</td>
       <td>第 1 行中的第 2 个单元数据</td>
  </tr>
       <tr>
       <td>第 2 行中的第 1 个单元数据</td>
       <td>第 2 行中的第 2 个单元数据</td>
  </tr>
</table></body>
</html>
```

上述代码将表格边距设为 8 像素，在 IE11 浏览器中运行的结果如图 9-5 所示。将图 9-5 和图 9-2 进行比较，可以看出边距设置的明显效果。

图 9-5　设置表格的边距

9.2.5　设置表格的间距

表格的间距指的是单元格与单元格之间的间距。当我们设置表格显示边框时，单元格与单元格之间默认情况下存在 2 像素大小的间距。有时我们可能不希望单元格之间有间距或希望间距更大点，使用 cellspacing 属性可以达到这些要求。

基本语法：

```
<table cellspacing="间距值" >
```

语法说明： 间距值的单位是像素，值越大，单元格之间的间距越大，默认值是 2 像素，不希望存在间距时将值设为 0 即可。

【示例 9-6】设置表格的间距。

```
<!DOCTYPE html>
<html>
<head>
```

```
<meta charset="utf-8" />
<title>设置表格的间距</title>
</head>
<body>
  <table border="1" cellspacing="0">
  <tr>
      <td>第 1 行中的第 1 个单元数据</td>
      <td>第 1 行中的第 2 个单元数据</td>
    </tr>
    <tr>
      <td>第 2 行中的第 1 个单元数据</td>
      <td>第 2 行中的第 2 个单元数据</td>
    </tr>
</table></body>
</html>
```

设置表格的单元格之间的间距

上述代码将表格的间距设置为 0，在 IE11 浏览器中运行的结果如图 9-6 所示。将图 9-6 和前面几个图进行比较，可以看出间距设置的明显效果。

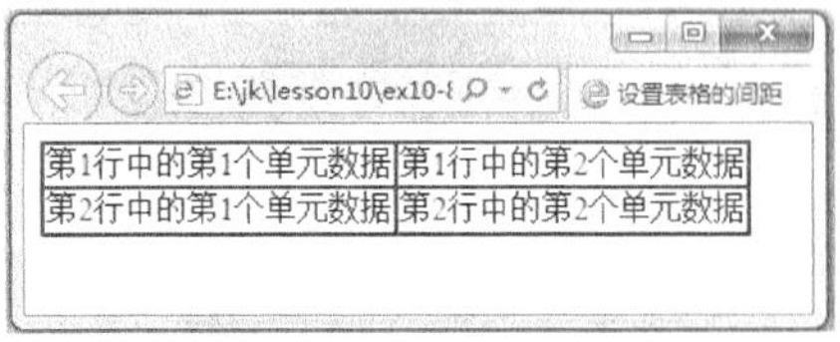

图 9-6　设置表格的间距

9.2.6　设置表格的标题

创建表格时，为了概括表格内容或提供有关表格内容的一些有关信息，常常会设置表格的标题。表格的标题使用表格的子标签<caption>来设置。基本语法：

```
<caption align="水平对齐方式" valign="垂直对齐方式">
      表格标题
</caption>
```

语法说明：<caption>和</caption>之间的内容就是表格的标题，表格标题默认情况下在表格上面居中显示，align 和 valign 属性的取值情况如表 9-1 所示。

表 9-1　　　　　　　　　　　　　　　　　<caption>标签对齐属性

属　　性	描　　述
align	设置水平对齐方式，取值：left/center/right，默认取 center
valign	设置垂直对齐方式，取值：top/bottom，默认取 top

【示例 9-7】设置表格的标题。

```
<!DOCTYPE html>
<html>
<head>
<meta charset="utf-8" />
<title>设置表格标题</title>
</head>
<body>
  <table width="80%" border="1" cellpadding="8" cellspacing="0" align="center">
    <caption>文具价格表</caption>
    <tr>
      <td>文 具</td>
```

设置表格标题

```
        <td>价　格</td>
    </tr>
    <tr>
        <td>钢　笔</td>
        <td>￥2.50/支</td>
    </tr>
    <tr>
        <td>铅　笔</td>
        <td>￥0.50/支</td>
    </tr>
      <tr>
      <td>橡皮擦</td>
      <td>￥0.30/块</td>
    </tr>
  </table>
</body>
</html>
```

上述代码对表格设置了标题，标题使用默认的对齐方式，在 IE11 浏览器中运行的结果如图 9-7 所示。

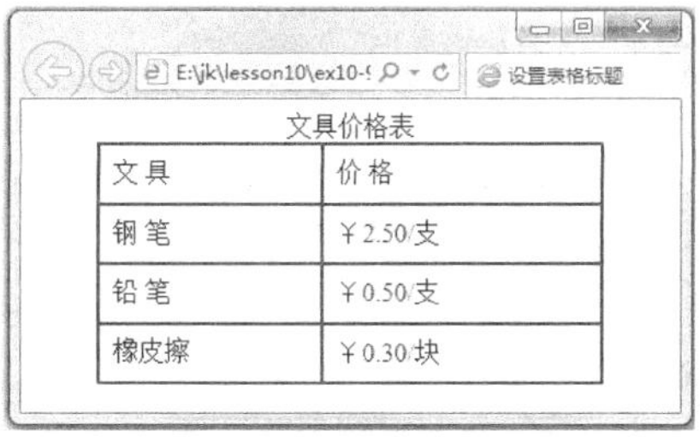

图 9-7　设置表格的标题

9.3 　<tr>标签

使用<table>可以从总体上设置表格属性，根据网页布局的需要，还可以单独对表格中的某一行和某一个单元格进行属性设置。在 HTML 文档中，<tr>标签是用来产生和设置表格中的行的标签，一个<tr></tr>标签对表示表格的一行。

基本语法：

```
<tr height="行高" align="水平对齐方式" valign="垂直对齐方式"
 bgcolor="颜色值">
```

语法说明：在 HTML 页面中，颜色值的书写可以是颜色的英文名称或#RRGGBB 表示的十六进制的颜色值或使用 RGB(R,G,B)表示的 RGB 颜色值。#RRGGBB 和 RGB(R,G,B)中的 R、G、B 分别表示颜色中的红、绿、蓝三种基色，其中，#RRGGBB 中每种颜色用两位十六进制数表示，如#ffffff，表示白色；而 RGB(R,G,B)中的每种颜色的取值范围是 0~255，如 RGB(255,255,255)表示白色。行的属性说明如表 9-2 所示。

表 9-2   <tr>标签属性

属　　性	描　　述
height	设置行高，直接输入某个数字，单位是 px
align	设置行中各单元格内容相对于单元格水平对齐方式，可取 left、center 和 right 3 个值，默认值是 left，即左对齐
valign	设置行中各单元格内容相对于单元格的垂直对齐方式，可取 top、middle 和 bottom3 个值，默认是 middle，即垂直居中对齐
bgcolor	设置行中各个单元格的背景颜色

【示例 9-8】设置表格行属性。

```
<!DOCTYPE html>
<html>
<head>
<meta charset="utf-8" />
<title>设置表格行属性</title>
</head>
<body>
  <table width="450" height="160" border="1" align="center" cellpadding="6"
cellspacing="3">
    <tr bgcolor="#6FC9D2" height="70">
        <td>第一行内容使用了默认对齐方式</td>
        <td>该行还设置了各个单元格的背景颜色以及行高</td>
    </tr>
    <tr align="center">
        <td>第二行内容设置水平居中对齐</td>
        <td>该行的其他属性保持默认值 </td>
    </tr>
    <tr align="right">
        <td>第三行内容设置水平右对齐</td>
        <td>该行还设置了各个单元格的边框颜色</td>
    </tr>
  </table>
</body>
</html>
```

设置该行单元格内容水平居中，其他属性保持默认值

设置该行单元格内容水平居右，其他属性保持默认认值

上述代码在 IE11 浏览器中运行的结果如图 9-8 所示。

图 9-8   设置表格行属性

9.4　\<td\>和\<th\>标签

表格中的内容必须放到单元格中。根据显示内容的格式，单元格可分为一般单元格和标题单元格，标题单元格相对于一般单元格来说，属于特殊单元格，一般出现在第一行或第一列中，主要用于突出某些内容，这些内容也称为表头。在 HTML 文档中，一般单元格使用\<td\>\</td\>标签对标识，标题单元格则使用\<th\>\</th\>标签对来标识。一般的单元格的内容默认是居左并以普通格式显示的，而标题单元格的内容则是默认居中并且加粗显示的。

\<td\>和\<th\>的常用属性请参见表 9-3。

表 9-3　　　　　　　　　　　　　　\<td\>和\<th\>标签常用属性

属　　性	描　　述
align	设置单元格内容相对于单元格的水平对齐方式，可取 left、center 和 right3 个值，\<td\>标签的默认值是 left，\<th\>标签的默认值是 center
valign	设置单元格内容相对于单元格的垂直对齐方式，可取 top、middle 和 bottom3 个值，默认值是 middle，即垂直居中对齐
bgcolor	设置单元格的背景颜色
width	设置单元格的宽度，单位为像素或表格宽度的百分比
height	设置单元格的高度，单位是像素
rowspan	设置单元格的跨行操作
colspan	设置单元格的跨列操作

使用\<td\>和\<th\>的属性可以对某个单元格做更加精细化的格式设置，其中最常用的两个属性是跨行和跨列，而其他属性则主要是格式单元格，这些格式化属性和\<table\>标签以及\<tr\>标签的属性很类似甚至是完全相同的。

9.4.1　使用\<th\>创建表头

在表格的第 1 行或第 1 列中使用\<th\>标签可以创建标题单元格，即表头。

基本语法：

```
<th>表头内容</th>
```

语法说明： 设置的表头内容将加粗并居中显示在单元格中。

【示例 9-9】 使用\<th\>创建表头。

```
<!DOCTYPE html>
<html>
<head>
<meta charset="utf-8" />
<title>使用<th>创建表头</title>
</head>
<body>
  <table width="80%" border="1" cellpadding="8" cellspacing="0" align="center">
    <caption align="center">文具价格表</caption>
```

```
    <tr>
        <th>文 具</th>
        <th>价 格</th>
    </tr>
    <tr>
        <td>钢 笔</td>
        <td>￥2.50/支</td>
    </tr>
    <tr>
        <td>铅 笔</td>
        <td>￥0.50/支</td>
    </tr>
    <tr>
        <td>橡皮擦</td>
        <td>￥0.30/块</td>
    </tr>
    </table>
</body>
</html>
```

创建表头

上述代码在表格的第 1 行中创建了一个表头，在浏览器中运行的结果如图 9-9 所示，从图中可看到表头内容加粗并居中显示。

9.4.2 设置单元格的对齐方式

默认情况下，一般单元格的内容在水平方向居左对齐，在垂直方向居中对齐，可分别通过 td 标签的 align 和 valign 属性修改单元格内容的水平和垂直方向的对齐方式。

图 9-9 使用<th>创建表头

基本语法：

```
<td align="水平对齐方式" valign="垂直对齐方式">
```

语法说明："水平对齐方式"可取 left、center 和 right 3 个值，默认值是 left。"垂直对齐方式"可取 top、middle 和 bottom 3 个值，默认值是 middle。

【**示例 9-10**】设置单元格对齐方式。

```
<!DOCTYPE html>
<html>
<head>
<meta charset="utf-8" />
<title>设置单元格对齐方式</title>
</head>
<body>
    <table width="80%" height="160" border="1" align="center" cellpadding="8" cellspacing="0">
    <caption align="center">文具订单表</caption>
    <tr>
        <th>文 具</th>
        <th>数 量</th>
```

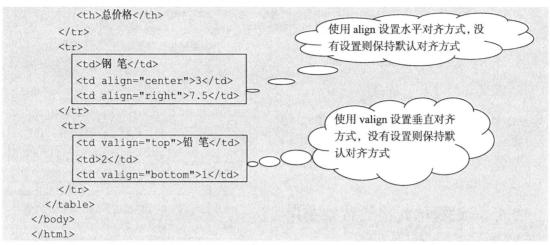

```
            <th>总价格</th>
        </tr>
        <tr>
            <td>钢 笔</td>
            <td align="center">3</td>
            <td align="right">7.5</td>
        </tr>
        <tr>
            <td valign="top">铅 笔</td>
            <td>2</td>
            <td valign="bottom">1</td>
        </tr>
    </table>
</body>
</html>
```

> 使用 align 设置水平对齐方式，没有设置则保持默认对齐方式

> 使用 valign 设置垂直对齐方式，没有设置则保持默认认对齐方式

上述代码在表格的第二行的单元格使用 align 属性设置单元格内容的水平对齐方式，通过默认值以及显式设置的方式，在水平方向上对 3 个单元格设置了不同的对齐方式，而在垂直方向上则保持居中的默认状态。第三行的单元格则使用 valign 属性设置单元格内容的垂直对齐方式，同样通过默认值和显式设置的方式，在垂直方向上对 3 个单元格设置了不同的对齐方式，而在水平方向上则保持居左的默认状态。其在 IE11 浏览器中运行的结果如图 9-10 所示。

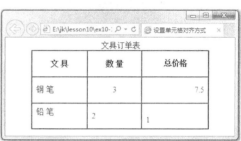

图 9-10　设置单元格的对齐方式

9.4.3　设置单元格的边框颜色和背景颜色

默认情况下，单元格的背景颜色为白色，边框颜色为黑色。使用单元格的 bgcolor 和 bordercolor 属性可以分别修改单元格的背景颜色和边框颜色。

基本语法：

```
<td bgcolor="颜色值" bordercolor="颜色值">
```

语法说明："颜色值"既可以使用英文颜色单词表示，也可以使用十六进制的颜色值表示。

【示例 9-11】设置单元格的边框颜色和背景颜色。

```
<!DOCTYPE html>
<html>
<head>
<meta charset="utf-8" />
<title>设置单元格的边框颜色和背景颜色</title>
</head>
<body>
    <table border="1" cellpadding="8">
        <tr>
            <td bordercolor="#FF0000">第 1 行的第 1 个单元格设置了边框颜色</td>
            <td>第 1 行中的第 2 个单元数据</td>
        </tr>
        <tr>
```

> 设置单元格边框线颜色

```
<td bgcolor="lightpink">第2行的第1个单元格设置了背景颜色</td>
    <td>第2行中的第2个单元数据</td>
  </tr>
</table>
</body>
</html>
```

设置单元格背景颜色

上述代码对表格的第 1 行的第 1 个单元格设置了红色边框,对第 2 行的第 1 个单元格设置了浅粉红色背景颜色。其在 IE11 浏览器中运行的结果如图 9-11 所示。

图 9-11 设置单元格的边框颜色和背景颜色

9.4.4 设置单元格的背景图片

为了使某些单元格更形象生动,可以使用单元格的 background 属性对单元格设置背景图片。基本语法:

```
<td background="背景图片路径">
```

语法说明: 背景图片路径既可以是相对路径,也可以是绝对路径。

【示例 9-12】设置单元格的背景图片。

```
<!DOCTYPE html>
<html>
<head>
<meta charset="utf-8" />
<title>设置单元格背景图片</title>
</head>
<body>
  <table border="1" cellpadding="8">
    <tr>
    <td background="images/pink.jpg">第1行的第1个单元格设置了背景图片</td>
      <td>第1行的第2个单元</td>
    </tr>
    <tr>
      <td>第2行的第1个单元格</td>
      <td background="images/whitechess.jpg">第2行的第2个单元格设置了背景图片</td>
</tr>
  </table>
</body>
</html>
```

对单元格设置背景图片

上述代码对表格的第 1 行的第 1 个单元格和第 2 行的第 2 个单元格分别设置了背景图片。其在 IE11 浏览器中运行的结果如图 9-12 所示。

图 9-12 设置单元格的背景图片

9.4.5　设置单元格的宽度和高度

在表格没设置高度的情况下，单元格的默认宽度和高度是自适应的，即会根据其中的内容来变化。我们可以通过单元格的 width 和 height 属性来修改单元格的宽度和高度，以满足我们布局页面的需要。

基本语法：

```
<td width="宽度" height="高度">
```

语法说明："宽度"既可以是一个像素值，也可以是一个百分数，百分数表示该单元格占所属行宽度的百分比。"高度"只能是像素。

【示例 9-13】设置单元格的宽度和高度。

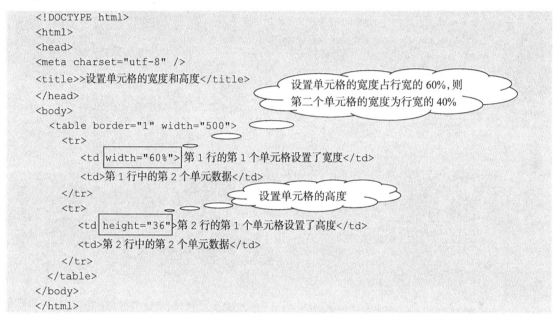

上述代码对表格的第 1 行的第 1 个单元格和第 2 行的第 2 个单元格分别设置了宽度和高度。其在 IE11 浏览器中运行的结果如图 9-13 所示。从中我们可以看到，一个单元格的宽度设置会影响同一列的所有单元格，而一个单元格的高度设置则会影响同一行的所有单元格。

图 9-13　设置单元格的宽度和高度

9.4.6　单元格的跨行和跨列设置

默认情况下，表格每行的单元格都是一样的。但很多时候，由于制表的需要，表格每行的单元格数目有可能不一致，这时的表格就需要执行跨行或跨列操作。跨行和跨列功能可分别通过单元格的 rowspan 和 colspan 属性来实现。

基本语法：

```
<td rowspan="所跨行数" colspan="所跨列数">
```

语法说明： rowspan 和 colspan 的属性值是一个具体的数值。

【示例 9-14】单元格的跨行设置。

```
<!DOCTYPE html>
<html>
<head>
<meta charset="utf-8" />
<title>单元格跨行设置</title>
</head>
<body>
  <table width="80%" border="1" cellpadding="8" cellspacing="0" align="center">
    <caption align="center">文具订单表</caption>
    <tr>
        <th>文 具</th>
        <th>价 格</th>
        <th>数 量</th>
        <th>合 计</th>
    </tr>
    <tr>
        <td>钢 笔</td>                         对单元格执行跨行操作
        <td>￥2.50/支</td>
        <td>3</td>
        <td rowspan="2">￥12.5</td>
    </tr>
    <tr>
        <td>铅 笔</td>
        <td>￥0.50/支</td>
        <td>10</td>
    </tr>
    </table>
</body>
</html>
```

上述代码在表格的第 2 行的第 3 个单元格执行了跨行操作，该单元格从第 2 行跨到了第 3 行，从而使第 3 行少了一个单元格。其在 IE11 浏览器中运行的结果如图 9-14 所示。

图 9-14　单元格的跨行设置

【示例 9-15】单元格的跨列设置。

```
<!DOCTYPE html>
<html>
<head>
<meta charset="utf-8" />
<title>单元格跨列设置</title>
</head>
<body>
  <table width="80%" border="1" cellpadding="8" cellspacing="0"
 align="center">
    <caption align="center">文具订单表</caption>
    <tr>
      <th>文 具</th>
      <th>价 格</th>
      <th>数 量</th>
    </tr>
    <tr>
      <td>钢 笔</td>
      <td>￥2.50/支</td>
      <td>3</td>
    </tr>
    <tr>
      <td>铅 笔</td>
      <td>￥0.50/支</td>
      <td>10</td>
    </tr>
    <tr>
      <td>合 计</td>
      <td colspan="2" align="right">￥12.5</td>
  </table>
</body>
</html>
```

对单元格执行跨列操作

上述代码在表格的第 4 行的第 2 个单元格执行了跨列操作，该单元格从第 2 列跨到了第 3 列，从而使第 4 行少了一个单元格。其在 IE11 浏览器中运行的结果如图 9-15 所示。

图 9-15　单元格的跨列设置

9.5　表格的综合示例：使用表格布局网页

<table>等标签除了用来制表以外，还有一个重要的功能是布局网页。在 Web 标准出来之前的网页几乎都是使用表格来布局的，所以如果我们去查看相对比较老的网站的源代码时会看到大量表格。虽然现在不建议大家使用表格布局网页，但由于目前还存在大量使用表格布局的网站，所以我们还应该了解表格是如何布局网页的。下面将通过一个综合示例让大家体会表格是如何布局网页的，页面效果如图 9-16 所示。

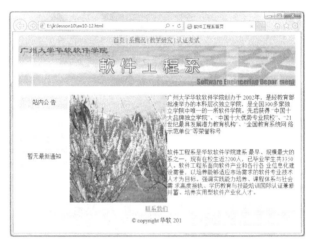

图 9-16　使用表格布局网页

图 9-16 中的网页包括了一个导航条、一个 FLASH 动画、滚动字幕、图片、超链接、版权所有等内容，这些内容将通过一个表格将它们有机地组织在页面上。下面给出操作的步骤。

（1）打开记事本、Editplus 或 Dreamweaver 等编辑器，编写 html 文档。

（2）将提供的所有的文件夹和文件保存在你现在所创建的网页的同一目录下。

（3）在 html 文档的主体区域中使用相应标签及属性进行如下设置。

① 添加一个 7 行 3 列的表格（表格 1），设置居中显示、边距和间距分别为 0、表格宽度为 778。

② 设置表格 1 第一行第一列居中，并设置该列的高度为 30，背景颜色为#DEDE83，然后对该列执行跨列（跨 3 列）操作。

③ 在第一行单元格中输入"首页""系概况""教学研究"和"认证考试"文本，并对每个文本设置超链接（这里暂时不具体指定链接目标，全部以"#"来代替链接目标）。

④ 对表格 1 第二行第一列执行跨列（跨 3 列）操作，然后在该列中使用<embed>嵌入所提供的 Flash 动画：fff3_B.swf。

⑤ 设置动画的高为 110，宽为 778。

⑥ 对表格 1 第三行第一列执行跨列（跨 3 列）操作，设置该列的高度为 5，在该列中输入一个空格字符码。

⑦ 设置表格 1 第四行第一列宽度为 145，并对该列执行跨行（跨 2 行）操作，然后在该列中嵌入一个 2 行 1 列的表格（表格 2）。

⑧ 设置表格 2 居中、宽 95%、高 290、边距 8、间距 0。

⑨ 设置表格 2 的第一行第一列的背景颜色为#FFCCFF，然后在该列中输入"站内公告"文本，同时使用<font>将文本设置为隶书和四号字。

⑩ 设置表格 2 的第二行第一列的背景颜色为#FFFFCC，然后在该列中输入"暂无最新通知"文本，使用<marquee>将这些文本显示成滚动字幕，其中滚动方向是从下往上滚动，滚动速度为 3。同时使用<font>将文本设置为隶书、四号字和红色。

⑪ 将表格 1 的第四行第二列的宽度设置为 273，并对该列执行跨行（跨 2 行）操作，然后在该列中插入所提供的图片：pic2.jpg。

⑫ 对所插入的图片创建外部超链接（链接到 http://www.sise.com.cn），并设置图片的边框为 0、提示信息为"广州大学华软软件学院"。

⑬ 将表格 1 的第四行第三列的宽度设置为 360、高为 145、垂直顶端对齐，然后在该列中输入图 9-19 所示有关广州大学华软软件学院的简介。

⑭ 将表格 1 的第五行第三列的宽度设置为 360、高为 145、垂直顶端对齐，然后在该列中输入图 9-19 所示有关软件工程系的简介。

⑮ 设置表格 1 第六行第一列居中，并设置该列的高度为 30、背景颜色为#CCFFCC，并对该列执行跨列（跨 3 列）操作，然后在该列中输入文本"联系我们"。

⑯ 将"联系我们"文本设置为邮件链接。

⑰ 设置表格 1 第七行第一列居中，并设置该列的高度为 30、背景颜色为#CCFFCC，并对该列执行跨列（跨 3 列）操作，然后在该列中输入文本"© copyright 华软 2013"。

（4）以扩展名为"html"保存网页，双击文件名在浏览器中查看网页效果。

按上述步骤编写的网页源代码参见示例 9-16。

【示例 9-16】使用表格布局网页。

```
<!DOCTYPE html>
<html>
<head>
<meta charset="utf-8" />
<title>软件工程系首页</title>
</head>
<body>
  <table cellpadding="0" cellspacing="0" width="778" align="center">
  <tr>
  <td align="center" colspan="3" height="30" bgcolor="#DEDE83"><a href="#">首页</a> |
<a href="#">系概况</a> | <a href="#">教学研究</a> | <a href="#">认证考试</a></td>
  </tr>
  <tr>
  <td colspan="3"><embed src="flash/fff3_B.swf" width="778" height="110">
  </td>
  </tr>
  <tr>
  <td colspan="3" height="5"> </td>
  </tr>
  <tr>
  <td width="145" rowspan="2">
  <table width="95%" height="290" cellpadding="8" align="center"
   cellspacing="0">
  <tr>
```

```
  <td bgcolor="#FFCCFF" align="center" height="20">站内公告</td>
  </tr>
  <tr>
  <td bgcolor="#FFFFCC" align="center"><marquee direction="up"
   scrollamount="3">暂无最新通知</marquee>
</td>
  </tr>
  </table>
  </td>
  <td rowspan="2" width="273"><a href="http://www.sise.com.cn"><img src="pic2.jpg"
border="0"></a></td>
  <td valign="top" width="360" height="145">广州大学华软软件学院创办于 2002 年，是经教育
部批准举办的本科层次独立学院，是全国 300 多家独立学院中唯一的一所软件学院。先后获得 "中国十大品牌独
立学院" "中国十大优势专业院校" "21 世纪最具发展潜力教育机构" "全国教育系统网络示范单位" 等荣誉称
号</td>
  </tr>
  <tr>
  <td valign="top" width="360" height="145">软件工程系是华软软件学院建系最早、规模最大的系
之一，现有在校生近 2200 人，已毕业学生共 3350 人。软件工程系面向软件产业和各行各业信息化建设需要，以
培养能够适应市场需求的软件专业技术人才为目标。强调实践能力培养、课程体系与社会需求高度接轨、学历教育
与技能培训国际认证兼修并蓄、培养实用型软件产业化人才。</td>
  </tr>
  <tr>
  <td colspan="3" bgcolor="#CCFFCC" height="30" align="center"><a href="mailto:cred_
n@163.com">联系我们</a></td>
  </tr>
  <tr>
  <td colspan="3" bgcolor="#CCFFCC" height="30" align="center">&copy copyright 华软
2013</td>
  </tr>
  </table>
</body>
</html>
```

上述代码使用了两个表格，其中表格 2 嵌套在表格 1 中，并且多次执行了跨行和跨列操作，以及对单元格和表格分别进行了不同程度的属性设置。通常使用表格布局页面时一般都会嵌套表格，但需要注意嵌套层次不要太多，否则对浏览速度的影响比较大。

极客学院
jikexueyuan.com

关于 HTML 链接和表格的视频讲解（HTML5 中的 "HTML5 样式、
链接和表格" 视频）
该视频介绍了 HTML 链接和表格的相关概念和实例等内容。

HTML5 样式、链接和表格

习 题 9

1. 填空题

（1）表格的内容必须放置在_____标签对之间或_____标签对之间。

（2）每一行必须使用一个_____标签对。

（3）在排版网页时通常需要嵌套表格，所谓表格的嵌套，是指在一个表格的_____中插入另一个表格。

（4）单元格执行跨行操作时需要使用_____属性，单元格跨列操作时需要使用_____属性。

2. 上机题

使用记事本或 Dreamweaver 等工具演示 9.5 节中表格的综合示例。

第10章
在网页中创建表单

10.1 表单概述

　　表单在 Web 应用中是一个极其重要的对象，用户需要使用它来输入数据，并向服务器提交数据。用户在表单中输入的数据将作为请求参数发送给服务器，从而实现用户与 Web 应用的动态交互。我们现在大量使用的在线交易、论坛、网上搜索等功能之所以能够实现，正是因为有了表单。一般申请网上的一些服务，如网上订购，通常需要注册，即在网站所提供的表单中填写用户的相关信息，如图 10-1 是一个当当网上商城的收货人信息注册表单。

图 10-1　当当网上商城的收货人信息注册表单

　　表单信息的处理过程：单击表单中的提交按钮时，在表单中输入的信息就会被提交到服务器中，服务器的有关应用程序将处理提交信息，处理结果或者是将用户提交的信息储存在服务器端的数据库中，或者是将有关信息返回到客户端的浏览器上。

　　完整地实现表单功能，需要涉及两个部分：一是用于描述表单对象的 HTML 源代码；二是客户端的脚本或者服务器端用于处理用户所填写信息的程序。在本章中，只介绍描述表单对象的 HTML 代码。

10.2 表单标签

　　用于描述表单对象的标签可以分成表单<form>标签和表单域标签两大类。<form>用于定义一个表单区域，表单域标签用于定义表单中的各个元素，所有表单元素必须放在表单标签中。表单常用标签如表 10-1 所示。

表 10-1　　　　　　　　　　　　　　　　表单常用标签

标　　签	描　　述
<form>	定义一个表单区域以及携带表单的相关信息
<input>	设置输入表单元素
<select>	设置列表元素
<option>	设置列表元素中的项目
<textarea>	设置表单文本域元素

10.2.1　表单标签<form>

表单是网页上的一个特定区域，这个区域由一对<form>标签定义。<form>标签具体来说有两方面的作用：一方面，限定表单的范围，即定义一个区域，表单各元素都要设置在这个区域内，单击提交按钮时，提交的也是这个区域内的数据；另一方面，携带表单的相关信息，如处理表单的程序、提交表单的方法等。

基本语法：

```
<form name="表单名称" method="提交方法" action="处理程序">
    …
</form>
```

语法说明：<form>标签的常用属性除了 name、method 和 action 外，还包括 onsubmit 和 enctype 等属性，这些属性的介绍如表 10-2 所示。

表 10-2　　　　　　　　　　　　　　　<form>标签的常用属性

属　　性	描　　述
name	设置表单名称，用于脚本引用（可选属性）
method	定义表单数据从客户端传送到服务器的方法，包括两种方法：get 和 post，默认时使用 get 方法
action	用于指定处理表单的服务端程序
onsubmit	用于指定处理表单的脚本函数
enctype	设置 MIME 类型，默认值为 application/x-www-form-urlencoded。需要上传文件到服务器时，应将该属性设置为 multipart/form-data

在表 10-2 中，表单数据的提交既可以使用 get 方法，也可以使用 post 方法。这两种方法的区别如下。

get 方法将表单内容附加到 URL 地址后面，所以对提交信息的长度进行了限制，最多不能超过 8KB 个字符。如果信息太长，将被截去，从而导致意想不到的处理结果。同时 get 方法不具有保密性，不适于处理如银行卡卡号等要求保密的内容，而且不能传送非 ASCII 码的字符。post 方法是将用户在表单中填写的数据包含在表单的主体中，一起传送给服务器上的处理程序，该方法没有字符个数和字符类型的限制，它包含了 ISO10646 中的所有字符，所传送的数据不会显示在浏览器的地址栏中。默认情况下，表单使用 get 方法传送数据，当数据涉及保密要求时必须使用 post 方法，而所传送的数据用于执行插入或更新数据库操作时，则最好使用 post 方法，执行搜索操作时可以使用 get 方法。

10.2.2　输入标签\<input\>

输入标签\<input\>用于设置表单输入元素，诸如文本框、密码框、单选按钮、复选框、按钮等元素。

基本语法：

```
<input  type="元素类型" name="表单元素名称" >
```

语法说明： type 属性用于设置不同类型的输入元素，可设置的元素类型如表 10-3 所示。name 属性指定输入元素的名称，作为服务器程序访问表单元素的标识名称，所以名称必须唯一。对于表 10-3 所列的各种按钮元素，必须设置的一个属性是 type；而其余输入元素必须设置的属性是 type 和 name 两个属性。

表 10-3　　　　　　　　　　　　　　　　　type 属性值

type 属性值	描　　述	type 属性值	描　　述
text	设置单行文本框元素	checkbox	设置复选框元素
password	设置密码元素	button	设置普通按钮元素
file	设置文件元素	submit	设置提交按钮元素
hidden	设置隐藏元素	reset	设置重置按钮元素
radio	设置单选框元素		

1.　文本框 text

用于创建一个单行输入文本框，访问者在其中输入文本信息，输入的信息将以明文显示。

基本语法：

```
<input type="text" name="文本框名称">
```

语法说明： type 属性值必须为 "text"，name 属性为必设属性。除了 type 和 name 属性外，文本框还包括 maxlength、size 和 value 等可选属性。文本框各属性的说明如表 10-4 所示。

表 10-4　　　　　　　　　　　　　　　　　文本框常用属性

属　　性	描　　述
name	设置文本框的名称，在脚本中作为文本框标识获取其数据
maxlength	设置在文本框中最多可输入的字符数
size	控制文本框的长度，单位是像素
value	设置文本框的默认值

【示例 10-1】 创建文本框。

```
<!DOCTYPE html>
<html>
<head>
<meta charset="utf-8" />
<title>创建文本框</title>
</head>
<body>
```

```
    <h4>请输入用户信息：</h4>
    <form name="form1" action="register.jsp" method="post">
    姓名：<input type="text" name="username"><br />
    电话：<input type="text" name="tel" size="10"><br />
    地址：<input type="text" name="address" size="30" maxlength="50"><br />
    邮编：<input type="text" name="pc" size="6" maxlength="6"> <br />
    个人主页：<input type="text" name="url" value="http://">
    </form>
    </body>
</html>
```

上述代码在 IE11 浏览器中的运行结果如图 10-2 所示。

示例 10-1 创建了 5 个文本框，第一个文本框使用了默认的 size 属性值，第二至第五个文本框分别设置 size 取不同的像素值，从图 10-2 中可以看出，5 个文本框的长度各异，这正是 size 属性的作用。另外，第一、第二和第五个文本框因为没有设置 maxlength，所以可以输入任意多个字符。

图 10-2　创建文本框

2. 密码框 password

用于创建一个密码框，以"*"或"●"符号回显所输入的字符，从而起到保密的作用。

基本语法：

```
<input type="password" name="密码框名称">
```

语法说明： type 属性值必须为"password"，密码框具有和文本框一样的属性，作用也是一样的，具体介绍请参见表 10-4。

【**示例 10-2**】创建密码框。

```
<!DOCTYPE html>
<html>
<head>
<meta charset="utf-8" />
<title>创建密码框</title>
</head>
<body>
<h4>请输入用户姓名和密码：</h4>
<body>
    <form name="form1" action="login.jsp" method="post">
    姓名：<input type="text" name="user_name" size="18"><br />
    密码：<input type="password" name="psw" size="20">
    </form>
    </body>
    </html>
```

上述代码在 IE11 浏览器中的运行结果如图 10-3 所示。从图中可看到，密码框中输入的字符以"●"回显。

3. 隐藏域 hidden

用于创建隐藏域。隐藏域不会被访问者看到，它主要用于在不同页面中传递域中所设定的值。

图 10-3　创建密码框

基本语法：

```
<input type="hidden" name="域名称" value="域值">
```

语法说明：隐藏域的 type、name 和 value 属性都必须设置。type 的属性值必须为"hidden"，value 属性用于设置隐藏域需传递的值，name 设置隐藏域的名称，用于在处理程序中获取域的数据。

【示例 10-3】创建隐藏域。

```
<!DOCTYPE html>
<html>
<head>
<meta charset="utf-8" />
<title>创建隐藏域</title>
</head>
<body>
<body>
  <form name="form1" action="admin.jsp" method="post">
    <input type="hidden" name="username" value="nch"><br />
  </form>
</body>
</html>
```

创建隐藏域

文件执行后，将看不到任何表单元素，隐藏域在表单提交时，将传递其所设置的"nch"值给"admin.jsp"页面。

4. 文件域 file

用于创建文件域。文件域可以将本地文件上传到服务器端。

基本语法：

```
<input type="file" name="域名称">
```

语法说明：type 的属性值必须为"file"，name 设置文件域的名称，用于在脚本中获取域的数据。另外需要注意的是，要将文件内容上传到服务器，还必须修改表单的编码，这需要使用<form>标签的 enctype 属性，应将该属性的值设置为 multipart/form-data，同时表单提交方法必须为 post。

【示例 10-4】创建文件域。

```
<!DOCTYPE html>
<html>
<head>
<meta charset="utf-8" />
<title>创建文件域</title>
</head>
<body>
<body>
  <p> </p>
  <form action="regisert.jsp" enctype="multipart/form-data" method="post">
  请上传相片: <input type="file" name="photo" >
  </form>
</body>
</html>
```

必须将表单的默认编码修改为"multipart/form-data"，同时方法设为 post

上述代码在 IE11 浏览器中的运行结果如图 10-4 所示。在图 10-4 中，用户可以直接将要上传给服务器的文件路径填写在文本框中，也可以单击"浏览"
按钮，在自己的计算机中找到要上传的文件。

图 10-4　创建文件域

5. 单选按钮 radio

单选按钮，用于在一组选项中进行单项选择，每个单
选按钮用一个圆框表示。

基本语法：

```
<input  type="radio" name="域名称" value="域值" checked="checked">
```

语法说明： type 的属性值必须设置为"radio"，name 设置单选按钮的名称，用于在处理程序
中获取域的数据，属于同一组的单选框的 name 属性必须设置为相同的值；value 用于设置单选按
钮选中后传到服务器端的值；checked 表示此项被默认选中，如果不设置默认选中状态，则不要
使用 checked 属性；在一组单选按钮中，最多只能有一个默认选中项。

6. 复选框 checkbox

复选按钮，用于在一组选项中进行多项选择，每个复选按钮用一个方框表示。

基本语法：

```
<input type="checkbox" name="域名称" value="域值" checked="checked">
```

语法说明： type 的属性值必须为"checkbox"，name 设置复选按钮的名称，用于在处理程序
中获取域的值，同一组的复选按钮的 name 属性可以设置为相同值，也可以设置为不同的值；value
和 checked 属性的使用和单选按钮的完全一样，但在一组复选框中，可以有多个默认选中项。

【示例 10-5】创建单选按钮和复选按钮。

```
<!DOCTYPE html>
<html>
<head>
<meta charset="utf-8" />
<title>创建单选按钮和复选按钮</title>
</head>
<body>
  <form>
      性别：<input type="radio" value="female" name="gender"/>女
            <input type="radio" value="male" name="gender"/>男<br />
      爱好：
          <input type="checkbox" value="music" name="m1" checked="checked"/>音乐
              <input type="checkbox" value="trip" name="m2"/>旅游
          <input type="checkbox" value="reading" name="m3" checked="checked"/>阅读
      </form>
</body>
</html>
```

同一组单选按钮的各个
选项的名字必须一样

同一组复选按钮的名字属
性值可以相同，也可以不同

上述代码在 IE11 浏览器中的运行结果如图 10-5 所示。
从中可以看到单选按钮默认情况下没有选项被选中，而复选
按钮默认选中了音乐和阅读两个选项。

7. 提交按钮 submit

用于将表单内容提交到指定服务器处理程序或指定客户

图 10-5　创建单选按钮和复选按钮

端脚本进行处理。

基本语法：

```
<input type="submit" name="按钮名称" value="按钮显示文本">
```

语法说明：type 属性值必须为"submit"，为必设置属性；name 属性设置按钮的名称，如果处理程序不需要引用该按钮，可以省略该属性；value 属性设置按钮上面显示的文本，不设置该属性时默认显示"提交查询内容"。

【**示例 10-6**】提交按钮示例。

```
<!DOCTYPE html>
<html>
<head>
<meta charset="utf-8" />
<title>创建提交按钮</title>
</head>
<body>
  <form action="add.jsp" method="post">
      <input type="submit" value="新增"/>
  </form>
</body>
</html>
```

上述代码在 IE11 浏览器中的运行结果如图 10-6 所示，单击"新增"按钮后页面请求转到表单 action 属性所指定的处理程序 add.jsp，add.jsp 处理的结果由浏览器显示。

图 10-6　创建提交按钮

8. 普通按钮 button

用于激发提交表单动作，配合 JavaScript 脚本对表单执行处理操作。

基本语法：

```
<input type="button" value="按钮显示文本"  onclick="javascript 函数名" name="按钮名称">
```

语法说明：type 属性值必须为"button"，为必设属性；name 属性和 value 属性的作用与 submit 按钮的一样，唯一不同的是，value 属性没有设置时，按钮上面将没有任何文字显示；onclick 属性指定处理表单内容的脚本，为必设属性。

【**示例 10-7**】普通按钮示例。

创建 ex10-7.html 页面。

```
<!DOCTYPE html>
<html>
<head>
<meta charset="utf-8" />
<title>创建普通按钮</title>
<script type="text/javascript">
    function del(){
      if(confirm("确定要删除该信息吗？删除将不能恢复！"))
          window.location="delete.jsp";
    }
</script>
</head>
```

```
<body>
  <form>
      <input type="button" onclick="del()" value="删除"/>
  </form>
</body>
</html>
```

onclick 属性为必设属性，值等于脚本函数

在 ex10-7.html 运行结果页面中单击"删除"按钮后页面请求转到表单 onclick 属性所指定的脚本函数 del()，运行 del() 后弹出删除确认对话框，如图 10-7 所示。 单击对话框中的"确定"按钮后请求跳到 delete.jsp，delete.jsp 处理的结果由浏览器显示。

图 10-7　创建普通按钮

9.　重置按钮 reset

用于清除表单中所输入的内容，将表单内容恢复成默认的状态。

基本语法：

```
<input type="reset" name="按钮名称" value="按钮显示文本">
```

语法说明：type 属性值必须为"reset"，是必设属性；name 属性和 value 属性的作用与 submit 按钮的一样，value 属性如果不设置的话，按钮文字默认显示"重置"。

【示例 10-8】重置按钮示例。

```
<!DOCTYPE html>
<html>
<head>
<meta charset="utf-8" /><title>创建重置按钮</title>
</head>
<body>
  <form>
      <input type="text" name="username"/>
      <input type="reset" value="取消"/>
  </form>
</body>
</html>
```

上述代码在 IE11 浏览器中的运行结果如图 10-8 所示。在图中的文本框中输入任意文本后单击"取消"按钮，文本框将清空，回到最初的状态。

图 10-8　创建重置按钮

10.　图像按钮 image

按钮外形以图像表示，功能与提交按钮一样，具有提交表单内容的作用。

基本语法：

```
<input type="image" name="按钮名称" src="图像路径" width="宽度值" height="高度值">
```

语法说明：type 属性值必须为"image"，为必设属性；name 属性的作用与 submit 按钮的一样；src 属性设置图像的路径，为必设属性；width 和 height 属性分别用于设置图像的宽度和高度，为可选属性。

【示例 10-9】创建图像按钮。

```
<!DOCTYPE html>
<html>
<head>
<meta charset="utf-8" />
<title>创建图像按钮/title>
</head>
<body>
    <form>
        <input type="image" src="images/beida.jpg" name="image"
        width="60" height="30"/>
    </form>
</body>
</html>
```

上述代码运行结果如图 10-9 所示。图像按扭相比于提交按钮，作用是完全一样的，不同的地方是外形是所指定的图像，而且可以根据需要修改图像按钮的大小。

图 10-9　创建图像按钮

10.2.3　选择列表标签<select>

选择列表允许访问者从选项列表中选择一项或几项。它的作用等效于单选按钮（单选时）或复选框（多选时），在选项比较多的情况下，相对于单选按钮和复选框来说，选择列表可省很多空间。

创建选择列表必须使用<select>和<option>两个标签。<select>标签用于声明选择列表，需由它确定选择列表是否可多选，以及一次可显示的列表选项数；而选择列表中的各选项则需要由<option>来设置，其可设置各选项的值以及是否为默认选项。

根据列表选项一次可被选择和显示的个数，选择列表可分为以下两种形式：多项选择列表和下拉列表（下拉菜单）。

1．多项选择列表

多项选择列表是指一次可以选择多个列表选项，且一次可以显示 1 个以上列表选项的选择列表。

基本语法：

```
<select name="列表名称" size="显示的选项数目" multiple="multiple">
   <option value="选项值" selected="selected">选项一</option>
   <option value="选项值">选项二</option>
   <option value="选项值" selected="selected">选项三</option>
   ...
</select>
```

语法说明：<select>标签用于声明选择列表，<option>标签用于设置各个选项，各个属性的说明如表 10-5 所示。

表 10-5　　　　　　　　　　　　　　　　　select 标签常用属性

属　　性	描　　述
name	设置列表的名称
size	设置能同时显示的列表选项个数（默认为 1），取值大于或等于 1
multiple	设置列表中的项目可多选
value	设置选项值
selected	设置默认选项，可对多个列表选项进行此属性的设置

【示例 10-10】创建多项选择列表。

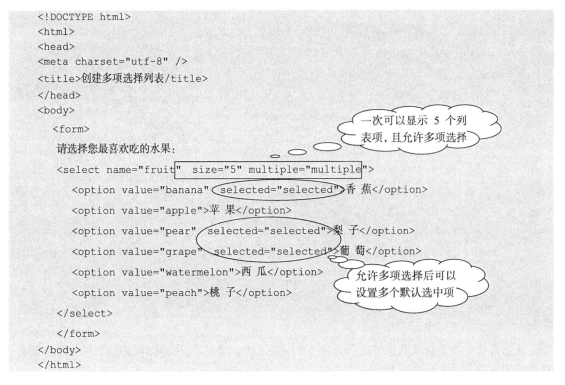

上述代码中允许多项选择，并且一次显示 5 项，而列表中有 6 个选项，此时一次显示不完将会显示垂直滚动条。上述代码在 IE11 浏览器中的运行结果如图 10-10 所示。在图中我们可以看到默认情况下已有三项被选中。

图 10-10　创建列表

2. 下拉列表

下拉列表是指一次只能选择一个列表选项，且一次只能显示一个列表选项的选择列表。

基本语法：

```
<select name="列表名称" >
    <option value="选项值">选项一</option>
```

```
    <option value="选项值">选项二</option>

    <option value="选项值">选项三</option>

    ...

</select>
```

语法说明： <select>标签 size 属性值默认为 1，所以对于下拉列表，可以不用设置 size 属性。另外，不能设置 multiple 属性，如果要设置默认选中项，则只能允许一个选项设置 selected 属性。

【**示例 10-11**】创建下拉列表。

```
<!DOCTYPE html>
<html>
<head>
<meta charset="utf-8" />
<title>创建下拉列表</title>
</head>
    <body>
      <form>
      您的最高学历/学位：
       <select name="degree">
       <option value="1">博士后</option>
       <option value="2" selected="selected">博士</option>
       <option value="3">硕士</option>
        <option value="4">学士</option>
       <option value="0">其他</option>
       </select>
       </form>
    </body>
</html>
```

上述代码中博士选项默认被选择，运行时将首先显示博士这一选项，其他选项则被隐藏起来，要查看或选择其他选项需要单击下拉箭头，如图 10-11 所示。

图 10-11　创建下拉列表：默认效果和点击下拉按钮效果

10.2.4　文本域标签<textarea>

在网页表单中，我们经常可以看到有一个给用户填写备注信息或评论信息的多行多列文本区域，这个区域通过<textarea>标签来创建。

基本语法：

```
<textarea name="文本区域名称" rows="行数" cols="字符数">
    …（此处输入的为默认文本）
</textarea>
```

语法说明： rows 属性设置可见行数，当文本内容超出这个值时将显示垂直滚动条，cols 属性设置一行可输入多少个字符。

【**示例 10-12**】创建文本域。

```
<!DOCTYPE html>
<html>
<head>
<meta charset="utf-8" />
<title>创建文本域/title>
</head>
    <body>
        <form>
            备注信息:
            <textarea name="remark" rows="8" cols="30"></textarea>
        </form>
    </body>
</html>
```

> 设置了一个 8 行 30 列的文本域

上述代码创建了一个 8 行 30 列的文本域，在 IE11 中运行的结果如图 10-12 所示。

图 10-12　创建文本域

10.3　表单综合示例：使用表单收集个人信息

在本节中将综合应用前面所讲述的各个表单元素来创建一个表单页面，其在 IE11 浏览器中的运行效果如图 10-13 所示。

【**示例 10-13**】创建表单页面。

```
<!DOCTYPE html>
<html>
<head>
<meta charset="utf-8" />
```

```html
<title>表单综合应用示例</title>
</head>
<body>
    <h1>用户调查</h1>
    <form method="post" enctype="multipart/form-data" action="">
        姓名:<input type="text" name="username" size="20"><br>
        个人网址:<input type="text" name="url" size="20" maxlenth="50"
         value="http://"><br>
        密码:<input type="password" name="password" size="20" maxlength="8"><br>
        请上传你的照片:<input type="file" name="photo"><br>
        请选择你喜欢的音乐:
        <input type="checkbox" name="m1" value="rock" checked>摇滚乐
        <input type="checkbox" name="m1" value="jazz">爵士
        <input type="checkbox" name="m1" value="pop">流行乐<br>
        请选择你居住的城市:
        <input type="radio" name="city" value="beijing" checked>北京
        <input type="radio" name="city" value="shanghai">上海
        <input type="radio" name="city" value="guangzhou">广州<br>
        请选择你喜欢的网站:
        <select name="web" size="3" multiple="multiple">
            <option value="sina">新浪
            <option value="yahoo">雅虎
            <option value="sohu">搜狐
            <option value="google">google
        </select>
        <p>
        请选择你喜欢的水果:
        <select name="fruit">
            <option value="apple">apple
            <option value="banana">banana
            <option value="orange">orange
        </select><br><br>
        请留言:
        <textarea name="say" rows="5" cols="60"></textarea>
        <p>
        <input type="submit" value="提交">
        <input type="reset" value="重置">
        <input type="hidden" name="invest" value="invest">
    </form>"
</body>
</html>
```

> 需要上传相片，应修改表单的编码，并设置提交方法为 post

> 隐藏域传递 invest 参数的值

上述代码综合使用了表单的三类元素，创建了文本框、密码框、单选按钮、复选框、列表、文本域、文件域等对象。由于需要上传文件，故首先要将表单的编码和提交方法分别修改为

"multipart/form-data"和"post"。表单中还创建了 invest 隐藏域，表单提交时，将会提交 invest
参数的值。

图 10-13　表单综合应用示例

有关 HTML 表单的视频讲解（HTML5 中的"HTML5 表单提交和 PHP 环境
搭建"视频）

该视频介绍了 HTML 表单的相关概念和实例等内容。

HTML5 表单提交和
PHP 环境搭建

习 题 10

1．填空题

（1）表单的数据传送方式有_____和_____两种，其中_____方法传送数据时没有字
符数量及字符类型的限制，相对也较安全；而_____方法最多只能传送 8KB 的字符。

（2）当使用提交按钮提交表单内容时，表单处理程序可由<form>中的_____属性或_____
属性来指定。

（3）通过设置<input>的_____属性可获得不同类型的输入域。

（4）文本域需要通过_____和_____属性来设置可见区域的大小。

（5）列表的显示项目数量由_____属性决定，列表是否允许多项选择由_____属性
决定，列表默认选中项的设置需要使用_____属性。

（6）同一组单选按钮的_____属性必须一样，默认选中项需要设置_____属性。

（7）需要上传文件时，应设置 enctype 属性的值为_____，提交方法为_____。

（8）隐藏域中除了属性 type 必须设置外，还必须设置属性_____和_____。

2. 上机题

使用表格和表单创建图 10-14 所示的表单页面。

图 10-14　上机题图

第 **11** 章
HTML5 语法变化及新增文档结构元素

11.1　HTML5 语法变化

相比于 HTML4 及 XHTML 来说，HTML5 在语法上发生了许多变化，这些变化简化了 HTML5 的使用。

1. DOCTYPE 的简化声明

在 HTML5 中，规范要求并不是必须的，因而 DOCTYPE（文档类型）的声明可以使用以下的简化形式：

```
<!doctype html>
```

在文档类型中，只要声明根元素是 html 即可，简化的文档类型声明使得 HTML5 文档适用于所有版本的 HTML。

2. 字符集的简化声明

在 HTML5 中，除了文档类型声明可以简化外，字符集的声明也可以简化。在 HTML5 以前的字符集使用 content 属性来指定，如下所示：

```
<meta http-equiv="Content-Type" content="text/html; charset=utf-8">
```

在 HTML5 中，字符集可以直接使用 charset 属性指定，从而可以得到如下所示的简化的字符集设置形式：

```
<meta charset="utf-8">
```

3. 标记和属性不区分大小写

在 XHTML 中因为遵循了 XML 语法，所以要求标记及属性严格区分大小写，而在 HTML5 中则没有此限制，例如，<option Value="1">选项一</Option>是完全正确的。

4. 可以省略具有布尔类型的属性值

对具有表示 true 或 false 意思的属于布尔类型的属性值，在 HTML5 中可省略不设置。具有布尔类型值的属性有：disabled、readonly、checked、selected、requried、autofocus 等。在 HTML5 中，当希望使用其中的某个属性表示 true 的意思时，直接在元素开始标记中添加该属性即可（在 XHTML 中，则要求必须同时给该属性赋值为属性名，如，selected="selected"）；如果希望该属性表示 false 的意思，则不使用该属性就可以了。例如：

```
<!--写属性名，没有属性值，表复选框被选中-->
<input type="checkbox" checked>选项一
<!--省略 checked 属性，表复选框没有被选中-->
<input type="checkbox">选项一
<!--XHTML 规范，表复选框被选中时必须设置 checked 属性，并且给属性赋值为属性名-->
<input type="checkbox" checked="checked">
```

5. 属性值可以省略引号

在 XHTML 规范中，必须保证属性值使用单引号或双引号，而在 HTML5 中，在不引起混淆的情况下，属性值可以省略引号。只有在属性值包含空格、"<"、">"、"="、单引号和双引号的情况下，才需要使用引号。例如：

```
<input type=text value="属性值在不包含    等字符时可以省略引号">
```

上述 input 元素的 type 属性值省略了引号，而 value 属性值因为包含了空格，因而不能省略引号，否则认为 value 的值只是"等"字前面的字符串而出现错误。

11.2　HTML5 新增文档结构元素

为了更好地表达 HTML 的文档结构和语义，HTML5 新增了许多用于表示文档结构方面的元素，用以取代 HTML4 中的 DIV 元素。HTML5 提供的文档结构元素主要有 header、article、section、nav、aside 和 footer 等元素。

1. header 元素

header 元素定义了页面或内容区域的头部信息，例如：放置页面的站点名称、logo 和导航栏、搜索框等放置在页面头部的内容以及内容区域的标题、作者、发布日期等内容都可以包含在 header 元素中。header 元素是一个双标签，头部信息需要放置在标签对之间。

基本语法：

```
<header>头部相关信息</header>
```

语法说明： <header></header>标记对之间可以包含 h1~h6 六个标题元素，以及 p、span 等元素。

【**示例 11-1**】header 元素示例。

```
<header>
    <h1>网页标题</h1>
</header>
<article>
    <header>
        <h3>文章标题</h3>
    </header>
  ...
</article>
```

上述代码中，header 元素既用于设置整个页面的标题，又用于设置文章标题。

2. article 元素

article 元素用于表示页面中一块与上下文不相关的独立内容，比如一个帖子、一篇博客文章等。

基本语法：

```
<article>独立的文档内容</article>
```

语法说明：<article></article>标记对之间可以包含 header、footer、section 以及嵌套的 article 等元素。

【**示例 11-2**】article 元素示例。

```
<article>
    <header>
        <h2>写给 IT 职场新人的六个"关于"</h2>
    </header>
    <p>
        <b>关于工作地点</b>
        …
    </p>
    …
</article>
```

上述代码的文章中包含了标题和多个段落。

3. section 元素

section 元素用于对页面的某块内容进行分块，如将该块内容进一步分成章节的标题、内容和页脚等几部分。

基本语法：

```
<section>块内容</section>
```

语法说明：<section></section>标记对之间可以包含 h1～h6 六个标题元素、p 元素以及多个 article 元素以表示该"分块"内部又包含多篇文章。此外，还可以嵌套 section 元素。

【**示例 11-3**】section 元素示例。

```
<article>
    <header>
        <h2>写给 IT 职场新人的六个"关于"</h2>
    </header>
    <section>
        <h3>关于工作地点</h3>
        <p>…</p>
    </section>
    <section>
        <h3>关于企业</h3>
        <p>…</p>
    </section>
     …
</article>
```

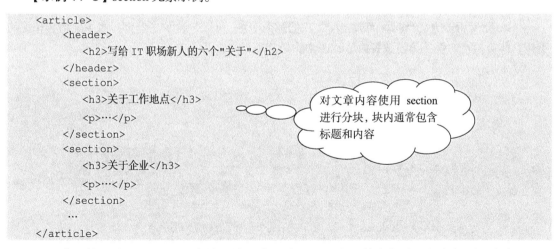

对文章内容使用 section 进行分块，块内通常包含标题和内容

上述代码使用多个 section 元素将一篇文章又分成了几块，其中每块又包含标题和内容。

4. nav 元素

nav 元素用于定义页面上的各种导航条，一个页面中可以拥有多个 nav 元素，作为整个页面或不同部分内容的导航。

基本语法:

```
<nav>…</nav>
```

【示例 11-4】nav 元素示例。

```
<body>
  <header>
    <h1>美食 DIY</h1>
  </header>
  <div>推荐博文
    <nav>
      <ul>
        <li><a href="...">夏季最爱——零添加爽口西瓜冰沙</a></li>
        <li><a href="...">用三分之一的时间炖一锅美白靓汤</a></li>
        <li><a href="...">香滑细腻——奶油浓香玉米饮</a></li>
        <li><a href="...">more...</a></li>
      </ul>
    </nav>
  </div>
  <div>相关博文
    <nav>
      <ul>
        <li><a href="...">红豆拌花椰菜可抵抗癌症</a></li>
        <li><a href="...">超级简单好吃的冰棍做法【芒果冰棍】</a></li>
        <li><a href="...">more...</a></li>
      </ul>
    </nav>
  </div>
</body>
```

> 使用了两个 nav 元素为不同内容创建导航条

上述代码使用两个 nav 元素分别为不同的内容创建导航条。

5. aside 元素

aside 元素用于定义当前页面或当前文章的辅助信息,可以包含与当前页面或主要内容相关的引用、侧边栏、广告、导航条等内容,通常作为侧边栏内容。

基本语法:

```
<aside>…</aside>
```

【示例 11-5】aside 元素示例。

```
<aside>
  <h2>热点新闻</h2>
  <ul>
    <li><a href="…">新媒体发展报告:微博用户多是"三低人群"?</a></li>
    <li><a href="…">儿童中成药用药:很多含毒性药材 不良反应不明</a></li>
    …
  </ul>
</aside>
```

上述代码生成的热点新闻将作为侧边栏内容。

6. footer 元素

footer 元素主要用于为页面或某篇文章定义脚注内容，包括文章的版权信息、作者联系方式等内容，一个页面可以包含多个 footer 元素。

基本语法：

```
<footer>脚注内容</footer>
```

【示例 11-6】footer 元素示例。

```
<footer>
    <ul>
        <li>Copyright © 2016 - 2019 华软  All Rights Reserved</li>
        <li>学院地址：广州.从化.广从大道 13 号 电话：020－87818918 </li>
    </ul>
</footer>
```

上述代码页面设置了版权信息和联系方式。

习 题 11

1. 判断题

（1）HTML5 的 DOCTYPE 声明语句中不需要指明文档类型。

（2）HTML5 中标记不需要区分大小写。

（3）HTML5 中的属性可以不需要使用引号。

（4）对属性值为布尔类型的属性值可以不需要设置。

（5）在 HTML5 中字符集的声明可以不需要 content 属性。

（6）HTML5 提供了多个语义元素来表示 HTML 文档的结构。

（7）section 元素可对页面的某块内容进一步分块成标题、内容和页脚等几部分。

（8）article 元素用于表示页面中一块与上下文不相关的独立内容，其中可以包括 article 和 section 等元素。

（9）footer 元素只能用于设置一个页面的页脚。

2. 简述题

HTML5 的文档结构元素主要有哪些？简述各元素的作用。

极客学院
jikexueyuan.com

有关 HTML5 新增文档结构元素的视频讲解（HTML5 中的"HTML5 新增的非主体结构元素"和"HTML5 新增的主体结构元素"视频）

该视频介绍了 HTML5 新增的主体和非主体结构元素。

HTML5 新增的
主体结构元素

HTML5 新增的非
主体结构元素

第12章
HTML5 表单

在 HTML4 中，表单为大量应用提供了实现的可能，但在实际使用过程中，HTML4 表单也暴露了一些不足的地方，例如表单数据在客户端有效性校验需要编写大量的 JavaScript 代码，为此可能面临被客户端禁用的危险，从而导致最后无法对数据进行有效性校验。

HTML5 表单在保留原有表单元素及属性的基础上，通过增加表单属性、元素和 input 元素类型的方式克服了 HTML4 中存在的种种不足。比如，在 HTML5 中通过增加 required 属性可以实现表单元素的非空校验；通过设置 input 元素类型为 "number"，可以实现表单元素的数值及其取值范围的校验。HTML5 实现这些功能不再依赖我们编写 JavaScript 代码，而是直接使用 HTML5 提供的内置验证机制，从而解决了脚本被客户端禁用的危险，同时也大大简化了开发人员的工作。

12.1 表单新增属性

在 HTML5 表单中新增了大量的属性，如 required、autofocus、placeholder 等属性，提供非空校验、自动聚焦和显示提示信息等功能。这些属性实现了 HTML4 表单中需要使用 JavaScript 才能实现的效果，极大地增强了 HTML5 表单的功能。

12.1.1 form 属性

在 HTML5 以前，为表明表单元素和表单的隶属关系，一个表单的元素必须放在 <form></form> 标记对之间。HTML5 为所有表单元素新增了 form 属性，使用 form 属性可以定义表单元素和某个表单之间的隶属关系，这时就不需要再遵循前面的规定了。定义表单元素和表单的隶属关系只要给表单元素的 form 属性赋予某个表单的 id 值即可。

基本语法：

```
<form id="form1">
    ...
</form>
<input type="text" form="form1"/>
```

语法说明：input 元素在表单 <form></form> 标记对的外面，在 HTML4 中，该元素是不属于表单 form1 的，但在 HTML5 中，通过设置 input 元素的 form 属性值等于表单的 id 值 "form1"，建立了 input 元素和表单的隶属关系。在实际使用中，可以把 input 元素换成任何的表单元素。

【示例 12-1】form 属性应用示例。

```
<!doctype html>
<html>
<head>
<meta charset="utf-8">
<title>form 属性应用示例</title>
</head>
<body>
    <form id="RegForm" action=" ">
        用户名:<input type="text" name="username"><br>
        <input type="submit" value="注册">
    </form>
    密 码: <input type="password" name="password" form="RegForm">
</body>
</html>
```

上述代码中密码元素在<form>标记对的外面，由于它的 form 属性值等于 RegForm，所以它属于 RegForm 表单，提交该表单时，密码也将一并被提交。

由上述示例，我们可看到，通过 form 属性，在页面上定义表单元素时，可以随意地放置表单元素，由此可以更加灵活地布局页面。

12.1.2　formaction 属性

在实际应用中，经常需要在一个表单中包含两个或两个以上的提交按钮，例如，系统中的用户管理，通常会在一个表单中包含增加、修改和删除 3 个按钮，单击不同按钮需要提交给不同的程序处理。这个要求在 HTML5 之前，只能通过 JavaScript 动态地修改 form 元素的 action 属性来实现。

在 HTML5 中，这一要求将很容易实现，其不再需要脚本的控制，只需要在每个提交按钮中使用新增的 formaction 属性来指定处理程序即可。

基本语法：

```
<input type="submit" formaction="处理程序"/>
```

语法说明：所有提交按钮都可以使用 formaction 属性。属于提交按钮的元素包括：<input type="submit">、<input type="image">和<button type="submit">。

【示例 12-2】formaction 属性应用示例。

```
<!doctype html>
<html>
<head>
<meta charset="utf-8">
<title>formaction 属性应用示例</title>
</head>
<body>
    <form method="post">
    用户名:<input type="text" name="username"><br>
    密 码: <input type="password" name="password"><br>
    <input type="submit" value="添加" formaction="add.jsp">
    <input type="submit" value="修改" formaction="update.jsp">
    <input type="submit" value="删除" formaction="delete.jsp">
    </form>
```

每个提交按钮使用 formaction 属性将表单提交给不同的逻辑处理

```
</body>
</html>
```

12.1.3　autofocus 属性

HTML5 表单的<textarea>和所有<input>元素都具有"autofocus"属性，其值是一个布尔值，默认值是 false。一旦为某个元素设置了该属性，页面加载完成后该元素将自动获得焦点。在 HTML5 之前，要实现该功能需要借助 JavaScript 来实现。

需要注意的是，一个页面中最多只能有一个表单元素设置该属性，否则该功能将失效，建议对第一个 input 元素设置 autofocus 属性。目前几大浏览器的最新版本都已很好地支持该属性。

基本语法：

```
<input type="text" autofocus/>
<textarea rows="" cols="" autofocus>...</textarea>
```

语法说明：指定某个表单元素具有自动获得焦点有两种方式：一种是直接指定 autofocus 属性；另一种是指定 autofocus 属性并设置其值为"true"。

【示例 12-3】使用 autofocus 属性使文本框自动获得焦点。

```
<!doctype html>
<html>
<head>
<meta charset="utf-8">
<title>autofocus 属性应用示例</title>
</head>
<body>
    <form method="post" action=" ">
      用户名: <input type="text" name="username" autofocus> <br>
      密 码: <input type="password" name="password"><br>
      <input type="submit" value="提交">
      <input type="reset" value="取消">
    </form>
</body>
</html>
```

> 设置 autofocus 属性，使文本框自动获得焦点

上述代码在 Chrome 浏览器的运行效果如图 12-1 所示。从图中可看到，页面加载完后，用户名文本框自动获得焦点，光标自动显示在用户名文本框。

图 12-1　文本框自动获得焦点

12.1.4　pattern 属性

pattern 属性是 input 元素的验证属性，该属性的值是一个正则表达式，通过这个表达式可以验证输入内容的有效性。

基本语法：

```
<input type="text" pattern="正则表达式"title="错误提示信息"/>
```

语法说明：根据具体校验要求，设置对应的正则表达式。title 属性不是必需要的，但为了提高用户体验，建议设置这个属性。

【示例 12-4】使用 pattern 校验用户名的有效性，要求在用户注册时，输入的用户名必须符合

以字母开头，包含字符或数字，长度在 3 ~ 8 之间，密码为 6 个数字。

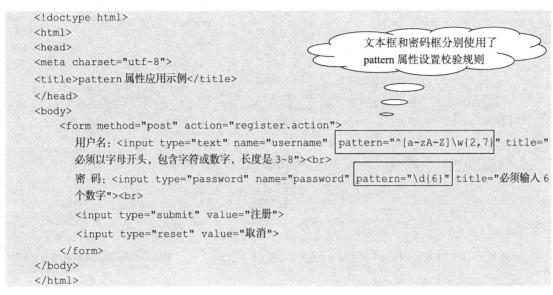

```
<!doctype html>
<html>
<head>
<meta charset="utf-8">
<title>pattern 属性应用示例</title>
</head>
<body>
    <form method="post" action="register.action">
        用户名: <input type="text" name="username" pattern="^[a-zA-Z]\w{2,7}" title="
        必须以字母开头，包含字符或数字，长度是 3~8"><br>
        密  码: <input type="password" name="password" pattern="\d{6}" title="必须输入 6
        个数字"><br>
        <input type="submit" value="注册">
        <input type="reset" value="取消">
    </form>
</body>
</html>
```

在 Chrome 浏览器中，当输入不符合要求的用户名或密码后提交，浏览器将会弹出错误提示，如图 12-2 和图 12-3 所示；用户名和密码全部输入有效时将提交到指定的处理逻辑。

图 12-2　用户名输入不符合要求　　　　　　图 12-3　密码输入不符合要求

12.1.5　placeholder 属性

placeholder 属性主要用于在文本框或文本域中提供输入提示信息，以增加用户界面的友好性。当表单元素获得焦点时，显示在文本框或文本域中的提示信息将自动消失，当元素内没有输入内容且失去焦点时，提示信息又将自动显示。在 HTML5 以前要实现这些效果必须借助 JavaScript，HTML5 通过 placeholder 属性简化了代码的编写。

基本语法：

```
<input type="text" placeholder="提示信息">
```

或

```
<textarea rows="…" cols="…" placeholder="提示信息">
```

语法说明： placeholder 的属性值即"提示信息"将自动显示在对应的元素中。

【示例 12-5】使用 placeholder 属性设置输入提示信息。

```
<!doctype html>
<html>
<head>
<meta charset="utf-8">
<title>placeholder 属性应用示例</title>
</head>
<body>
<form method="post" action=" ">
    姓名：<input type="text" placeholder="请输入您的真实姓名" name="username"><br>
    电话：<input type="text" placeholder="请输入您的手机号码" name="tel"><br>
    备注：<textarea placeholder="输入内容不能超过 150 个字符" rows="5" cols="30"></textarea>
    <input type="submit" value="提交">
</form>
</body>
</html>
```

表单中 3 个元素都使用了 placeholder 属性来设置输入提示信息

上述代码在 Chrome 浏览器中的运行效果如图 12-4 所示。

12.1.6 required 属性

在 HTML5 以前，要验证某个表单元素的内容是否为空，需要通过 JavaScript 代码来判断元素的值是否为空或字符长度是否等零的方式来实现。在 HTML5 中，可以通过 required 属性来取代 HTML4 中该功能的实现脚本，简化了页面的开发。目前，四大浏览器 IE、Firefox、Opera 和 Chrome 都支持该属性。

图 12-4　设置输入提示信息

基本语法：

```
<input type="" name="…" required>
```

语法说明： 除了 input 元素可设置 required 属性外，其他需要提交内容的表单元素如 textarea、select 等元素也可以设置该属性。required 属性的设置方式跟 autofocus 属性一样，具有两种方式，即只添加属性，或添加该属性并设置其值等于"true"。

【示例 12-6】使用 required 属性对文本进行非空校验。

```
<!doctype html>
<html>
<head>
<meta charset="utf-8">
<title>required 属性应用示例</title>
</head>
<body>
<form method="post" action=" ">
    用户名：<input type="text" name="username" required>
    <input type="submit" value="提交">
</form>
</body>
</html>
```

对文本框添加 required 属性

示例 12-6 对文本框添加了 required 属性，在提交表单时将对文本框进行非空校验。上述代码在 Chrome 浏览器中执行后，当不输入用户名即提交时弹出错误提示信息，如图 12-5 所示。

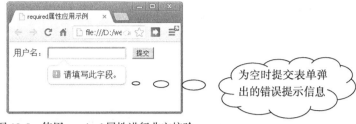

图 12-5　使用 required 属性进行非空校验

12.2　新增的 input 元素类型

在 HTML5 中，input 元素在原有类型的基础上添加了许多新的类型，如表 12-1 所示。通过这些新增的类型，可以完成 HTML4 中需要由 JavaScript 代码才能实现的诸如特定类型、特定范围数值的有效性校验、获得日期对象等功能。

表 12-1　　　　　　　　　　　　HTML5 新增 input 元素类型

类　　型	描　　述	类　　型	描　　述
tel	电话输入框文本	date	日期选择器
email	E-mail 输入文本框	time	时间选择器
url	URL 地址输入文本框	datetime	包含时区的日期和时间选择器
number	数值输入文本框，可设置输入值的范围	datetime-local	不包含时区的日期和时间选择器
range	以滑动条的形式表示特定范围内的数值	week	星期选择器
search	搜索关键字输入的文本框	month	月份选择器
color	颜色选择器，基于取色板进行选择		

目前，Opera 和 Chrome 这几大浏览器都可以很完美地支持表 12-1 所列的绝大部分类型，IE10 及以上的版本和 Firefox 较新版则支持表 12-1 中的许多类型。

12.2.1　tel 类型

tel 类型让 input 元素生成一个只能输入电话号码的文本框，但目前，这种类型的文本框并没有提供额外的要求，即用户在该文本框中输入任意的字符串，浏览器都不会执行校验操作。

基本语法：

```
<input type="tel">
```

12.2.2　email 类型

email 类型让 input 元素生成一个 email 输入框。运行时浏览器会按照 email 的格式自动检查该文本框的值，如果用户在该文本框内输入的内容不符合 email 格式，将会弹出错误提示信息，并阻止表单提交。此外，还可以通过在文本框中添中 multiple 属性，以允许同时输入多个以逗号分隔的 email。

基本语法：

```
<input type="email" name="…" multiple title="邮箱格式出错时的提示信息">
```

语法说明：multiple 属性的设置跟 required 属性的设置完全相同，即可以只指定该属性，或指定该属性并同时设置其值等于"true"。如果省略 multiple 属性，在文本框中将只允许输入一个 email 地址。title 属性可选，但为了提高用户体验，建议加上。

【示例 12-7】创建 email 类型输入元素。

```
<!doctype html>
<html>
<head>
<meta charset="utf-8">
<title>email 类型的输入元素应用示例</title>
</head>
<body>
<form method="post" action=" ">          设置文本框为 email
                                        类型
  Email: <input type="email" name="email" title="email 的格式是XXX@XXX.XX">
    <input type="submit" value="提交">
</form>
</body>
</html>
```

上述代码在 Chrome 浏览器中执行后，当输入不符合格式要求的 email 时将会弹出错误提示信息，如图 12-6 所示。

图 12-6　使用 email 类型校验 email 的输入

12.2.3　url 类型

url 类型让 input 元素生成一个 URL 地址输入框，要求必须在其中输入一个包含访问协议的完整的 URL 路径。运行时浏览器会按照完整的 URL 的格式自动检查该文本框的值，如果用户在该文本框内输入的内容不符合 URL 格式要求，将会弹出错误提示信息，并阻止表单提交。

基本语法：

```
<input type="url" name="…" title="URL 格式出错时的提示信息">
```

语法说明：title 属性可选，但为了提高用户体验，建议加上。

【示例 12-8】创建 URL 类型的输入元素。

```
<!doctype html>
<html>
<head>
<meta charset="utf-8">
<title>url 类型的输入元素应用示例</title>
</head>
<body>
    <form method="post" action=" ">
     URL 网址：<input type="url" name="url" title="URL 应包括访问协议">
       <input type="submit" value="提交">
    </form>
</body>
</html>
```

设置文本框为 url 类型

上述代码在 Chrome 浏览器执行后，当输入不完整的 URL 时会弹出错误提示信息，如图 12-7 所示。

12.2.4　number 类型

number 类型让 input 元素生成一个只能输入一个特定取值范围的数值的输入框。在 HTML5 中，该文本框显示为一个微调控件，使用该输入框的 step 属性调节步长，而输入数值的取值范围则通过输入框的 min 和 max 两个属性来设置。这三个属性的描述如下。

图 12-7　使用 url 类型校验 URL 的输入

- min 属性：用于指定可输入的最小数值，默认时将不限定最小输入值。
- max 属性：用于指定可输入的最大数值，默认时将不限定最大输入值。
- step 属性：指定输入框的值在单击微调上、下限按钮时增加或减小的数值，默认步长是 1。

当用户在数值输入框中输入其他非数值型的字符，或输入不在指定范围的数值时，浏览器将弹出错误提示信息，并阻止表单提交。这些功能在 HTML5 以前必须借助 JavaScript 代码才能实现，在 HTML5 中，只需要使用 number 类型的输入框，同时根据需要设置 min、max 和 step 属性即可，极大地简化了代码的编写。

目前，Firefox、Opera 和 Chrome 这几大浏览器都支持 number 类型，但 IE 浏览器还不支持，在 IE 浏览时，将显示为普通的文本框。

基本语法：

```
<input type="number" min="最小值" max="最大值" step="改变数值的步长">
```

【示例 12-9】创建数值输入类型的元素。

```
<!doctype html>
<html>
<head>
<meta charset="utf-8">
<title>number 类型的输入元素应用示例</title>
</head>
<body>
    <form method="post" action=" ">
     数值输入：<input type="number" min="10" name="number">
       <input type="submit" value="提交">
```

设置文本框为 number 类型，并指定最小输入值

```
        </form>
    </body>
</html>
```

上述代码在 Chrome 浏览器执行后，当输入非数值的值以及输入小于 10 的值时都会弹出错误提示信息，如图 12-8 和图 12-9 所示。

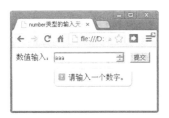

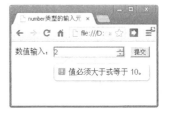

图 12-8　在数值输入框中输入非数值字符　　图 12-9　在数值输入框中输入小于指定值的数值

12.2.5　range 类型

range 类型让 input 元素生成一个数字滑动条，使用滑动条可让用户输入特定范围的数值。该类型和 number 类型的功能是一样的，两者都具有相同作用的 min、max 和 step 属性，不过在这 3 个属性的规定上存在一些细微的不同，主要表现为 range 类型的 min 属性默认时最小输入值为 0，max 属性默认时最大输入值为 100。

目前，IE、Firefox、Opera 和 Chrome 这几大浏览器都支持 range 类型。

基本语法：

```
<input type="range" min="最小值" max="最大值" step="改变数值的步长">
```

【示例 12-10】创建 range 类型的输入元素。

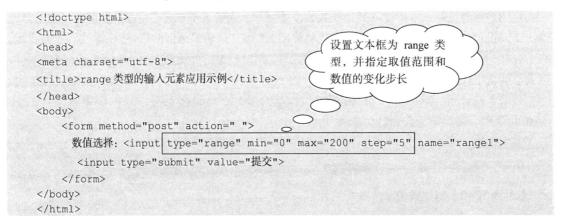

上述代码在 Chrome 浏览器执行后的结果，如图 12-10 所示。页面加载完后，滑块默认停在中间位置，这个位置可通过 value 属性来修改。滑动条的最小值是 0，最大值是 200，每向左或向右移动一次滑块，数值将减小或增加 5。

12.2.6　search 类型

search 类型让 input 元素生成一个专门用于输入搜索关键

图 12-10　创建 range 类型的 input 元素

字的文本框，该类型的文本框与"text"类型的文本框并没有太大的区别，唯一不同的是用户输入搜索关键字后，在 Chrome、Opera、IE 等浏览器中，文本框右侧会出现一个"×"按钮，单击该按钮将清空文本框中的输入内容，因而给使用带来方便。

目前，Firefox 浏览器不支持该特性，search 类型在 Firefox 浏览器中跟普通的文本框完全一样。

基本语法：

```
<input type="search" name="…">
```

【示例 12-11】创建 search 类型的输入元素。

```
<!doctype html>
<html>
<head>
<meta charset="utf-8">
<title>search 类型的输入元素应用示例</title>
</head>
<body>
    <form method="post" action=" ">
        输入搜索关键字：<input type="search" name="keyword">
        <input type="submit" value="提交">
    </form>
</body>
</html>
```

设置文本框为 search 类型

上述代码在 Chrome 浏览器执行后的结果如图 12-11 所示。在图 12-11 的文本框中输入关键字后文本框右侧出现一个"×"按钮，如图 12-12 所示。

输入关键字后出现"×"按钮

图 12-11　没有输入内容的 search 类型 input 元素的外观　　图 12-12　输入内容后的 search 类型 input 元素的外观

12.2.7　color 类型

color 类型让 input 元素生成一个颜色选择器。当用户在颜色选择器中选中某种颜色后，color 文本框内自动显示用户选中的颜色。该文本框提交的 value 等于所选中颜色的形如"#xxxxxx"的十六进制表示的颜色值。

目前，Chrome、Opera 和 Firefox 浏览器对 color 类型有很好的支持，而 IE 则完全不支持 color 类型，在该浏览器中 color 类型文本框就跟 text 文本框完全一样。

基本语法：

```
<input type="color" name="…">
```

【示例 12-12】创建 color 类型的输入元素。

```
<!doctype html>
<html>
<head>
```

```
<meta charset="utf-8">
<title>color 类型的输入元素应用示例</title>
</head>
<body>
    <form method="post" action=" ">
        颜色选择：<input type="color" name="color">
        <input type="submit" value="提交">
    </form>
</body>
</html>
```

设置文本框为 color 类型

上述代码在 Chrome 浏览器执行后默认选中黑色，在文本框中显示黑色，单击文本框后，将弹出颜色选择器，如图 12-13 所示。在颜色选择器中选中某种颜色后，文本框中将显示该颜色，如图 12-14 所示。

图 12-13　单击颜色文本框弹出颜色选择器

图 12-14　从颜色选择器选择颜色后的效果

12.2.8　date 类型

date 类型让 input 元素生成一个日期选择器。当用户单击该文本框时，将弹出一个日历选择器，从中可选择年、月、日，选择日期后，所选择的日期将显示在文本框中。

目前，Chrome、Opera 和猎暴浏览器都支持 date 类型，在这些浏览器中，date 文本框最右边会显示一个下拉箭头，单击该箭头将弹出日历选择器，具体使用时，在这些浏览器中展现的 date 文本框外观会有所不同，在 Chrome、Opera 中会显示微控按钮，并不允许用户直接输入日期；而在猎暴浏览器中不会显示该按钮，但允许用户直接输入日期。另外不同的浏览器显示日历选择器也有所不同。Firefox 和 IE 则完全不支持 date 类型，在这两个浏览器中 date 类型文本框跟 text 文本框完全一样。

基本语法：

```
<input type="date" name="…">
```

【示例 12-13】创建日期选择器。

```
<!doctype html>
<html>
<head>
<meta charset="utf-8">
```

```
<title>日期选择器创建示例</title>
</head>
<body>
    <form method="post" action=" ">
    日期选择: <input type="date" name="date">
        <input type="submit" value="提交">
    </form>
</body>
</html>
```

（设置输入框为 date 类型）

上述代码在 Chrome 浏览器中运行的结果如图 12-15 所示。在图 12-15 中单击右边的下拉箭头将弹出日历选择器，如图 12-16 所示，从中选择某个日期后，日期将显示在文本框中。

（选择文本框中的某个对象后单击微控按钮，可增大或减小该对象的值）

图 12-15　日期选择器在 Chrome 浏览器的初始效果　　　图 12-16　从日历选择器中选择日期

12.2.9　time 类型

time 类型让 input 元素生成一个时间选择器，用于设置小时和分钟数。在该输入框右边会显示一个微控按钮，用户可在文本框中选择小时或分钟后单击微控按钮来改变时间。

目前，Chrome 和 Opera 都支持 time 类型，且都是 12 小时制。IE 和 Firefox 不支持 time 类型，在这些浏览器中 time 类型文本框跟 text 文本框完全一样。

基本语法：

```
<input type="time" name="…">
```

【示例 12-14】创建时间选择器。

```
<!doctype html>
<html>
<head>
<meta charset="utf-8">
<title>时间选择器创建示例</title>
</head>
<body>
    <form method="post" action=" ">
    时间选择: <input type="time" name="time">
        <input type="submit" value="提交">
    </form>
</body>
</html>
```

（设置输入框为 time 类型）

上述代码在 Chrome 浏览器执行后的结果如图 12-17 所示。选择文本框中的小时或分钟后单击微控按钮，可分别设置小时和分钟，如图 12-18 所示。

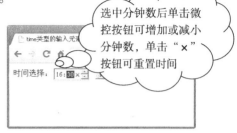

图 12-17　时间选择器在 Chrome 浏览器的初始效果　　　　图 12-18　从时间选择器中设置时间

12.2.10　datetime 类型

datetime 类型让 input 元素生成一个 UTC 日期和时间选择器。

目前，Chrome、Opera、Firefox 和 IE 都不支持 datetime 类型，在这些浏览器中 datetime 类型文本框跟 text 文本框完全一样。

基本语法：

```
<input type="datetime" name="…">
```

12.2.11　datetime-local 类型

datetime-local 类型让 input 元素生成一个本地日期和时间选择器。这个选择器可以看成是 date 类型和 time 类型的一个结合，在该文本框中，会同时显示日期和时间，其中日期可以使用日历选择器来设置，而时间则通过微控按钮来设置。

目前，浏览器对 datetime-local 类型的支持情况跟 time 类型的完全一样。

基本语法：

```
<input type="datetime-local" name="…">
```

【示例 12-15】创建本地日期和时间选择器。

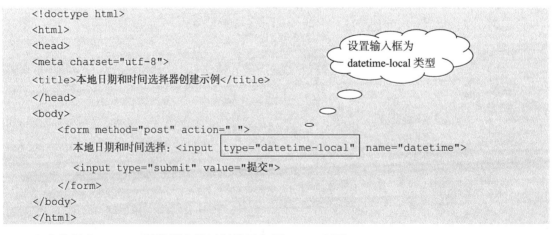

```
<!doctype html>
<html>
<head>
<meta charset="utf-8">
<title>本地日期和时间选择器创建示例</title>
</head>
<body>
    <form method="post" action=" ">
        本地日期和时间选择：<input type="datetime-local" name="datetime">
        <input type="submit" value="提交">
    </form>
</body>
</html>
```

上述代码在 Chrome 浏览器中的运行结果如图 12-19 所示。

图 12-19　本地日期和时间选择器在 Chrome 浏览器的初始效果

12.2.12　week 类型

week 类型让 input 元素生成星期选择器，通过日历选择器选择某个日期后，可以得到当年该日期所在的星期数。

目前，Chrome 和 Opera 都支持 week 类型，而 IE 和 Firefox 则不支持 week 类型。

基本语法：

```
<input type="week" name="…">
```

【示例 12-16】创建星期选择器。

```
<!doctype html>
<html>
<head>
<meta charset="utf-8">
<title>星期选择器创建示例</title>
</head>
<body>
    <form method="post" action=" ">
        星期选择：<input type="week" name="week">
        <input type="submit" value="提交">
    </form>
</body>
</html>
```

（设置输入框为 week 类型）

上述代码在 Chrome 浏览器中的运行结果如图 12-20 所示。单击输入框的下拉箭头，从弹出的日历选择器选择某个日期后，在文本框中显示该日期在当年所在的星期数，如图 12-21 所示。

图 12-20　星期选择器在 Chrome 浏览器的初始效果

图 12-21　选择某个日期后对应显示星期数

12.2.13　month 类型

month 类型让 input 元素生成月份选择器，通过日历选择器选择某个日期后，可以得到当年该日期所在的月份数，其实这就是日期选择器只显示年份和月份的效果。

目前，浏览器对 month 类型的支持情况跟 week 类型的完全一样。

基本语法：

```
<input type="month" name="…">
```

【示例 12-17】创建月份选择器。

```
<!doctype html>
<html>
<head>
<meta charset="utf-8">
<title>月份选择器创建示例</title>
</head>
<body>
    <form method="post" action=" ">
        月份选择: <input type="month" name="month">
        <input type="submit" value="提交">
    </form>
</body>
</html>
```

> 设置输入框为 month 类型

上述代码在 Chrome 浏览器中的运行结果如图 12-22 所示。单击文本框的下拉箭头，从弹出的日历选择器选择某个日期后，在文本框中显示年份和月份，如图 12-23 所示。

图 12-22　星期选择器在 Chrome 浏览器的初始效果

图 12-23　选择某个日期后显示所在月份

12.3　提交按钮新增取消验检属性

有时，我们可能需要把表单中已填写好的数据暂存一下，以便将来调出来继续填写，此时我们可以不用关心数据是否有效，即可以取消表单的有效性校验。

在 HTML5 中，取消表单校验的常用方式有两种：一种是为<form>元素设置 novalidate 属性；另一种是对提交按钮设置 formnovalidate 属性。第一种方式将关闭整个表单的校验，不管提交什么按钮都将不进行校验。第二种方式则由指定的提交按钮来关闭表单的输入校验，只有当用户通过指定了 formnovalidate 属性的按钮提交表单时才会关闭表单的输入校验。

基本语法：

```
方式一：<form novalidate>
方式二：<input type="submit" formnovalidate>
```

【示例 12-18】取消校验示例。

```
<!doctype html>
<html>
<head>
<meta charset="utf-8">
<title>取消校验示例</title>
</head>
<body>
  <form>
  <h3>个人信息填写</h3>
   姓名：<input type="text" name="username" required><br>
   年龄：<input type="number" name="age" min="1" max="150" step="1"><br>
   email:<input type="email" name="email"><br>
   <input type="submit" value="保存" formaction="save.jsp" formnovalidate>
    <input type="submit" value="提交" formaction="register.jsp">
  </form>
</body>
</html>
```

> 保存信息时不进行有效性校验

上述代码的第一个提交按钮中设置了 formnovalidate 属性，这样当提交该按钮时将不会对表单中数据的有效性进行校验，而第二个提交按钮提交时则会对姓名是否为空、年龄类型及取值范围和 email 的格式进行一一校验。目前，Chrome、IE、Opera 和 Firefox 这几大浏览器都支持该功能。

极客学院
jikexueyuan.com

有关 HTML5 新增的 INPUT 元素及表单验证的视频讲解（HTML5 中的"HTML5 改良的 input 元素"视频）

该视频介绍了增加与改良的 input 元素和表单验证。

HTML5 改良的 input 元素

习 题 12

1. 填空题

（1）使用 HTML5 表单实现客户端非空校验，需要使用表单元素的_____属性，在输入或文本域元素中显示提示信息需要设置_____属性，在页面加载完成后自动在元素中获得焦点需要设置_____属性，使用_____属性时可以使客户端使用正则表达式进行校验。

（2）在 HTML5 表单中，如果只允许用户在输入框中输入数值，那么需要设置输入框类型为_____，如果只允许输入 10～300 的数值，还需要同时设置_____和_____属性；只允许用户在输入框中输入 email，则需要设置输入框类型为_____；只允许用户在输入框中输入 URL 网址，则需要设置输入框类型为_____。

2. 上机题

上机演示本章中的各个示例。

第 2 篇
CSS 篇

第13章
CSS 的定义及应用

层叠样式表（Cascading Style Sheet，CSS）是一种格式化网页的标准方式，用于设置网页的样式，并允许样式信息与网页内容分离的一种技术。CSS 样式定义了如何显示 HTML 元素。对一个 HTML 元素可以使用多种方式设置样式，一个元素的多重样式将按特定的规则层叠为一个。元素的多重样式中如果存在对同一种表现形式的不同设置，将引起样式冲突，冲突的样式在层叠的过程中将按优先级来确定有效的样式。CSS 样式的层叠及冲突解决将在本章后面进行具体的介绍。

13.1　CSS 概述

在最初的 Web 页面中是没有 CSS 的，只有一些 HTML 标签，如 p、li、ul、h1、h2 等，这些 HTML 标签最初被设计为用于定义网页内容，对表现形式并没有给予特别的关注。随着 Web 技术的发展，Web 得到越来越广泛的应用，随之而来的就是 Web 用户对网页表现形式的抱怨也越来越多。为了解决网页表现形式的问题，W3C 组织便将越来越多的用于表现网页的标签，比如 font、b、strong、u 等标签，加入到 HTML 的规范中。打开一个没有使用 CSS 但界面美观的网页，我们将会发现整个网页充斥着大量的<font>、<b>、<u>、<table>等修饰标签和布局标签，这些标签的样式无法复用，在整个网页中被不断地重复使用，而且网站的每个页面都存在这样的情况！大量表现标签的使用不但使网页结构越来越复杂，而且网页的体积也急剧增大，极大地影响网页的维护以及浏览速度。试想一下，将来的某一天，如果要修改网页的某些文字的颜色，我们需要把网站的所有网页中修饰这些文字的<font>找出来一一修改，这对维护人员来说将是一个噩梦！由此可见，在一个网页中混杂结构标签和表现标签存在许多弊端，比如会使网页结构不清晰，网页体积极大地增大。为解决网页的这些弊端，W3C 组织对 Web 标准引入了 CSS 规范。引入了 CSS 规范的 Web 标准中，(X)HTML 标签用于确定网页的结构内容，而 CSS 则用于决定网页的表现形式。

CSS 规范由 W3C 组织负责制定和发布，CSS 的发展涉及了这样几个阶段：1996 年 12 月，CSS1.0 规范发布；1998 年 5 月，CSS2.0 规范发布；2004 年 2 月，CSS2.1 规范发布；2010 年 CSS3.0 全新版本出现，但该版本的规范至今还没有正式发布。

CSS 以 HTML 语言为基础，提供了丰富的格式设置，如字体、颜色、背景以及排版等格式设置内容。使用 CSS，网页设计者可针对各种显示设备（如显示区、打印机、投影仪、移动终端等）来设置不同的样式风格。CSS 扩展了 HTML 的功能，使网页设计者能够以更有效的方式设置网页格式。使用 CSS 后，我们不但可以在同一个网页中重用样式信息，当我们将 CSS 样式信息制作为一个样式文件后，还可以在不同的网页中重用样式信息。

使用 CSS 表现网页具有以下几点好处。

（1）将格式和结构分离。

格式和结构的分离，有利于格式的重用及网页的修改维护。

（2）精确控制页面布局。

能够对网页的布局、字体、颜色、背景等图文效果实现更加精确的控制。

（3）制作体积更小、下载更快的网页。

CSS 只是简单的文本，使用它可以减少表格标签、图像用量及其他加大 HTML 体积的代码。

（4）可以实现许多网页同时更新。

利用 CSS 样式表，可以将站点上的多个网页都指向同一个 CSS 文件，从而更新这个 CSS 文件时，可实现多个网页同时更新。

从前面的介绍我们知道，使用 CSS 表现网页给我们带来了许多好处，那么如何在 HTML 文件中应用 CSS 来表现网页呢？简单地说，CSS 的应用涉及两个步骤，一是定义 CSS 样式表，二是在 HTML 文档中应用定义好的 CSS。

定义 CSS 的基本语法是：选择器 { 属性：属性值；属性：属性值；... }，其中的选择器可以是 HTML 元素（标签）、自定义的类名和 ID 名等名称。在本章的第二节我们将会详细介绍 CSS 的定义。将定义好的 CSS 应用到 HTML 文档可以使用内联式、内嵌式、链接式和导入式这四种方式，这些应用方式将在本章最后一节中详细介绍。在介绍这些方式之前的所有示例将使用内嵌式应用 CSS。应用 CSS 的内嵌方式需要在 HTML 文件的头部区域添加<style></style>包含所有 CSS 样式表，格式如下：

```
<style type="text/css">
   选择器{
      属性1：属性值1；
      属性2：属性值2；
      ...
   }
</style>
```

内嵌式应用 CSS 的示例如下所示。

【示例 13-1】在 HTML 文件中使用内嵌式应用 CSS。

在 HTML 头部区域中添加<style>标签对，并在其中嵌入 CSS 样式代码，代码如下所示。

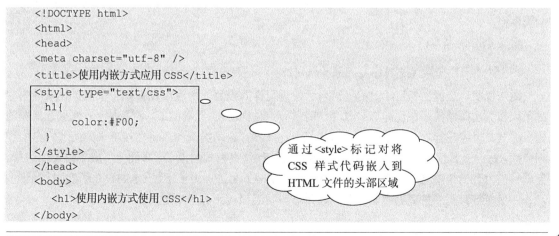

```
<!DOCTYPE html>
<html>
<head>
<meta charset="utf-8" />
<title>使用内嵌方式应用 CSS</title>
<style type="text/css">
  h1{
      color:#F00;
  }
</style>
</head>
<body>
    <h1>使用内嵌方式使用 CSS</h1>
</body>
```

通过 <style> 标记对将 CSS 样式代码嵌入到 HTML 文件的头部区域

```
</html>
```

上述 CSS 代码设置一级标题的颜色为红色，在 IE11 浏览器中的运行结果如图 13-1 所示。

目前绝大多数浏览器对 CSS 都有很好的支持，一般不用担心设计的 CSS 不被浏览器支持。但需要注意，不同浏览器对 CSS 的支持在细节上会有差异，不同浏览器显示的 CSS 效果可能会不同。所以，使用 CSS 设置网页样式一般需要对

图 13-1 应用 CSS 的页面效果

几个主流浏览器显示效果进行测试，以保证网页的兼容性良好。为了兼容各个浏览器，在我们定义 CSS 时通常需要针对不同的浏览器定义不同的 CSS。在 CSS3 发布之前，开发人员主要是使用 CSS hack 方式针对不同浏览器定义 CSS。

极客学院
jikexueyuan.com

关于 CSS hack 的视频讲解（CSS 中的"CSS 老式浏览器兼容"视频）
该视频介绍了 css hack 的相关概念、实例和参考文档等内容。

CSS 老式浏览器兼容

CSS 代码属于文本格式，所以可使用记事本、IntelliJ IDEA、EditPlus 和 Dreamweaver 等工具编辑。

13.2 定义 CSS 的基本语法

CSS 对网页的样式设置是通过一条条 CSS 规则来实现的，每条 CSS 规则包括两个组成部分：选择器和一条或多条属性声明。每条属性声明由一个属性和一个值组成，属性和值之间使用冒号连接，不同声明之间用分号分隔，所有属性声明放到一对大括号中。需要注意的是，CSS 中的属性必须符合 CSS 规范，不能随意创建属性名；属性的取值也必须符合合理的要求，比如 color 属性只能取表示颜色的英文单词、十六进制或 RGB 方式表示的颜色值，而不能自己想当然地给一个属性值。

定义 CSS 的基本语法：

选择器{属性 1：属性值 1；属性 2：属性值 2；…}

语法说明：选择器指定了对哪些网页元素进行样式设置，所有可以标识一个网页元素的内容都可以作为选择器使用，比如 HTML 标签名、元素的类名、元素的 ID 名等内容。根据选择器的构成形式，可将选择器分为基本选择器和复合选择器，这两类选择器将在接下来的两节内容中详细介绍。每一个属性及其值实现对网页元素进行某种特定格式的设置，属性值一般不需要加引号，但属性值由若干个单词组成时，则需要给值加上引号。另外，为了增强 CSS 样式的可读性和维护性，一般每行只写一条属性声明，并且在每条声明后面使用分号结尾。

【示例 13-2】使用 CSS 定义网页段落样式。

在 HTML 头部区域中添加<style>标签对，并在其中嵌入 CSS 样式代码，代码如下所示。

```html
<!DOCTYPE html>
<html>
<head>
<meta charset="utf-8" />
<title>使用CSS定义网页段落样式</title>
<style type="text/css">
p{
    text-align:center;
    color:blue;
    font-family:"Comic Sans MS",arial,黑体;
}
</style>
</head>
<body>
    <p>使用CSS定义网页段落水平对齐方式，文本颜色和字体</p>
</body>
</html>
```

属性值由三个单词组成，要加引号

上述 CSS 代码设置段落水平居中对齐，文本颜色为蓝色。字体使用了字体族来设置，此时浏览器浏览文本时将使用针对中文和英文各自有效的字体来分别设置中文和英文，所以上述代码的运行结果是中文使用黑体字体，英文则按字体族中的顺序选择字体，如果电脑中存在 Comic Sans MS 字体，则使用第一个字体设置英文 CSS，否则使用第二个字体 arial 设置英文 CSS，依此类推。上述代码在 IE11 浏览器中的运行结果如图 13-2 所示。

使用*CSS*定义网页段落水平对齐方式，文本颜色和字体

图 13-2　应用 CSS 的页面效果

有关 CSS 简介和多类选择器的视频讲解（CSS 中的"CSS 入门基础知识"视频）

该视频介绍了 CSS 的相关概念、定义基本语法、多类选择器等内容。

CSS 入门基础知识

13.3　CSS 基本选择器

在 CSS 中，根据选择器的构成形式，可将选择器可分为基本选择器和复合选择器。基本选择器主要包括元素选择器、类选择器、ID 选择器、伪类和伪元素；复合选择器是通过对基本选择器进行组合构成的。

13.3.1　元素选择器

元素选择器是最常用的一种选择器，元素选择器声明了网页中所有相同元素的显示效果。基本语法：

HTML 元素名 { 属性 1：属性值 1；属性 2：属性值 2；…}

语法说明： 元素选择器重新定义了 HTML 标签的显示效果，网页中的任何一个 HTML 标签都可以作为相应的元素选择器的名称，设置的样式对整个网页的同一种元素有效。例如 div 选择器就是声明当前页面中所有的<div>元素的显示效果。元素选择器样式应用是通过匹配 HTML 文档元素来实现的。

【示例 13-3】 元素选择器使用。

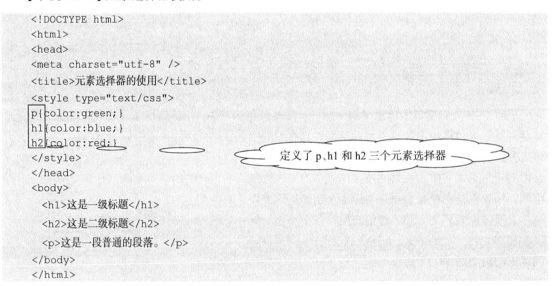

```
<!DOCTYPE html>
<html>
<head>
<meta charset="utf-8" />
<title>元素选择器的使用</title>
<style type="text/css">
p{color:green;}
h1{color:blue;}
h2{color:red;}
</style>
</head>
<body>
    <h1>这是一级标题</h1>
    <h2>这是二级标题</h2>
    <p>这是一段普通的段落。</p>
</body>
</html>
```

定义了 p、h1 和 h2 三个元素选择器

上述代码中的 CSS 使用了三个元素选择器分别设置网页 p、h1 和 h2 元素的显示效果，在 IE11 浏览器中的运行结果如图 13-3 所示。

13.3.2　类选择器

使用元素选择器可以设置页面中所有相同元素的统一格式，如果需要对相同元素中某些元素做特殊效果设置，使用元素选择器就无法实现了，此时需要引入其他的选择器，比如类选择器、ID 选择器等选择器。

图 13-3　元素选择器的使用

类（class）选择器允许以一种独立于文档元素的方式来指定样式。类选择器的名称由用户自定义。类选择器可以定义对所有元素通用的样式。需注意的是，类选择器以 "." 来定义，即在类选择器名前必须加上一点。

基本语法：

.类选择器名 { 属性 1：属性值 1；属性 2：属性值 2；…}

语法说明： 类选择器名称的第一个字符不能使用数字；类选择器名前的 "." 是类选择器的标

识，不能省略；另外，类选择器名区分大小，应用时应正确书写。

　　从上一节的示例中我们知道，HTML 页面的元素直接通过匹配的 HTML 标签名自动应用元素选择器中的 CSS 样式，那我们这里定义的类选择器样式又是通过何种方式来应用呢？答案是在需要应用类选择器样式的元素中添加"class"属性，且将其值设置为类选择器名，即假如有类选择器名为 txt，现在某个页面中的\<p\>和\<h1\>两个元素都要使用 txt 选择器样式，则需要对\<p\>和\<h1\>作如此修改：\<p class="txt"\>和\<h1 class="txt"\>，这样设置后，只要将 CSS 应用到 HTML 页面，则\<p\>和\<h1\>将自动使用 txt 选择器定义的样式显示效果。

　　【示例 13-4】类选择器样式应用。

```
<!DOCTYPE html>
<html>
<head>
<meta charset="utf-8" />
<title>类选择器的应用</title>
<style type="text/css">
.txt1{
    color:blue;
    font-size:26px;
    font-style:italic;
}
.txt2{
    color:red;
    font-size:26px;
}
</style>
</head>
<body>
<h1>这是第一个一级标题，使用默认的显示效果</h1>
<h1 class="txt1">这是第二个一级标题，使用 txt1 类选择器样式显示效果</h1>
<h1 class="txt2">这是第三个 h1，使用 txt2 类选择器样式显示效果</h1>
<p>这是第一个普通的段落，使用默认的显示效果</p>
<p class="txt1">这是第二个普通的段落，使用 txt1 类选择器来设置显示效果</p>
</body>
</html>
```

> 使用"."来标识类选择器，在该示例中定义了两个类选择器样式

> 通过在元素中添加 class 属性来应用类选择器样式

　　上述代码中的 CSS 定义了类名分别为 txt1 和 txt2 的两个类选择器，它们应用到了 HTML 页面后，分别修改页面中的第二个\<h1\>、第三个\<h1\>和第二个\<p\>元素的样式，将这三个元素的颜色、字号大小等样式分别作了修改，而不再显示默认的效果，在 IE11 浏览器中的运行结果如图 13-4 所示。

　　从图 13-4 中我们可以看到，页面中存在三个 h1 元素，但它们的样式却不是完全一样的，同样页面中的两个段落，样式也存在很大的区别，其中的原因就是我们通过类选择器样式选择性地对某些元素设置样式，而且同一个类选择器样式，可以应用到不同的元素上，同一种元素也可以使用不同的类选择器样式。

　　需要注意的是，类选择器的优先级高于元素选择器，所以相同属性的样式，类选择器的样式

图 13-4　类选择器样式应用结果

会覆盖元素选择器的样式。如果需要网页中某一标签在某些地方显示特殊效果，可以将元素选择器和类选择器结合使用。

【示例 13-5】类选择器和元素选择器配合使用。

```html
<!DOCTYPE html>
<html>
<head>
<meta charset="utf-8" />
<title>类选择器和标签选择器配合使用</title>
<style type="text/css">
p{
    color:blue;
    font-size:26px;
    font-weight:bold;
}
.txt{
    color:red;
    font-size:16px;
    text-decoration:underline;
}
</style>
</head>
<body>
<p>这是第一段普通的段落，使用了 p 元素选择器样式</p>
<p class="txt">这是第二段普通的段落，同时使用了 p 元素选择器和类选择器样式</p>
<p>这是第三段普通的段落，使用了 p 元素选择器样式</p></body>
</html>
```

同时定义了元素选择器和类选择器

该段落同时应用 p 元素选择器和 txt 类选择器样式

上述代码的主体中包含了三个段落，其中第二个段落的样式不同于其他两个，对此我们可以结合使用元素和类选择器来实现。在实际应用中，某个元素在页面中的绝大多数地方需要的公共样式使用元素选择器设置，而对于某些地方需要的特殊样式则使用类选择器设置。在 IE11 浏览器运行的结果如图 13-5 所示。

图 13-5　类选择器和元素选择器配合使用结果

从图 13-5 我们可看出，虽然第二个段落使用了 p 元素选择器样式，但与其同时应用的类选择器存在相同文本颜色和字号大小的属性，不同样式设置，故根据选择器的优先级的规定，类选择器样式覆盖了元素选择器样式，因而第二个段落的文本颜色和字号大小使用 txt 类选择器样式来显示效果。

使用类选择器的最大的优点是可以在页面的任何元素中重用其所定义的样式，任何元素需要使用类选择器样式，只需要在该元素中添加 class 属性，并将 class 属性值设置为类选择器名即可。

13.3.3　ID 选择器

ID 选择器跟类选择器一样可以定义一个通用的样式，应用到任何需要的地方，但两者在定义和应用时存在比较大的差别：在定义时，选择器使用的前缀符号不同，类选择器使用的是 ".",ID 选择器需要使用 "#"；应用样式时，类选择器需要通过 class 属性来应用，而 ID 选择器则需要通过 id 属性来应用；同时，类名在 HTML 页面中可以重名，ID 名称在 HTML 页面中必须唯一，这是由 ID 属性是用来唯一标识一个元素所决定的。

基本语法：

#ID 选择器名{属性 1：属性值 1；属性 2：属性值 2；…}

语法说明： ID 选择器名称的第一个字符不能使用数字；ID 选择器名不允许有空格，选择器名前的 "#" 是 ID 选择器的标识，不能省略；另外，ID 选择器名区分大小，应用时应正确书写。

ID 选择器样式的应用和类选择器样式的应用很类似，只是需要在应用 ID 选择器样式的元素中添加 "id" 属性，且将其值设置为 ID 选择器名。假如有 ID 选择器名为 txt，在某个页面中的<p>元素要使用 ID 选择器 txt 的样式，则需要对<p>作如此修改：<p id="txt">，这样设置后，只要将 CSS 应用到 HTML 页面，<p>将自动使用 txt 选择器样式显示。在应用 ID 选择器样式时，需注意整个页面中各个元素的 id 属性值必须唯一。

【示例 13-6】 ID 选择器应用示例。

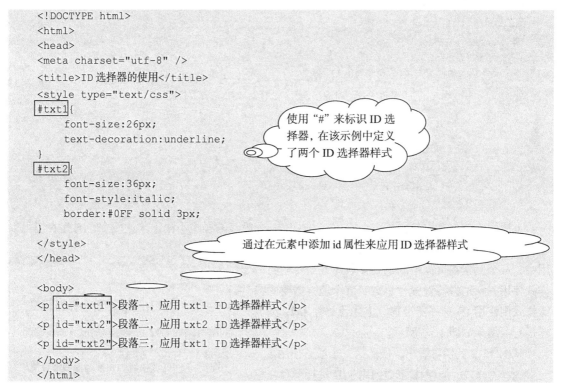

```
<!DOCTYPE html>
<html>
<head>
<meta charset="utf-8" />
<title>ID 选择器的使用</title>
<style type="text/css">
#txt1{
    font-size:26px;
    text-decoration:underline;
}
#txt2{
    font-size:36px;
    font-style:italic;
    border:#0FF solid 3px;
}
</style>
</head>

<body>
<p id="txt1">段落一，应用 txt1 ID 选择器样式</p>
<p id="txt2">段落二，应用 txt2 ID 选择器样式</p>
<p id="txt2">段落三，应用 txt1 ID 选择器样式</p>
</body>
</html>
```

使用 "#" 来标识 ID 选择器，在该示例中定义了两个 ID 选择器样式

通过在元素中添加 id 属性来应用 ID 选择器样式

上述代码的 CSS 中定义了 2 个 ID 选择器样式，在 HTML 代码中则通过 id 属性应用 ID 选择器样式。在 IE11 浏览器的运行结果如图 13-6 所示。

在示例 13-6 中，ID 选择器 txt1 被用于多个元素，对于 CSS 样式设置来说，虽然没问题，但这样的用法是不对的，因为每个标签定义的 id 不只用在 CSS 中，JavaScript 等其他页面脚本语言都可能进行调用，当一个页面中出现多个相同 id 时，这些 id 将同时被 JS 调用，从而导致调用出错。所以，我们在设计网页时，应该考虑到 id 选择器被调用的特点，尽量把一个 id 只赋予一个 HTML 元素。

图 13-6　ID 选择器的使用

与类选择器一样，ID 选择器的优先级高于元素选择器。相同属性的样式，ID 选择器样式会覆盖元素选择器样式。如果需要网页中某一元素在某个地方显示特殊效果，则可以将元素选择器和 ID 选择器结合使用。

【示例 13-7】ID 选择器和元素选择器配合使用。

```
<!DOCTYPE html>
<html>
<head>
<meta charset="utf-8" />
<title>ID 选择器和元素选择器配合使用</title>
<style type="text/css">
p{                          同时定义了元素选
    color:blue;             择器和 ID 选择器
    font-size:26px;
    font-weight:bold;
}
#txt{
    color:red;
    font-size:16px;
    text-decoration:underline;
}                该段落同时应用 p 元素选择器和 ID 选择器样式
</style>
</head>
<body>
    <p>段落一，使用了 p 元素选择器样式</p>
    <p id="txt">段落二，同时使用了 p 元素选择器和 ID 选择器样式</p>
    <p>这段落三，使用了 p 元素选择器样式</p></body>
</html>
```

上述代码的主体中包含了三个段落，其中第二个段落的样式不同于其他两个，对此我们可以结合使用 HTML 元素和 ID 选择器来实现。在实际应用中，某个元素在页面中的绝大多数地方需要的同一样式使用元素选择器设置，而对于某个地方需要的特殊样式则使用 ID 选择器设置。上述代码在 IE11 浏览器运行的结果如图 13-7 所示。

从图 13-7 我们可看出，虽然第二个段落使用了 p 元素选择器样式，但和其同时应用的 ID 选择器存在相

图 13-7　ID 选择器和元素选择器配合使用

同的文本颜色和字号大小属性的不同样式设置。根据选择器的优先级的规定，ID 选择器样式将覆盖元素选择器样式，因而第二个段落的文本颜色和字号大小使用 ID 选择器 txt 设置的样式来显示。

13.3.4　通用选择器

通用选择器用通配符 "*" 表示，它可以选择文档中的所有元素。通用选择器主要用于重置文档各元素的默认样式，一般用来重置文档元素的内、外边距。

基本语法：

```
*{属性 1: 属性值 1; 属性 2: 属性值 2;…}
```

使用示例：

```
*{margin: 0px; padding:0px;}//重置文档所有元素的内、外边距为 0px
```

13.3.5　伪类选择器

CSS 伪类用于向某些选择器添加特殊的效果。伪类一开始只是用来表示一些元素的动态状态，典型的就是链接的各个状态(未访问/访问过后/悬停/活动四种状态)。随后 CSS2 标准扩展了其概念范围，使其成为了所有逻辑上存在但在文档树中却无须标识的"幽灵"分类。

基本语法：

选择器名:伪类{属性 1：属性值 1；属性 2：属性值 2；…}

语法说明： 选择器可以是任意类型的选择器，当选择器是类选择器时，为了限定某类元素，也可以在类选择器名前加上元素名，即将选择器名写成：元素名.类选择器名，比如 a.second:link。另外，伪类前的"："是伪类选择器的标识，不能省略。当选择器是 a 元素选择器时，也可以省略选择器名，比如写成:link。

目前，W3C 规定了表 13-1 所示的一些类型的伪类。

表 13-1　　　　　　　　　　　　　　　　伪类类型

伪类类型	描　　述
:active	将样式添加到被激活的元素
:hover	当鼠标悬浮在元素上方时，向元素添加样式
:link	将样式添加到未被访问过的链接
:visited	将样式添加到已被访问过的链接
:focus	将样式添加到被选中的元素
:first-child	将样式添加到元素的第一个子元素
:lang	向带有指定 lang 属性的元素添加样式

下面将通过示例演示上述各个伪类的使用。

【示例 13-8】使用伪类设置越链接不同状态的样式。

```
<!DOCTYPE html>
<html>
<head>
<meta charset="utf-8" />
<title>使用伪类设置超链接不同状态的样式</title>
<style type="text/css">
a:link{color:blue;}
a:visited{color:red;}
a:hover{color:green;}
a:active{color:orange;}

a.second:link{
    color:#00F;
    font-size:26px;
    text-decoration:none;
}
a.second:visited{
    color:#F00;
    text-decoration:none;
}
```

设置所有链接的
四种状态样式

设置类名为 second 的
链接的四种状态样式

```
a.second:hover{
    color:#0F0;
    text-decoration:underline;
}
a.second:active{
    color:#F90;
    text-decoration:none;
}
</style>
</head>
<body>
    <a href="http://www.sise.com.cn">超链接一</a>
    <br/><br/>
    <a href="index.html" class="second">超链接二</a>
</body>
</html>
```

上述代码的 CSS 中分别定义了两个超链接的四种状态（即未访问状态、已访问状态、鼠标悬停状态以及活动状态）的样式，其中，前面四个伪类设置两个超链接四种状态都显示下划线，但不同状态显示不同的颜色，后四个伪类同样设置第二个超链接四种状态分别显示不同颜色，但只有鼠标悬停状态显示下划线。后四个伪类样式覆盖了前面四个伪类样式。需要注意的是，使用伪类设置超链接不同状态样式时要按一定的顺序设置：a:hover 必须

图 13-8　使用伪类设置越链接不同状态的样式

位于 a:link 和 a:visited 之后，而 a:active 则必须位于 a:hover 之后，这样鼠标悬停状态以及活动状态的样式才能生效！上述代码在 IE11 浏览器的运行结果如图 13-8 所示。

【示例 13-9】使用伪类设置被选中元素的样式。

```
<!DOCTYPE html>
<html>
<head>
<meta charset="utf-8" />
<title>使用伪类设置被选中元素的样式档</title>
<style type="text/css">
input:focus{                      使用focus伪类设置选中的input元素样式
    background-color:yellow;
}
</style>
</head>
<body>
<form action="#" method="post">
  用户名: <input type="text" name="username"/><br/>
  密 码: <input type="password" name="psw"/><br/>
  <input type="submit" value="登录"/>
 </form>
</body>
</html>
```

上述代码的 CSS 使用伪类 focus 设置了光标所在的表单 input 元素的背景颜色，在 IE11 浏览器的运行结果如图 13-9 所示。

图 13-9　使用伪类设置选中元素的样式

【示例 13-10】使用伪类设置元素的第一个子元素的样式。

```html
<!DOCTYPE html>
<html>
<head>
<meta charset="utf-8" />
<title>使用伪类设置元素的第一个子元素的样式</title>
<style type="text/css">
p:first-child{font-size:33px;}
li:first-child{text-decoration:underline;}
</style>
</head>
<body>
  <p>段落一，其顶层元素是 body。</p>
  <p>段落二，其顶层元素是 body。</p>
  <div>
    <p>段落三，其顶层元素是 div。</p>
    <p>段落四，其顶层元素是 div</p>

  </div>
  <p>段落五，其顶层元素是 body。</p>
  <p>段落六，其顶层元素是 body。</p>
  <ol>
    <li>有序列表项一，其顶层元素是 ol</li>
    <li>有序列表项二，其顶层元素是 ol</li>
  </ol>
  <ul>
    <li>无序列表项一，其顶层元素是 ul</li>
    <li>无序列表项二，其顶层元素是 ul</li>
  </ul>
</body>
</html>
```

指定第一子元素的类型分别为 p 元素和 li 元素

:first-child 伪类用于设置所有作为 HTML 文件对应的 DOM 树中每一层的第一个子元素的样式。上述代码中 CSS 设置所有作为 DOM 树中每一层中顶层元素的类型为 p 的第一个子元素的 p 元素或类型为 li 的第一个子元素的样式。上述代码作为各层的第一个子元素的有：段落一、段落三、有序列表项一、无序列表项一，这些元素将按 CSS 中指定的样式来显示效果，在 IE11 浏览器的运行结果如图 13-10 所示。

【示例 13-11】使用伪类设置带有指定 lang 属性的元素的样式。

图 13-10　使用伪类设置元素的第一个
　　　　　子元素的样式

```
<!DOCTYPE html>
<html>
<head>
<meta charset="utf-8" />
<title>使用伪类设置带有指定 lang 属性的元素的样式</title>
<style type="text/css">
q:lang(no){                              必须指定参数值
    text-decoration:underline;
    font-size:33px;
}
</style>
</head>
<body>
    <p>使用伪类设置<q lang="no">带有指定 lang 属性</q>的元素的样式</p>
    <p>没有使用伪类设置<q lang="zh">带有指定 lang 属性</q>的元素的样式</p>
</body>
</html>
```

上述代码中的 CSS 为属性值为 "no" 的 q 元素设置下划线和字号大小的样式，而属性值为 "zh" 的 q 元素则没有设置样式。上述代码在 IE11 浏览器的运行结果如图 13-11 所示。

图 13-11　使用伪类设置带有指定 lang 属性的元素的样式

其实，伪类的效果可以通过添加一个实际的类来达到，例如为了达到示例 13-9 的效果，我们可以将代码进行如下修改：

```
<!DOCTYPE html>
<html>
<head>
<meta charset="utf-8" />
<title>使用实际的类实现伪类同样的样式设置效果</title>
<style type="text/css">
.focus{                          将 focus 伪类选择器修改为类选择器
    background-color:yellow;
}
</style>
</head>
                                      对每个需要设置背景颜色的
                                      input 添加 class 属性的设置
<body>
<form action="#" method="post">
    用户名: <input type="text" name="username" class="focus" /><br/>
    密　码: <input type="password" name="psw" class="focus"/><br/>
    <input type="submit" value="登录"/>
</form>
</body>
</html>
```

上述代码的运行效果和示例 13-9 完全等效。可见，伪类选择器和类选择器的效果是完全一样的。对示例 13-9，从逻辑上看文档中存在类型对应伪类的类，但在代码中实际上并不存在这样一个类，这正是伪类所以称为 "伪类" 的原因，这也正是本节第一段中我们说 CSS2 标准扩展了伪类概念范围，使其成为了所有逻辑上存在但在文档树中却无须标识的 "幽灵" 分类的原因。

13.3.6　伪元素选择器

CSS 伪元素用于将特殊的效果添加到某些选择器。

基本语法：

> 选择器名:伪元素{属性 1：属性值 1；属性 2：属性值 2；…}

语法说明： 选择器可以是任意类型的选择器。当选择器是类选择器时，为了限定某类元素，也可以在类选择器名前加上元素名，即将选择器名写成：元素名.类选择器名，比如 p.second:first-line。另外，伪元素前的 ":" 是伪元素选择器的标识，不能省略。从上述语法来看，伪类和伪元素的写法很类似，在 CSS3 中，为了区分两者，规定伪类用一个冒号来表示，而伪元素则用两个冒号来表示。

目前，W3C 规定了表 13-2 所示的一些类型的伪元素。

下面将通过示例演示上述各个伪元素的使用。

【示例 13-12】 使用伪元素 first-line 设置文本的首行的样式。

表 13-2　　　伪元素类型

伪元素类型	描　　述
:first-letter	向文本的第一个字符添加特殊样式
:first-line	向文本的首行添加特殊样式
:before	在元素之前添加内容
:after	在元素之后添加内容

```
<!DOCTYPE html>
<html>
<head>
<meta charset="utf-8" />
<title>伪元素 first-line 的使用</title>
<style type="text/css">
p:first-line{          伪元素
    font-style:italic;
    text-decoration:underline;
    }
</style>
</head>
<body>
    <p>成功根本没有秘诀，如果有的话，就只有两个词:谦虚，坚持。<br/>
    越有本事的人越没脾气，因为素质，修为，涵养，学识，能力财力会综合一个人的品格。<br/>
    往事不必遗憾，若是美好，叫做精彩;若是糟糕，叫做经历;把握眼前，当下才重要;顺利，只是一种平庸的人生。
    </p>
</body>
</html>
```

上述代码创建了一个包含三行文本的段落，而 CSS 对第一行文本设置了倾斜并显示下划线的样式。上述代码在 IE11 浏览器的运行结果如图 13-12 所示。

图 13-12　使用伪元素 first-line 设置文本的首行的样式

【示例 13–13】使用伪类 first-letter 设置文本第一个字符的样式。

```
<!DOCTYPE html>
<html>
<head>
<meta charset="utf-8" />
<title>伪元素 first-letter 的使用</title>
<style type="text/css">
p:first-letter{          伪元素
    font-size:39px;
}
</style>
</head>
<body>
    <p>成功根本没有秘诀，如果有的话，就只有两个词:谦虚，坚持。<br/>
    越有本事的人越没脾气，因为素质，修为，涵养，学识，能力财力会综合一个人的品格。<br/>
    往事不必遗憾，若是美好，叫做精彩;若是糟糕，叫做经历;把握眼前，当下才重要;顺利，只是一种平庸的人
    生。
    </p>
</body>
</html>
```

上述代码中的 CSS 对段落中的第一个字符:"成"设置显示的字体大小为 39px，在 IE11 浏览器的运行结果如图 13-13 所示。

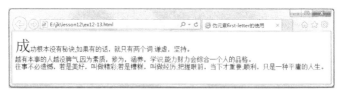

图 13-13　使用伪元素 first-letter 设置文本的第一个字符的样式

【示例 13–14】使用伪元素 before 在段落文本前面添加图片。

```
<!DOCTYPE html>
<html>
<head>
<meta charset="utf-8" />
<title>伪元素 before 的使用</title>
<style type="text/css">          伪元素
p:before{
    content:url(../images/bd_logo.JPG);
}
</style>
</head>
<body>
    <p>北京大学创办于 1898 年，初名京师大学堂，是中国第一所国立综合性大学，也是当时中国最高教育行政
    机关。辛亥革命后，于 1912 年改为现名。</p>
</body>
</html>
```

上述代码中的 CSS 在文本的前面添加了一个图片。上述代码在 IE11 浏览器的运行结果如图 13-14 所示。

图 13-14　使用伪元素 before 在元素段落文本前面添加图片

【示例 13-15】使用伪元素 after 在段落文本后面添加图片。

```
<!DOCTYPE html>
<html>
<head>
<meta charset="utf-8" />
<title>伪元素 after 的使用</title>
<style type="text/css">            伪元素
p:after{
    content:url(../images/bd_logo.JPG);
}
</style>
</head>
<body>
  <p>北京大学创办于 1898 年，初名京师大学堂，是中国第一所国立综合性大学，也是当时中国最高教育行政
  机关。辛亥革命后，于 1912 年改为现名。</p>
</body>
</html>
```

上述代码中的 CSS 在文本的后面添加了一个图片。上述代码在 IE11 浏览器的运行结果如图 13-15 所示。

跟伪类一样，伪元素的效果也可以通过其他方式来实现。不同于伪类通过添加类属性来实现同样效果的是，伪元素是通过添加元素来达到同等效果的，例如为了达到示例 13-13 的效果，我们可以将代码进行如下修改：

图 13-15　使用伪元素 after 在元素段落文本后面
添加图片

```
<!DOCTYPE html>
<html>
<head>
<meta charset="utf-8" />
<title>伪元素 first-letter 的使用</title>
<style type="text/css">        伪元素选择器修改为元素选择器
span{
    font-size:39px;
}
</style>                         新增<span>元素
</head>
<body>
  <p><span>成</span>功根本没有秘诀,如果有的话，就只有两个词:谦虚，坚持。<br/>
  越有本事的人越没脾气，因为素质，修为，涵养，学识,能力财力会综合一个人的品格。<br/>
```

往事不必遗憾，若是美好，叫做精彩；若是糟糕，叫做经历；把握眼前，当下才重要；顺利，只是一种平庸的人生。
```
   </p>
</body>
</html>
```

上述代码的运行效果和示例 13-13 完全等效。可见，伪元素选择器和元素选择器的效果是完全一样的。对于示例 13-13，从逻辑上看文档树中存在对应伪元素的元素，但在代码中实际上并不存在这样的元素，这也正是伪元素名称的来由。

13.4 CSS 复合选择器

复合选择器是通过基本选择器进行组合构成的，常用的复合选择器有：交集选择器、并集选择器、属性选择器、后代选择器、子元素选择器和相邻元素选择器等。

13.4.1 交集选择器

交集选择器是由两个选择器直接连接构成的，其中第一个选择器必须是元素选择器，第二个选择器必须是类选择器或者 ID 选择器，例如：p.special、p#name。两个选择器之间必须连续写，不能有空格。交集选择器的作用范围将选中同时满足前后二个选择器定义的元素，也就是要求前者定义的元素，同时必须是指定了后者的类别或 id，该元素的样式是三个选择器样式，即第一个选择器、第二个选择器和交集选择器三个选择器样式的层叠效果。

基本语法：

元素选择器.类选择器 | #ID 选择器{属性 1：属性值 1；属性 2：属性值 2；…}

语法说明："类选择器 | ID 选择器"表示或者使用类选择器，或者使用 ID 选择器。

【示例 13-16】交集选择器应用示例。

```
<!DOCTYPE html>
<html>
<head>
<meta charset="utf-8" />
<title>交集选择器应用示例</title>
<style type="text/css">
div{
  border-style: solid;
  border-width: 10px;
  border-color: blue;
  margin: 20px;
}
div.a1{
  border-color: red;
  background:#999999;
}
.a1{
 font-style:italic;
  background:#33FFCC;
}
</style>
```

定义交集选择器样式

```
</head>
<body>
    <div>元素选择器效果</div>
    <div class="a1" >交集选择器效果</div>
    <p class="a1" >类选择器效果</p>
</body>
</html>
```

应用交集选择器

上述代码中的 CSS 定义了 div 元素、类选择器 a1 和它们的交集选择器 div.a1 样式。交集选择器所定义的样式只作用于<div class="a1">元素，最终交集选择器所指定的对象的效果就是 CSS 中定义的三个选择器样式的层叠，有冲突的样式将以优先级最高的有效。上述代码在 IE11 浏览器中的运行结果如图 13-16 所示。

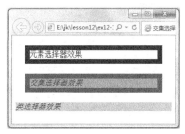

图 13-16　交集选择器运行结果

13.4.2　并集选择器

并集选择器也叫分组选择器，由两个或两个以上的任意选择器组成，不同选择器之间用 "，" 隔开，实现对多个选择器进行 "集体声明"。它的特点是所设置的样式对并集选择器中的各个选择器都有效。并集选择器的作用是可把不同的选择器的相同样式定义抽取出来放到一个地方作一次定义，从而极大地减化 CSS 代码量。

基本语法：

选择器 1,选择器 2,选择器 3,…{属性 1：属性值 1；属性 2：属性值 2;…}

语法说明： 选择器的类型任意，既可以是基本选择器，也可以是一个复合选择器。

【示例 13-17】并集选择器应用示例。

```
<!DOCTYPE html>
<html>
<head>
<meta charset="utf-8" />
<title>并集选择器示例</title>
<style type="text/css">
div{
    border-style: solid;
    border-width: 10px;
    border-color: blue;
    margin: 20px;
}
h1,h2,div{
    background:#999999;
}
</style>
</head>
<body>
    <div>这是一个 DIV</div>
    <h1>这是一级标题</h1>
    <h2>这是二级标题</h2>
    <h3>这是三级标题</h3>
```

定义并集选择器

应用并集选择器

147

```
</body>
</html>
```

上述 CSS 代码设置了 h1、h2 和 div 三个元素形成的并集选择器样式，分别将 h1、h2 和 div 三个元素的背景颜色为灰色。上述代码在 IE11 浏览器中的运行结果如图 13-17 所示。从图 13-17 可看出，div、h1 和 h2 三个元素都应用了并集选择器设置的样式。

图 13-17　并集选择器应用页面效果

13.4.3　属性选择器

在 CSS 中，我们还可以根据元素的属性及属性值来选择元素，此时用到的选择器称为属性选择器。属性选择器的使用有三种形式，分别如下所示。

基本语法：

```
属性选择器 1 属性选择器 2...{属性 1：属性值 1；属性 2：属性值 2；…}
元素选择器属性选择器 1 属性选择器 2...{属性 1：属性值 1；属性 2：属性值 2；…}
*属性选择器 1 属性选择器 2...{属性 1：属性值 1；属性 2：属性值 2；…}
```

语法说明：属性选择器的写法是[属性表达式]，其中属性表达式可以是一个属性名，也可以是"属性 = 属性值"等这样的表达式，例如：[tilte]和[type="text"]都属性选择器。属性选择器前可以指定某个元素选择器，此时只在指定类型的元素中进行选择，例如：img[title]，只能选择具有 title 属性的 img 元素；属性选择器前也可以使用通配符*，此时效果和第一种形式完全一样，都不限定选择元素的类型，例如：*[title]和[title]效果完全一样，都将选择具有 title 属性的所有元素。注意：元素选择器及"*"和属性选择器之间没有空格。另外，可以连续使用多个不同的属性选择器，此时将进一步缩小元素选择的范围，例如 a[href][title]用于选择同时具有 href 和 title 属性的 a 元素。

常见的属性选择器格式如表 13-3 所示。

表 13-3　　　　　　　　　　　　　常见属性选择器

类型	选择器	描　　述
根据属性选择	[属性]	用于选取带有指定属性的元素
根据属性和值选择	[属性 = 值]	用于选取带有指定属性和值的元素
根据部分属性值选择	[属性~ = 值]	用于选取属性值中包含指定值的元素，注意该值必须是一个完整的单词
子串匹配属性值	[属性|=值]	用于选取属性值以指定值开头的元素，注意该值必须是一个完整的单词或带有" – "作为连接符连接后续内容的字符串，如"en-"
	[属性^=值]	用于选取属性值以指定值开头的元素
	[属性$=值]	用于选取属性值以指定值结尾的元素
	[属性*=值]	用于选取属性值中包含指定值的元素

【示例 13-18】单属性选择器应用示例。

```
<!DOCTYPE html>
<html>
<head>
<meta charset="utf-8" />
```

```
<title>属性选择器应用示例</title>
<style type="text/css">
[title]{
    color:red;
}
img[alt]{
    border:3px #FF0000 solid;
}
p[align="center"]{
    color:red;
    font-weight:bolder;
}
</style>
</head>
<body>
 <h1>应用属性选择器样式：</h1>
 <h2 title="Hello world">Hello world</h2>
 <a title="首页" href="#">返首页</a><br/><br/>
 <img src="images/bd_logo.JPG" alt="北京大学 logo"/>
 <p align="center">段落居中显示</p>
 <hr />
 <h1>没有应用属性选择器样式：</h1>
 <h2>Hello world</h2>
 <a href="#">返首页</a><br/><br/>
 <img src="images/bd_logo.JPG"/>
 <p align="right">段落居右显示</p>
 <p>段落默认居左显示</p>
</body>
</html>
```

属性选择器，选取所有具有 title 属性的元素

属性选择器，选取具有 alt 属性的图片对象

属性选择器，选取具有值为 "center" 的 align 属性的段落对象

上述 CSS 代码中使用了三个属性选择器，其中[title]属性选择器选择了第一个 h2 和第一个 a 元素，这两个元素都具有 "title" 属性；img[alt]选择器通过前面的 img 元素限定只能选择图片对象，而根据属性选择器，只选择了第一个 img 元素，因为只有它才具有 "alt" 属性；p[align="center"]选择器通过前面的 p 元素限定了只能选择段落对象，根据属性选择器则只能选择第一个 p 元素，因为只有它才具有 align 属性，且值为 "center"。上述代码在在 IE11 浏览器中的运行结果如图 13-18 所示。

示例 13-18 演示了使用单个属性选择器来选取元素，下面将演示根据多个属性和部分属性值来选取元素。

【示例 13-19】应用多个属性和部分属性值选取元素。

图 13-18　属性选择器应用效果

```
<!DOCTYPE html>
<html>
<head>
<meta charset="utf-8" />
<title>应用多属性和部分属性值来选取元素</title>
```

```
<style type="text/css">
a[href][title]{
    color:red;
}
img[name~="photo"]{
    border:3px gray solid;
}
</style>
</head>
<body>
    <h2>应用属性选择器样式: </h2>
    <a title="首页" href="#">返首页</a><br/>
    <img name="photo 1" src="images/figure-1.gif" />
    <img name="photo 2" src="images/figure-2.gif" />
    <hr />
    <h2>没有应用属性选择器样式: </h2>
    <a href="#">返首页</a><br/>
    <img name="pic1" src="images/figure-1.gif" />
    <img name="pic2" src="images/figure-2.gif" />
</body>
</html>
```

使用两个属性选择器来选取 a 元素

根据部分属性值来选取 img 元素

上述 CSS 代码中第一个选择器选取了第一个 a 元素,因为它同时具有 href 和 title 属性,第二选择器选取了第一个和第二个 img 元素,因为这两个元素的 name 属性值包含了"photo"部分属性值。上述代码在在 IE11 浏览器中的运行结果如图 13-19 所示。

下面将演示使用子串匹配属性值来选取元素。

【示例 13-20】应用子串匹配属性值选取元素。

图 13-19　应用多属性和部分属性值来选取元素效果

```
<!DOCTYPE html>
<html>
<head>
<meta charset="utf-8" />
<title>应用子串匹配属性值来选取元素</title>
<style type="text/css">
img[name*="ic"]{
    border:3px red double;
}
img[name^="pho"]{
    border:3px gray solid;
}
img[name$="2"]{
    border:3px blue dotted;
}
*[lang|="en"] {color: blue;}
</style>
</head>
<body>
```

选取 name 属性值中包含 "ic" 的 img 元素

选取 name 属性值以 "pho" 开头的 img 元素

选取 name 属性值以 "2" 结尾的 img 元素

选取 lang 属性值以 "en" 或 "en-" 开头的所有元素

```
<p lang="en">Hello!</p>
<p lang="en-us">Greetings!</p>
<p lang="fr">Bonjour!</p>
<img name="photo1" src="../images/figure-1.gif"/>
<img name="photo2" src="../images/figure-2.gif"/>
<img name="picture" src="../images/figure-1.gif"/>
<body>
</html>
```

上述 CSS 代码中第一个选择器选取了第三个 img 元素，因为它的 name 属性值包含了 "ic"；第二个选择器选取了第二个 img 元素，因为它的 name 属性值以 "pho" 开头；第三个选择器选取了第二个 img 元素，因为它的 name 属性值以 "2" 结尾；第四个选择器选取了第一个和第二个 p 元素，因为这两个元素的

图 13-20　应用子串匹配属性值选取元素效果

lang 属性值以 "en" 和 "en-" 开头，并且它们在属性值中作为完整的词汇。上述代码在在 IE11 浏览器中的运行结果如图 13-20 所示。

13.4.4　后代选择器

后代选择器，又称包含选择器，用于选择指定元素的所有后代元素。
基本语法：

选择器 1 选择器 2 选择器 3…{属性 1：属性值 1；属性 2：属性值 2；…}

语法说明： 左边的选择器可以包含两个或多个使用空格隔开的选择器，这些选择器既可以是基本选择器，也可以是一个复合选择器。选择器之间的空格是一种结合符，按从右到左的顺序读选择器的方式，每个空格结合符可以解释为 "……作为……的后代"，例如 div h2 表示 h2 作为 div 的后代。需注意的是，后代选择器所选择的后代元素包括任意嵌套层次的后代，所以 div h2 又可解释为作为 div 后代元素的任意 h2 元素。

【示例 13-21】后代选择器应用示例。

```
<!DOCTYPE html>
<html>
<head>
<meta charset="utf-8" />
<title>后代选择器示例</title>
<style type="text/css">
div{
    margin:20px;
    line-height:36px;
}
div.sidebar{
    float:left;
    padding-right:10px;
    border-right:#CCC 1px solid;
}
div.maincontent{
    float:left;
}
div.sidebar a:link{
```

```
        color:#000;
        text-decoration:none;
    }
    div.maincontent a:link{
        color:#00F;
    }
</style>
</head>
<body>
    <div class="sidebar">
        <a href="#">侧边栏链接一</a><br/>
        <a href="#">侧边栏链接二</a>
    </div>
    <div class="maincontent">
        <a href="#">主体区链接一</a><br/>
        <a href="#">主体区栏链接二</a>
    </div>
</body>
</html>
```

后代选择器，设置侧边栏超链接的样式

后代选择器，设置主体区超链接的样式

上述 CSS 代码中的 div.sidebar a:link 为侧边栏的一个后代选择器，设置了侧边栏中的超链接在未点击时的颜色为黑色，同时不显示下划线；div.maincontent a:link 为主体区的一个后代选择器，设置了主体区超链接在未点击时的颜色为蓝色，同时显示下划线。上述代码在在 IE11 浏览器中的运行结果如图 13-21 所示。

图 13-21   后代选择器应用效果

13.4.5   子元素选择器

我们知道后代选择器可以选择某个元素的指定类型的所有后代元素，如果只想选择某个元素的所有子元素，则需要使用子元素选择器。

基本语法：

选择器 1>选择器 2 {属性 1：属性值 1；属性 2：属性值 2；…}

语法说明："＞"称为左结合符，在其左右两边是否有空格都正确，"选择器 1>选择器 2"的含义为"选择作为选择器 1 指定元素的子元素的所有选择器 2 指定的元素"，例如：div>span 表示选择作为 div 元素子元素的所有 span 元素。子元素选择器中的两个选择器既可以是基本选择器，也可以是交集选择器，另外选择器 1 还可以是后代选择器。

【示例 13-22】子元素选择器应用示例。

```
<!DOCTYPE html>
<html>
<head>
<meta charset="utf-8" />
<title>子元素选择器应用示例</title>
<style type="text/css">
h1>span {color:red;}
</style>
</head>
<body>
```

子元素选择器

```
    <h1>这是非常非常<span>重要</span>且<span>关键</span>的一步。</h1>
    <h1>这是真的非常<em><span>重要</span>且<span>关键</span></em>的一步。</h1>
</body>
</html>
```

上述 CSS 代码中的 h1>span 选择了 h1 元素的所有子元素 span。在第一个 h1 元素中的两个 span 为 h1 的子元素，而第二个 h1 中的两个 span 是 h1 元素的子元素的子元素，所以没有被选中，因而 CSS 样式只对第一个 h1 元素的两个 span 元素有效，即只有第一行中的"重要"和"关键"这两个词显示红色，第二行的这两个词颜色没变。上述代码在 IE11 浏览器中的运行结果如图 13-22 所示。

图 13-22　子元素选择器应用效果

在实际应用中，子元素选择器经常会配合后代选择器一起使用，下面是两者配合的一个示例。

【示例 13-23】 子元素选择器和后代选择器配合使用示例。

```
<!DOCTYPE html>
<html>
<head>
<meta charset="utf-8" />
<title>子元素选择器和后代选择器配合使用示例</title>
<style type="text/css">
div{
    margin-top:20px;
}
span{
    font-weight:bold;
}
div.title p span>span{
    color:red;
    text-decoration:underline;
}
</style>
</head>
<body>
  <div class="title">
    <p><span><span>子元素</span>选择器</span>和<span><span>后代</span>选择器</span>配
      合使用</p>
  </div>
  <div class="content">
    <p>这一节主要描述有关<span>子元素选择器</span>和<span>后代选择器</span>配合使用的相关内
      容</p>
  </div>
</body>
</html>
```

> 子元素选择器和后代选择器配合使用选择 span 元素的子元素

上述 CSS 代码中的 div.title p span 选择器为后代选择器，选择了第一个 div 中的作为 p 元素的所有后代元素 span，这些元素包括了段落文本中的"子元素""子元素选择器""后代"和"后代选择器"，div.title p span>span 选择了 p 元素的每个后代元素 span 的子元素，由此，"子元素"和"后代"分别作为后代元素"子元素选择器"和"后代选择器"的子元素，因而这两个元素显示红色和下划线样式。上述代码在 IE11 浏览器中的运行结果如图 13-23 所示。

图 13-23　子元素选择器和后代选择器配合使用效果

13.4.6　相邻兄弟选择器

如果需要选择紧接在另一个元素后的元素，而且二者有相同的父元素，则可以使用相邻兄弟选择器。相邻兄弟选择器的使用语法如下。

基本语法：

选择器 1+选择器 2　{属性 1：属性值 1；属性 2：属性值 2；…}

语法说明： "+"称为相邻兄弟结合符，在其左右两边是否有空格都正确，"选择器 1+选择器 2"的含义为选择紧接在选择器 1 指定元素后出现的选择器 2 指定的元素，且这两个元素拥有共同的父元素，例如：div+span 表示选择紧接在 div 元素后出现的 span 元素，其中 div 和 span 两个元素拥有共同的父元素。

【**示例 13–24**】相邻兄弟选择器应用示例。

```
<!DOCTYPE html>
<html>
<head>
<meta charset="utf-8" />
<title>相邻兄弟选择器应用示例</title>
<style type="text/css">          相邻兄弟选择器，结合符前后可保留空格
h1 + p {
    color:red;
    font-weight:bold;
    margin-top:50px;            相邻兄弟选择器，从
}                               第二个段落开始选择
p+p {
    color:blue;
    text-decoration:underline;
}
</style>
</head>
<body>
<h1>这是一个一级标题</h1>
<p>这是段落 1。</p>
<p>这是段落 2。</p>
<p>这是段落 3。</p>
</body>
</html>
```

上述 CSS 代码中的 h1+p 选择了 h1 元素后面的第一个 p，而 p+p 则选择了第一个 p 元素后面的各个 p 元素，因而第二个和第三个段落使用了 p+p 选择器样式，而第一个段落则使用了 h1+p 选择器样式。上述代码在 IE11 浏览器中的运行结果如图 13-24 所示。

图 13-24 相邻兄弟选择器应用效果

关于 CSS 选择器的视频讲解（CSS 中的"CSS 选择器"视频）
该视频介绍了 CSS 常用的几类选择器的相关概念、定义语法和实例等内容。

CSS 选择器

13.5 CSS 常用属性

CSS 设置网页中的各个对象的样式需要通过 CSS 属性来实现，常用的 CSS 属性有文本属性、字体属性、背景属性、列表属性、表格属性、鼠标属性、滤镜属性、盒子模型属性和定位属性。本章将详细介绍前七种属性，盒子模型属性和定位属性将在第 14 章中详细介绍。

13.5.1 文本属性

CSS 文本属性可定义文本的外观。通过文本属性，可以实现修改文本的颜色、行高、对齐方式、字符间距、段首缩进位置等属性以及修饰文本等功能。常用文本属性如表 13-4 所示。

表 13-4   常用文本属性

文本属性	属 性 值	描 述
color	命名颜色 | 颜色十六进制值 | RGB 值	设置文本的颜色
text-indent	length(常用单位 px|pt|em|%)	设置文字的首行缩进距离
line-height	length(常用单位 px|pt|em)	定义行高
letter-spacing	length(常用单位 px|pt|em)	定义每个字母或汉字之间的间距
text-decoration	underline	显示下划线
	overline	显示上划线
	line-through	显示删除线
	none	无任何修饰

文本属性	属 性 值	描 述
text-align	left	左对齐
	center	居中对齐
	right	右对齐
	justify	两端对齐
text-transform	none	默认值，对文本不作任何的改变
	uppercase	将文本中的字母全部转换为大写的字符
	lowercase	将文本中的字母全部转换为小写的字符
	capitalize	将文本中的每个单词的首字母大写
white-space	normal	默认值，空白会被浏览器忽略
	pre	空白会被浏览器保留，效果类似\<pre\>标签
	nowrap	文本不会换行，文本会在同一行上显示，直到遇到\<br\>标签为止
	pre-wrap	保留空白符序列，且正常进行换行
	pre-line	合并空白符序列，且保留换行符
	inherit	从父元素继承 white-space 属性值
word-spacing	length(常用单位 px|pt|em)	设置汉字或单词之间的空格的宽度

注：1em=16px；text-indent 取百分数时，百分数是相对于缩进元素父元素的宽度。

【示例 13-25】CSS 文本属性应用示例。

```
<!DOCTYPE html>
<html>
<head>
<meta charset="utf-8" />
<title>CSS 文本属性应用示例</title>
<style>
#text1{
    color:#03F;
    letter-spacing:6px;
    line-height:37px;
    text-decoration:underline;
    text-indent:2em;
}
#text2{
    text-align:center;
    white-space:pre-wrap;/*保留空白且正常换行*/
    text-transform:lowercase;
}
</style>
</head>
<body>
  <p id="text1">CSS 文本属性可定义文本的外观。通过文本属性，我们可以实现修改文本的颜色、行高、对
    齐方式、字符间距、段首缩进位置等属性以及修饰文本等功能。</p>
  <p id="text2">
```

设置 CSS
文本属性

```
    CSS 常用属性
    CSS 设置网页中的各个对象的样式需要通过 CSS 属性来实现，常用的 CSS 属性有文本属性、字体属性、背景属
    性、列表属性、表格属性、鼠标性、滤镜属性、盒子模型属性和定位属性。</p>
</body>
</html>
```

上述 CSS 代码中选择器 text1 设置了文本的颜色、行高、字符间距、下划线以及段首缩进样式，选择器 text2 则设置了文本的水平居中对齐以及将文本中的字母全部转换为小写形式，同时对文本进行预格式化且保持正常换行的设置。上述代码在 IE11 浏览器中的运行结果如图 13-25 所示。

图 13-25　CSS 文本属性设置样式

13.5.2　字体属性

CSS 字体属性主要用于设置字体族、大小、粗细及风格等样式，常用的字体属性如表 13-5 所示。

表 13-5　　　　　　　　　　　　　　常用 CSS 字体属性

属　　性	属　性　值	描　　述
font	除了 font 之外的其他字体属性值	把所有针对字体的属性设置放在一个声明中
font-size	xx-small、x-small、small、medium、large、x-large、xx-large	绝对字体尺寸，默认值为 medium
	smaller	相对字体尺寸，设置比父元素更小的尺寸
	larger	相对字体尺寸，设置比父元素更小的尺寸
	length	设置字体大小为一个固定的值，常用单位为 px、em
	%	设置字体大小为基于父元素的一个百分数
font-family	宋体，黑体……	设置字体族，优先级按字体族顺序从大到小
font-weight	normal	设置字体常规格式显示
	lighter	设置字体加细
	bold	设置字体加粗
	bolder	设置字体特粗
	100~900	数字 400 等价于 normal，而 700 等价于 bold
font-style	normal	字体常规格式显示
	italic	字体斜体显示
	oblique	字体倾斜显示，与 italic 效果一样

注：绝对字体尺寸根据一定的缩放因子相对正常尺寸（即 medium）发生变化，CSS2 中使用 1.2 作为缩放因子，普通文本的默认大小是 16 像素，则 large = 16*1.2px，x-large=16*1.2*1.2px，small=16/1.2px。另外，绝对字体 x-small、small、medium、large、x-large、xx-large 的大小分别与 h6~h1 标题字的大小等效。

【示例 13-26】CSS 字体属性应用示例。

```
<!DOCTYPE html>
<html>
<head>
```

```
<meta charset="utf-8" />
<title>CSS 字体属性应用示例</title>
<style type="text/css">
p{
    font-family:"楷体","宋体";
    font-size:1.5em;
    font-weight:500;
    font-style:italic;
}
</style>
</head>
<body>
    <p>绝对字体尺寸根据一定的缩放因子相对正常尺寸(即 medium)发生变化, CSS2 中使用 1.2 作为缩放因子,
    普通文本的默认大小是 16 像素, 则 large = 16*1.2px,small=16/1.2px。</p>
</body>
</html>
```

设置 CSS 字体属性

上述 CSS 代码使用了 CSS 字体属性分别设置了文本字体族、字体大小、粗细和倾斜样式。上述代码在 IE11 浏览器中的运行结果如图 13-26 所示。

图 13-26　CSS 字体属性设置样式

13.5.3　背景属性

CSS 的背景属性主要用于设置对象背景颜色或背景图片以及背景图片的拉伸方向及其位置等样式, 常用的背景属性如表 13-6 所示。

表 13-6　　　　　　　　　　　　　　　　CSS 背景属性

属　性	属　性　值	描　　述
background	除 background 之外的任何的背景属性值	将背景属性设置在一个声明中
background-color	颜色值	设置元素的背景颜色
background-image	url(image_file_path) | inherit	设置元素的背景图像
background-attachment	scroll | fixed | inherit	设置背景图像是固定亦或随着页面滚动, 默认是滚动
background-repeat	repeat-x	设置图像横向重复
	repeat-y	设置图像纵向重复
	repeat	默认值, 设置图像横向及纵向重复
	no-repeat	设置图像不重复
background-position	left	背景图像居左放置
	right	背景图像居右放置
	center	背景图像居中放置
	top	背景图像向上对齐
	bottom	背景图像向下对齐

【示例 13-27】CSS 背景属性应用示例。

```
<!DOCTYPE html>
```

```
<html>
<head>
<meta charset="utf-8">
<title>CSS 背景属性应用示例</title>
<style type="text/css">
body{
    /*background-color:#6CF;*/
    background-image:url(../images/g03.JPG);
    background-attachment:fixed;
}
</style>
</head>
<body>
<h2>李开复给大学生的第三封信</h2>
大学四年每个人都只有一次，大学四年应这样度过 ……<br>
自修之道：从举一反三到无师自通 <br>
记得我在哥伦比亚大学任助教时，曾有位中国学生的家长向我抱怨说：
"你们大学里到底在教些什么？我孩子读完了大二计算机系，
居然连 VisiCalc[1]  都不会用。"
我当时回答道：电脑的发展日新月异。我们不能保证大学里所教的任何一项
技术在五年以后仍然管用，我们也不能保证学生可以学会每一种技术和工具。我们能保证的是，你的孩子 将学会
思考，并掌握学习的方法，这样，
无论五年以后出现什么样的新技术或新工具，你的孩子都能游刃有余。"<br>
……
</body>
</html>
```

> 设置 CSS
> 背景属性

上述 CSS 代码通过 background-attachment:fixed 使背景图像固定，即不随滚动条的滚动而滚动，在 IE11 浏览器中的运行结果如图 13-27 和图 13-28 所示。需要注意的是，如果同时设置背景图片和背景颜色，那么背景图像将会履盖背景颜色。

图 13-27　没有拖动滚动条之前的效果

图 13-28　拖动滚动条之后的效果

从图 13-27 和图 13-28 可看出，当设置了 background-attachment:fixed 样式后，滚动条滚动时，背景图像并没有随着滚动。

13.5.4　列表属性

CSS 列表属性主要用于设置列表项目类型以及列表项的放置位置，常用的列表属性如表 13-7 所示。

表 13-7   常用 CSS 列表属性

属　　性	属　性　值	描　　　述
list-style	其他任意的列表属性值	用于把所有用于列表的属性设置于一个声明中
list-style-image	image_url	将图片设置为列表项前导符
list-style-position（决定列表项目放置位置）	outside	默认值，列表项导符放置在文本以外
	inside	列表项目前导符放置在文本以内，占用列表项宽度
list-style-type（设置列表项目类型）	disc	默认值，在列表项前添加 "·" 实心圆点
	circle	在列表项前添加 "○" 空心圆点
	square	在列表项前添加 "■" 实心方块
	decimal	在列表项前添加普通的阿拉伯数字
	lower-roman	在列表项前添加小写的罗马数字
	upper-roman	在列表项前添加大写的罗马数字
	lower-alpha	在列表项前添加小写的英文字母
	upper-alpha	在列表项前添加大写的英文字母
	none	在列表项前不添加任何的项目符号或编号

【示例 13-28】CSS 列表属性应用示例。

```
<!DOCTYPE html>
<html>
<head>
<meta charset="utf-8">
<title>CSS 列表属性应用示例</title>
<style type="text/css">
ul{
    list-style-image:url(../images/arrow.gif);
    list-style-position:inside;
}
ol{
    list-style-type:circle;
    list-style-position:outside;
}
</style>
</head>
<body>
    <ol><u>网页制作软件</u>
    <li>Dreamweaver</li>
    <li>FrontPage</li>
    <li>Golive</li>
    </ol>
    <ul><u>图像设计软件</u>
    <li>Photoshop</li>
    <li>Illustrator</li>
    <li>CorlDraw</li>
    </ul>
</body>
</html>
```

将无序列表项前导符修改为图片，并将项目前导符放到列表项中

将有序列表项目前导符修改为空心圆点，并将项目前导符放到列表项外面

上述 CSS 代码分别修改无序列表和有序列表的项目前导符类型以及项目前导符的放置位置。上述代码在 IE11 浏览器中的运行结果如图 13-29 所示。

在实际应用中，常常使用列表和列表 CSS 属性来创建横向、纵向菜单以及图文横排等效果，示例代码分别如下所示。

【示例 13-29】使用列表和列表 CSS 属性创建纵向菜单。

图 13-29　CSS 列表属性应用效果

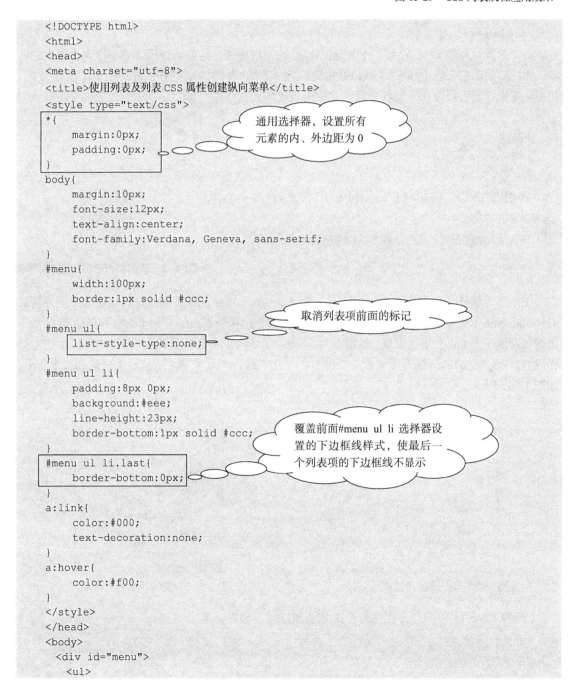

```
<!DOCTYPE html>
<html>
<head>
<meta charset="utf-8">
<title>使用列表及列表 CSS 属性创建纵向菜单</title>
<style type="text/css">
*{
    margin:0px;
    padding:0px;
}
body{
    margin:10px;
    font-size:12px;
    text-align:center;
    font-family:Verdana, Geneva, sans-serif;
}
#menu{
    width:100px;
    border:1px solid #ccc;
}
#menu ul{
    list-style-type:none;
}
#menu ul li{
    padding:8px 0px;
    background:#eee;
    line-height:23px;
    border-bottom:1px solid #ccc;
}
#menu ul li.last{
    border-bottom:0px;
}
a:link{
    color:#000;
    text-decoration:none;
}
a:hover{
    color:#f00;
}
</style>
</head>
<body>
  <div id="menu">
    <ul>
```

通用选择器，设置所有元素的内、外边距为 0

取消列表项前面的标记

覆盖前面#menu ul li 选择器设置的下边框线样式，使最后一个列表项的下边框线不显示

```
        <li><a href="#">菜单项 1</a></li>
          <li><a href="#">菜单项 2</a></li>
          <li><a href="#">菜单项 3</a></li>
          <li><a href="#">菜单项 4</a></li>
          <li><a href="#">菜单项 5</a></li>
          <li class="last"><a href="#">菜单项 6</a></li>
        </ul>
    </div>
</body>
</html></body>
</html>
```

ul 元素默认存在 16px 的上下外边距和 40px 的左内边距，这些属性值对菜单样式有很大的影响，因此应取消它们。上述 CSS 代码通过通用选择器*的设置将 ul 的内、外边距全部设置为 0。使用通用选择器重新设置元素的默认样式称为重置样式。

有关重置样式的视频讲解（CSS 中的"CSS 3-商城首页的结构与布局解析"视频）

该视频介绍了重置样式的几种方法和实例等内容。

CSS 3-商城首页的结构与布局解析

无序列表默认显示实心圆点的前导符，通过 list-style-type:none，使无序列表不显示前导符。另外，div#menu 设置了边框线，li 也设置了下边框线，这样最下面的 li 的下边框线就会和 ul 的下边框线合成一个 2px 的下边框线，如图 13-30 所示。为此应取消最下面的 li 的下边框线，上述 CSS 代码通过#menu ul li.last 选择器将最下面的 li 的下边框线设为 0 覆盖之前的设置来达到这个需求，如图 13-31 所示。

图 13-30　纵向菜单下边框线为 2px

图 13-31　纵向菜单下边框线为 1px

【示例 13-30】使用列表和列表 CSS 列表属性创建横向菜单。

```
<!DOCTYPE html>
<html>
<head>
```

```
<meta charset="utf-8">
<title>使用列表及列表CSS属性创建横向菜单</title>
<style type="text/css">
*{
    margin:0px;
    padding:0px;
}
body{
    font-size:12px;
    text-align:center;
    font-family:Verdana, Geneva, sans-serif;
}
#menu{
    width:500px;
}
#menu ul{
    background:#eee;
    list-style-type:none;/*取消列表项前面的前导符*/
}
#menu ul li{
    display:inline;
    padding:0px 12px;
    line-height:36px;
    border-right:1px solid #ccc;
}
#menu ul li.last{
    border-right:0px;/**/
}
a:link{
    color:#000;
    text-decoration:none;
}
a:hover{
    color:#f00;
}
</style>
</head>
<body>
  <div id="menu">
    <ul>
    <li><a href="#">菜单项 1</a></li>
      <li><a href="#">菜单项 2</a></li>
      <li><a href="#">菜单项 3</a></li>
      <li><a href="#">菜单项 4</a></li>
      <li><a href="#">菜单项 5</a></li>
      <li class="last"><a href="#">菜单项 6</a></li>
    </ul>
  </div>
</body>
</html></body>
</html>
```

将列表项由块级元素修改为行内元素

覆盖前面#menu ul li 选择器设置的右边框线样式，使最后一个列表项的右边框线不显示

ul 元素默认内外边距属性值和无序列表默认的前导符类型跟示例 13-29 完全一样设置。为了

将纵向排列的各个列表项变成横向排列，需要使用 display:inline 代码，使列表项由块级元素变为行内元素。另外，li 设置显示右边框线，这样最右面的菜单项将显示一条边框线，如图 13-32 所示，这样的效果很难看，为此应取消最右边的 li 的右边框线。上述 CSS 代码通过#menu ul li.last 选择器将最右边的 li 的边框线设为 0，覆盖之前的设置来达到这个需求，如图 13-33 所示。

图 13-32　横向菜单最右边显示边框线

图 13-33　横向菜单最右边没有显示边框线

【示例 13-31】使用列表和列表 CSS 属性实现图文横排。

```
<!DOCTYPE html>
<html>
<head>
<meta charset="utf-8">
<title>使用列表及列表 CSS 属性实现图文横排</title>
<style type="text/css">
*{
    margin:0px;
    padding:0px;
}
body{
    font-size:12px;
    text-align:center;
    font-family:Verdana, Geneva, sans-serif;
}
#pic{
    width:600px;
}
#pic ul{
    background:#eee;
    list-style-type:none;/*取消列表项前面的前导符*/
}
#pic ul li{
    display:inline-block;
    margin:10px 20px;
}
</style>
</head>
<body>
```

将列表项由块级元素修改为行内块级元素

```
<div id="pic">
  <ul>
      <li><img src="../images/cup.gif"/><br/>cup1</li>
      <li><img src="../images/cup.gif"/><br/>cup2</li>
      <li><img src="../images/cup.gif"/><br/>cup3</li>
      <li><img src="../images/cup.gif"/><br/>cup4</li>
      <li><img src="../images/cup.gif"/><br/>cup5</li>
      <li><img src="../images/cup.gif"/><br/>cup6</li>
  </ul>
 </div>
</body>
</html>
```

ul 元素默认内外边距属性值和无序列表默认的前导符类型跟示例 13-29 完全一样设置。为了将纵向排列的各个列表项变成横向排列，同时可调节各个横向排列的列表的四个方向的外边距，需要将块级元素的 li 变为行内块级元素，因而在 CSS 代码中设置 display:inline-block。上述代码在 IE11 浏览器中运行的效果如图 13-34 所示。

图 13-34　使用列表及列表 CSS 属性实现图文横排效果

13.5.5　表格属性

CSS 表格属性主要用于设置表格边框是否会显示单一边框、单元格之间的间距以及表格标题位置等样式，常用的表格属性如表 13-8 所示。

表 13-8　　　　　　　　　　　　常用 CSS 表格属性

属　　性	属　性　值	描　　　述
border-collase	separate	默认值，表格边框和单元格边框会分开
	collapse	表格边框和单元格边框会合并为一个单一的边框
border-spacing	length [length]	规定相邻单元格的边框之间的距离，单位可取 px、cm 等；如果定义一个 length 参数，则该值同时定义了相邻单元格之间的水平和垂直间距；如果定义两个 length 参数，那么第一个参数设置相邻单元格之间的水平间距，而第二个参数设置相邻单元格的垂直间距
caption-side	top	默认值，表格标题设置在表格上面
	bottom	表格标题设置在表格下面
table-layout	automatic	默认值，单元格宽度由单元格内容设定
	fixed	单元格宽度由表格宽度和单元格宽度设定

【示例 13-32】CSS 表格属性应用示例。

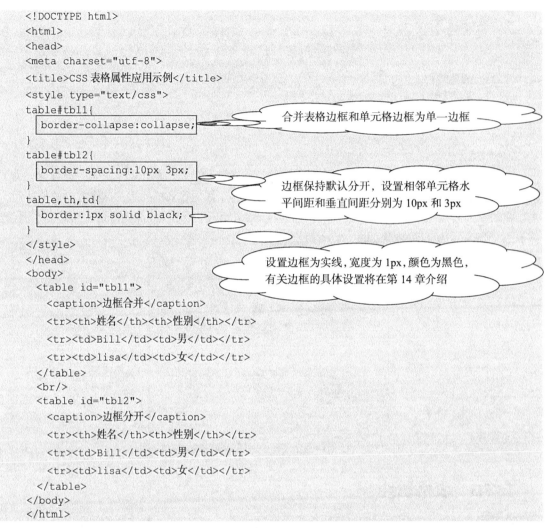

```
<!DOCTYPE html>
<html>
<head>
<meta charset="utf-8">
<title>CSS表格属性应用示例</title>
<style type="text/css">
table#tbl1{
    border-collapse:collapse;          合并表格边框和单元格边框为单一边框
}
table#tbl2{
    border-spacing:10px 3px;           边框保持默认分开，设置相邻单元格水
}                                       平间距和垂直间距分别为 10px 和 3px
table,th,td{
    border:1px solid black;
}
</style>
</head>
<body>                                  设置边框为实线，宽度为 1px，颜色为黑色，
    <table id="tbl1">                   有关边框的具体设置将在第 14 章介绍
    <caption>边框合并</caption>
    <tr><th>姓名</th><th>性别</th></tr>
    <tr><td>Bill</td><td>男</td></tr>
    <tr><td>lisa</td><td>女</td></tr>
    </table>
    <br/>
    <table id="tbl2">
    <caption>边框分开</caption>
    <tr><th>姓名</th><th>性别</th></tr>
    <tr><td>Bill</td><td>男</td></tr>
    <tr><td>lisa</td><td>女</td></tr>
    </table>
</body>
</html>
```

上述 CSS 代码中的 table#tbl1 选择器将表格边框和单元格边框合并为单一边框，标题样式保持默认设置；table#tbl2 选择器设置了相邻单元格水平间距和垂直间距分别为 10px 和 3px，而表格边框和单元格边框保持默认分开，标题样式也保持默认样式。如果希望第二个表格的相邻单元格水平间距和垂直间距都为 3px，则只需修改为 border-spacing:3px 即可。上述代码在 IE11 浏览器中的运行结果如图 13-35 所示。

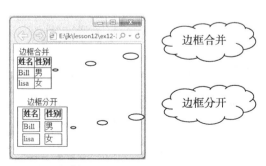

图 13-35　CSS 表格属性应用效果

极客学院
jikexueyuan.com

有关 CSS 常用属性的视频讲解（CSS 中的"CSS 基本样式讲解"视频）
该视频介绍了 CSS 的一些常用属性的使用实例等内容。

CSS 基本样式讲解

13.6　在 HTML 文档中应用 CSS

　　CSS 是用来格式化 HTML 页面对象的，但这一目的只有在 CSS 和 HTML 页面存在关联关系时才能达到。CSS 和 HTML 页面关联的方式有四种，分别为行内式、内嵌式、链接式和导入式。本节将详细介绍这四种关联方式，并探讨关于 CSS 冲突的问题。

13.6.1　行内式

　　行内式是一种最简单的应用样式方式，它通过对 HTML 标签使用 style 属性，将 CSS 代码直接写在标签里，使用语法如下所示。

　　基本语法：

```
<标签名 style="属性1：属性值1；属性2：属性值2；…" …>
```

　　语法说明：标签名可以是任何可见对象的标签名称，对该对象的所有样式设置使用分号连接在一行作为 style 的属性值。

　　【示例 13-33】在 HTML 文档中使用行内式应用 CSS。

```
<!DOCTYPE html>
<html>
<head>
<meta charset="utf-8">
<title>行内式应用 CSS 示例</title>
</head>
<body>
  <p style="color:#F00;font-size:20px;text-decoration:underline;">行内式应用 CSS 示例
  1</p>
  <p style="color:#03F;font-size:26px;font-style:italic;">行内式应用 CSS 示例 2</p>
  <p style="color:#93C;font-size:33px;font-weight:bolder;">行内式应用 CSS 示例 3</p>
  <p style="color:#F00;font-size:20px;text-decoration:underline;">行内式应用 CSS 示例
  4</p>
</body>
</html>
```

在 p 标签中直接使用 style 属性添加 CSS 代码

　　上述代码分别在四个 p 标签中使用 style 属性添加 CSS 代码，从而对每个 p 标签实现样式设置。上述代码在 IE11 浏览器中的运行结果如图 13-36 所示。

从图 13-36 可看出四个段落的样式彼此独立，相互不影响，这正是行内式应用 CSS 的一个优点，即可以实现单独设置某个标签的样式。然而从另一方面来说这个优点也是它的缺点，即样式代码不能复用。图 13-36 中，第一个段落和第四个段落的样式完全一样，但样式代码却需要在两个 p 标签中重复设置。在实际应用中，一个页面或不同的页面中，同样的样式可能会出现在许多地方，使用行内式需要重复在不同的标签里进行相同的样式设置，这给开发人员和维护人员都带来很多的问题，解决这个问题可以使用其他三种方式。

图 13-36 在 HTML 文档中使用
行内式应用 CSS

13.6.2 内嵌式

内嵌式应用 CSS 可以在同一页面中实现样式重用，这种方式通过在头部区域内使用 style 标签将 CSS 样式嵌入到 HTML 文档，使用格式如下所示。

基本语法：

```
<style type="text/css">
    CSS 样式定义
</style>
```

语法说明：所有页面需要使用的 CSS 样式代码全放在<style>标签对之间，"type=text/css"用于定义文件的类型是样式表文本文件。在 HTML5 中，可以省略 type 属性。

【示例 13-34】在 HTML 文档中使用内嵌方式应用 CSS。

```
<!DOCTYPE html>
<html>
<head>
<meta charset="utf-8">
<title>内嵌式应用 CSS 示例</title>
<style type="text/css">
 p{
    color:#03F;
    font-size:26px;
    font-style:italic;
 }
</style>
</head>
<body>
    <p>内嵌式应用 CSS 示例 1</p>
    <p>内嵌式应用 CSS 示例 2</p>
    <p>内嵌式应用 CSS 示例 3</p>
</body>
</html>
```

使用<style>标签嵌入 CSS 样式代码

上述代码的头部区域中使用<style>标签嵌入了一个对段落对象的 CSS 样式代码，这些代码对整个 HTML 页面都有效，实现对页面中三个段落对象的统一样式设置。上述代码在 IE11 浏览器中的运行结果如图 13-37 所示。

图 13-37 中三个段落对象具有相同的样式，使用

图 13-37 在 HTML 文档中使用内嵌式应用 CSS

内嵌入式应用 CSS 样式时，只需在头部区域定义一次就可以了。可见，内嵌式应用 CSS 可以实现在同一个页面中重用 CSS，统一设置单个网页的样式。内嵌式应用 CSS 的缺点是不便于统一设置多个网页的样式，需要统一设置多个网页的样式时，需要使用下面将介绍的链接或导入方式来应用 CSS。

13.6.3　链接式

如果希望在多个页面重用 CSS，则需要使用链接或导入的方式应用 CSS。链接式应用 CSS 通过在页面的头部区域使用<link>标签链接一个外部 CSS 文件，链接格式如下所示。

基本语法：

```
<link rel="stylesheet" type="text/css" href="css 文件"/>
```

语法说明： rel="stylesheet"用于定义链接的文件和 HTML 文档之间的关系，属性 href 用于指定所链接的 CSS 文件，CSS 文件的扩展名为 css。

【示例 13-35】在 HTML 文档中使用链接方式应用 CSS：在 ex13-36.html 文件中链接外部 CSS13-1.css。

（1）ex13-35.html 文件源代码。

```
<!DOCTYPE html>
<html>
<head>
<meta charset="utf-8">
<title>链接式应用 CSS 示例</title>
<link rel="stylesheet" type="text/css" href="13-1.css"/>
</head>
<body>
    <h1>一级标题</h1>
    <p>段落一</p>
    <p>段落二</p>
</body>
</html>
```

使用link标签将13-1.css链接到当前文件

（2）13-1.css 文件源代码。

```
p{
    font-size:26px;
    text-decoration:underline;
}
h1{
    color:#03F;
}
```

13-1.css 代码分别对 p 和 h1 两个对象设置样式，这些样式设置通过 ex13-35.html 文件中的<link>标签被应用到了 HTML 文件中的 p 和 h1 对象上。上述代码在 IE11 浏览器中的运行结果如图 13-38 所示。

链接式应用 CSS 方法的最大特点是将 CSS 代码和 HTML 代码分离，这样就可以实现将一个 CSS 文件链接到不同的 HTML 网页中，比如其他 HTML

图 13-38　在 HTML 文档中使用链接式应用 CSS

文件中也需要设置 13-1.css 文件的样式，此时只需在每个 HTML 文件中使用<link>标签进行 13-1.css 文件的链接即可。可见，使用链接方式应用 CSS 可以最大限度地重用 CSS 代码。我们可以在制作网站时，将多个页面都会用到的 CSS 样式定义在一个或多个 .css 文件中，然后在需要用到该样式的 HTML 网页中通过<link>标签链接这些 .css 文件，这样的做法可极大地降低整个网站的页面代码冗余并提高网站的可维护性。

13.6.4 导入式

要在多个页重用 CSS，除了使用链接方式外，还可以使用导入 CSS 文件的方式来实现。导入式应用 CSS 通过在页面的头部区域使用<style>标签导入一个外部 CSS 文件，导入格式如下所示。

基本语法：

```
<style type="text/css">
  @import url("CSS 样式文件名");
  其他样式代码
</style>
```

语法说明： CSS 样式文件使用@import 来导入，导入语句后面必须加上分号。另外，导入语句必须放在任何 CSS 定义语句前面，否则导入语句无效。

【示例 13-36】在 HTML 文档中使用导入方式应用 CSS。

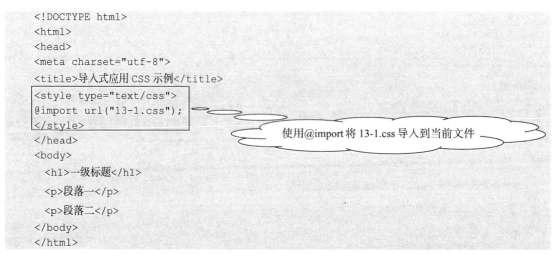

```
<!DOCTYPE html>
<html>
<head>
<meta charset="utf-8">
<title>导入式应用 CSS 示例</title>
<style type="text/css">
@import url("13-1.css");
</style>
</head>
<body>
  <h1>一级标题</h1>
  <p>段落一</p>
  <p>段落二</p>
</body>
</html>
```

使用@import 将 13-1.css 导入到当前文件

示例 13-36 使用导入方式将 13-1.css 导入到当前 HTML 文件，运行结果与示例 13-35 完全相同。

导入式应用 CSS 具有和链接式应用 CSS 方法一样的优点，在此不赘述。

13.6.5 CSS 的冲突与解决

当多个 CSS 样式应用到同一个元素时，这些样式之间可能存在对同一个属性的不同格式设置。例如，对一个 div 元素，同时定义了两个样式：div{color:red}和#div{color:blue}，此时，div 元素是显示红色还是蓝色呢？很显然，div 元素的这两个不同的颜色样式的定义发生了冲突。在显示时，浏览器如何解决 CSS 冲突呢？答案是：浏览器通过遵循下述原则来解决 CSS 冲突。

（1）优先级原则；

（2）最近原则；

（3）同一属性的样式定义，后面定义的样式会覆盖前面定义的样式。

● "优先级原则"指的是优先级最高的样式有效。样式的优先级由样式类型和选择器决定。CSS 规范对不同类型的样式的优先级的规定为：行内式样式>内嵌式样式 | 链接外部样式，即行内式样式的优先级最高，而内嵌式样式和链接外部样式的优先级由它们出现的位置决定，谁出现在后面，谁的优先级就高。在同样类型的样式中，选择器之间也存在不同的优先级。选择器的优先级规定为：ID 选择器>class 选择器 | 伪类选择器 | 属性选择器>元素选择器 | 伪元素选择器>通配符选择器 | 子选择器选择器 | 相邻兄弟选择器，即 ID 选择器的优先级最高。

● "最近原则"主要是针对继承样式，越靠近格式化的元素的父类样式，优先级越高。例如：<div><p>...</p></div>，p 元素的样式优于 div 元素样式。

此外，把 ! important 加在样式的后面，可以提升样式的优先级为最高级（高过内联样式）。

【示例 13-37】CSS 冲突示例。

```
<!DOCTYPE html>
<html>
<head>
<meta charset="utf-8">
<title>CSS 冲突示例</title>
<style type="text/css">
 p{color:#F00;}
 .a1{color:#0C0;}
 .a2{color:#F0F;}
 #txt{color:#00F;}
</style>
</head>
<body>
  <p>示例内容 1</p>
  <p class="a1" id="txt">示例内容 2</p>
  <p class="a2" style="color:#9FF">示例内容 3</p>
  <p class="a1">示例<span class="a2">内容 4</span></p>
</body>
</html>
```

上述 CSS 代码中，"示例内容 2"的样式发生类样式、元素样式和 ID 样式冲突，按优先级规则，ID 样式有效；"示例内容 3"的样式发生行内样式和内嵌样式冲突，按优先级规则，行内式样式有效；"示例内容 4"的样式发生类样式和元素样式冲突，按优先级规则，类样式有效。另外其中的"内容 4"的样式同时存在两个类样式，按最近原则，a2 类样式有效。上述代码在 IE11 浏览器中的运行结果如图 13-39 所示。

图 13-39　CSS 冲突与解决

习题 13

1. 填空题

（1）CSS 的全称是_____，中文意思是_____，是一种_____的标准方式，可实现_____和网页内容的分离。

（2）定义 CSS 的基本语法是_____。

2. 简述题

（1）CSS 基本选择器包括哪些？分别写出它们的选择器表示形式。

（2）CSS 复合选择器包括哪些？分别写出各类复合选择器表示形式。

（3）CSS 常用属性有哪些？简述各类属性的作用。

（4）在 HTML 文档中应用 CSS 的方式有哪些？它们分别是怎样应用样式的，举例说明。

（5）简述解决 CSS 冲突的规则。

3. 上机题

上机演示本章中的示例 13-29、示例 13-30、示例 13-31，要求将所有 CSS 代码放到一个外部 CSS 文件中，然后使用链接方式将 CSS 文件链接到 HTML 文件中。

第14章
盒子模型及盒子的 CSS 排版

CSS 布局是 Web 标准推荐的网页布局方式，使用 CSS 布局涉及一个称为"盒子模型"的重要概念。对网页元素的布局其实就是对一个个盒子的布局，使用 CSS 对盒子布局有三种方式，即：普通流排版、浮动排版和定位排版。本章将详细介绍盒子模型的相关内容及盒子的 CSS 的三种排版方式。

14.1　盒子模型

所谓盒子模型，其实就是在网页设计中进行 CSS 样式设置所使用的一种思维模型。盒子模型是 CSS 布局页面元素的一个重要概念，只有掌握了盒子模型，才能让 CSS 很好地控制页面上每一个元素，达到我们想要的任何一个效果。

14.1.1　盒子模型的组成

在盒子模型中，页面上的每个元素都被浏览器看成是一个矩形的盒子，它占据一定的页面空间，在其中放着特定的内容。在该模型中，每个页面就是由大大小小许多盒子通过不同的排列方式（上下排列、并列排列、嵌套排列）堆积而成，这些盒子互相之间彼此影响。因此，我们既需要理解每个盒子内部的机构，又需要理解盒子之间的关系以及互相的影响。盒子模型由 content（内容）、border（边框）、padding（内边距）、margin（外边距）共 4 个部分组成，如图 14-1 所示。从图 14-1 可看出，盒子的 content 由 width 和 height 控制，内容的上下左右同时存在边框、内边距和外边距属性。因而一个盒子实际在页面上占据的空间是由"内容+内边距+外边距+边框"组成的。我们可以通过设定盒子的 border、padding 和 margin 来调节盒子的位置以及大小。下面将一一介绍盒子的 border、padding 和 margin 的设置。

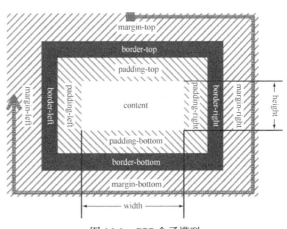

图 14-1　CSS 盒子模型

14.1.2　盒子的边框（border）设置

盒子边框 border 包围了盒子的内边距和内容，形成盒子的边界。border 会占据空间，所以在排版计算时要考虑 border 的影响。

border 的属性有 3 个，分别是颜色（color）、宽度（width）和样式（style）。设置 border 就是对这 3 个属性进行设置，它们配合好才能达到良好的效果。使用 CSS 设置盒子的边框样式时，既可以在一条样式代码中同时对盒子的四条边框或某个方向的边框进行颜色、宽度和样式的设置，也可以在一条样式代码中同时对四条边框或某个方向的边框的某一个属性进行设置。设置边框样式的属性如表 14-1 所示。

表 14-1　　　　　　　　　　　　　　　　　边框属性

属　　性	属　性　值	描　　　述
border	color_value、width_value、style	简写属性，用于在一个声明中设置四个边框的颜色、宽度和样式
border-style	style	简写属性，用于设置所有边框的样式，或单独地为各边设置边框样式
border-width	width_value	简写属性，用于设置所有边框的宽度，或单独地为各边设置边框宽度
border-color	color_value	简写属性，用于设置所有边框的颜色，或单独地为各边设置边框颜色
border-top	color_value、width_value、style	简写属性，用于在一个声明中设置上边框的颜色、宽度和样式
border-top-color	color_value	用于设置上边框的颜色
border-top-width	width_value	用于设置上边框的宽度
border-top-style	style	用于设置上边框的样式
border-right	color_value、width_value、style	简写属性，用于在一个声明中设置右边框的颜色、宽度和样式
border-right-color	color_value	用于设置右边框的颜色
border-right-width	width_value	用于设置右边框的宽度
border-right-style	style	用于设置右边框的样式
border-bottom	color_value、width_value、style	简写属性，用于在一个声明中设置下边框的颜色、宽度和样式
border-bottom-color	color_value	用于设置下边框的颜色
border-bottom-width	width_value	用于设置下边框的宽度
border-bottom-style	style	用于设置下边框的样式
border-left	color_value、width_value、style	简写属性，用于在一个声明中设置左边框的颜色、宽度和样式
border-left-color	color_value	用于设置左边框的颜色
border-left-width	width_value	用于设置左边框的宽度
border-left-style	style	用于设置左边框的样式

注：属性值中的"color_value"可取命名颜色或颜色十六进制值或 RGB 值；"width_value"可取 thin（细边框）、meduim（中等边框，默认值）、thick（粗边框）或指定某个具体值，前三个关键字代表的值由浏览器决定，比如有些浏览器的取值可能分别为 2px、3px 和 5px，有些浏览器的取值却可能分别为 1px、2px 和 3px，为了兼容各个浏览器，建议取某个具体值；"style"的取值体现了边框的不同外观，可取的值如表 14-2 所示。

表 14-2　　　　　　　　　　　　　　　　　边框 style 属性值

属　性　值	描　　　　述
none	设置无边框
dotted	设置边框为点状
dashed	设置边框为虚线
solid	设置边框为实线
double	设置边框为双实线
groove	设置边框为 3D 凹槽，其效果取决于 border-color 的值
ridge	设置边框为 3D 垄状，其效果取决于 border-color 的值
inset	设置边框内嵌一个立体边框，其效果取决于 border-color 的值
outset	设置边框外嵌一个立体边框，其效果取决于 border-color 的值
inherit	指定从父元素继承边框样式

【示例 14-1】设置盒子边框样式。

```
<!DOCTYPE html>
<html>
<head>
<meta charset="utf-8">
<title>设置盒子边框样式</title>
<style type="text/css">
#dotted{
    border:6px dotted red;
}
#dashed{
    border:6px dashed red;
    border-bottom-color:blue;
}
#solid{
    border-width:6px;
    border-style:solid;
    border-color:red;
}
#double{
    border-width:6px;
    border-style:double;
    border-color:red blue;
}
#groove{
    border-width:6px;
    border-style:groove;
    border-color:red blue green;
}
#ridge{
    border-width:6px;
    border-style:ridge;
    border-color:red blue green pink;
}
#inset{
    border-width:6px;
```

```
        border-style:inset;
        border-color:red blue green pink;
    }
    #outset{
        border-width:6px;
        border-style:outset;
        border-color:red blue yellow pink;
    }
    </style>
    </head>
    <body>
        <p id="none">none 边框</p>
        <p id="dotted">dotted 边框</p>
        <p id="dashed">dashed 边框</p>
        <p id="solid">solid 边框</p>
        <p id="double">double 边框</p>
        <p id="groove">groove 边框</p>
        <p id="ridge">ridge 边框</p>
        <p id="inset">inset 边框</p>
        <p id="outset">outset 边框</p>
    </body>
    </html>
```

上述 CSS 代码对盒子的边框设置了多种样式，在 IE11 浏览器中的运行结果如图 14-2 所示。

上面示例设置边框属性的 CSS 代码中存在以下几种设置形式。

1. 在一条 CSS 声明中同时设置边框的宽度、颜色和样式

此时只需使用简写属性 border、border-top、border-right、border-bottom、border-left 来设置。对这些属性需同时设置宽度、颜色和样式的值，不同值之间使用空格分隔，这三个值的放置顺序随便。例如使用 border 设置四条边框具有相同的宽度、颜色和样式的 CSS 代码如下：

图 14-2 盒子边框样式设置效果

```
border:6px dotted red;
```

上述 CSS 代码设置了盒子的 4 条边框为 6 像素宽度的红色点状线。如果要设置某条边框的这三个属性，则只需将 border 换成对应方向的边框即可，如要设置上边框，则换成 border-top 即可。

2. 在一条 CSS 声明中只设置四条边框的某个属性

在一条 CSS 声明中可以针对边框宽度、颜色和样式单独对四条边框进行设置，此时属性的取值个数可以是 1、2、3、4 个。当设置 1 个属性值时，表示四条边框具有同样的样式；当设置 2 个属性值时，第一个值表示上、下边框的属性值，第二个值表示左、右边框的属性值；当设置 3 个属性值时，第一个值表示上边框的属性值，第二个值表示左、右边框的属性值，第三个值表示下边框属性值；当设置 4 个属性值时，将按顺时针方向依次设置上、右、下、左边框的属性值。这四种取值形式的 CSS 代码示例如下：

```
border-color:red;
border-color:red blue;
```

```
border-color:red blue green;
border-color:red blue green pink;
```

上述 CSS 代码中，第一行代码设置四条边框的颜色都为红色；第二行代码设置上、下边框的颜色为红色，左、右边框的颜色为蓝色；第三行代码设置上边框的颜色为红色，左、右边框的颜色为蓝色，下边框的颜色为绿色；第四行代码设置上、右、下、左边框的颜色分别为红色、蓝色、绿色和粉色。

3．在一条 CSS 声明中只设置一条边框的某个属性

此时需要使用具体指定设置某个属性的某个方向的边框来设置，例如只设置下边框的颜色为蓝色的 CSS 代码如下：

```
border-bottom-color:blue;
```

4．对一条边框设置与其他边框不同的样式

如果有一条边框具有和三条边框不相同的样式，则此时可以使用两条 CSS 声明来实现，其中第一条使用简写属性，第二条使用具体属性，即该名称指明了是哪个方向的边框且其要设置的属性。例如要设置盒子的 4 个边框是宽度为 6 像素的虚线，并且上、右、左边框为红色，下边框为蓝色的 CSS 代码如下：

```
border:6px dashed red;
border-bottom-color:blue;
```

上述 CSS 代码，首先是用第一行代码统一设置四条边框的宽度、颜色和样式，然后再使用第二行代码重新设置下边框的颜色，以覆盖第一行代码对下边框的颜色设置。

14.1.3　盒子的内边距（padding）设置

盒子 padding 定义了边框和内容之间的空白区域，该空白区域称为盒子的内边距。内边距跟边框一样，分为上、右、下、左四个方向的内边距，对这些边距的设置可以使用对应方向的属性来一一设置，也可以使用 padding 属性统一设置各个方向的内边距。有关内边距的属性如表 14-3 所示。

表 14-3　　　　　　　　　　　　　　　　内边距属性

属　　性	属　性　值	描　　　　述
padding	length|%|inherit	简写属性，用于在一个声明中设置四个方向的内边距
padding-top	length|%|inherit	用于设置上内边距
padding-right	length|%|inherit	用于设置右内边距
padding-left	length|%|inherit	用于设置左内边距
padding-bottom	length|%|inherit	用于设置下内边距

注：length 表示使用像素、厘米等单位的某个正数数值；%表示使用基于父元素的宽度的百分比；inherit 表示从父元素继承内边距。

和边框使用简写属性可以指定 1、2、3、4 个属性值来设置样式类似，简写属性 padding 也可以这样取值，设置的效果如下所述。

（1）指定 1 个属性值：设置上、下、左、右 4 个方向内边距。

（2）指定 2 个属性值：第一个值设置上、下内边距，第二个值设置左、右内边距。

（3）指定 3 个属性值：第一个值设置上内边距，第二个值设置左、右内边距，第三个值设置

下内边距。

（4）指定 4 个属性值：各个值按顺时针方向依次设置上、右、下、左内边距。

如果需要单独设置某一方向的内边距，可以使用 padding-top、padding-right、padding-bottom、padding-left 来设置。

【示例 14-2】设置盒子内边距。

```html
<!DOCTYPE html>
<html>
<head>
<meta charset="utf-8">
<title>设置盒子内边距</title>
<style type="text/css">
.t1{padding: 1cm;}
.t2{padding:0.5cm 2cm;}
.t3{padding:0.5cm 2cm 1cm;}
.t4{padding:0.5cm 1.5cm 1cm 2cm;}
.t5{
    padding-top:0.5cm;
    padding-right:1.5cm;
    padding-left:2cm;
    padding-bottom:1cm;
}
</style>
</head>
<body>
  <table border="1">
    <tr><td class="t1">使用简写属性设置单元格的每个边拥有 1cm 的内边距。</td></tr>
  </table>
    <table border="1">
    <tr><td class="t2">使用简写属性设置单元格上、下内边距为 0.5cm，左、右内边距为 2cm。
</td></tr>
  </table>
    <table border="1">
    <tr><td class="t3">使用简写属性设置单元格上内边距为0.5cm,下内边距为1cm,左、右内边距为2cm。
  </td></tr>
  </table>
    <table border="1">
    <tr><td class="t4">使用简写属性设置单元格上内边距为0.5cm,右内边距为1.5cm,下内边距为1cm,
    左内边距为2cm。</td></tr>
  </table>
    <table border="1">
    <tr><td class="t5">使用四个方向的内边距属性分别设置单元格四个方向的内边距，实现与其前面的单
    元格完全相同的样式</td></tr>
  </table>
</body>
</html>
```

上述 CSS 代码分别使用了简写属性和具体属性来设置盒子的内边距，其中使用简写属性时又分别对其取不同的值，实现对各个内边距的设置。上述代码在 IE11 浏览器中的运行结果如图 14-3 所示。

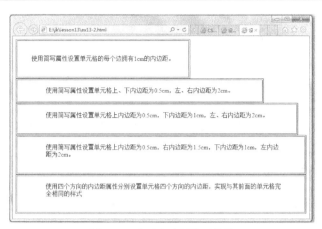

图 14-3　盒子内边距设置效果

14.1.4　盒子外边距（margin）设置

盒子 margin 定义了页面元素和元素之间的空白区域，该空白区域称为盒子的外边距。

外边距跟内边距一样，分为上、右、下、左四个方向的外边距，对这些边距的设置可以使用对应的属性来一一设置，也可以使用 margin 属性统一设置各个方向的外边距。有关外边距的属性如表 14-4 所示。

表 14-4　　　　　　　　　　　　　　外边距属性

属　　性	属　性　值	描　　述
margin	length|%|auto|inherit	简写属性，用于在一个声明中设置四个方向的外边距
margin-top	length|%|auto|inherit	用于设置上外边距
margin-right	length|%|auto|inherit	用于设置右外边距
margin-left	length|%|auto|inherit	用于设置左外边距
margin-bottom	length|%|auto|inherit	用于设置下外边距

注：length 表示使用像素、厘米等单位的某个数值，可取正、负数；%表示使用基于父元素的宽度的百分比；auto 表示由浏览器计算外边距；inherit 表示从父元素继承外边距。

外边距属性和内边距属性设置情况完全一样，简写属性 margin 也可以指定 1、2、3、4 个属性值来设置四个方向的外边距，设置的效果如下所述。

（1）指定 1 个属性值：设置上、下、左、右 4 个方向的外边距。

（2）指定 2 个属性值：第一个值设置上、下外边距，第二个值设置左、右外边距。

（3）指定 3 个属性值：第一个值设置上外边距，第二个值设置左、右外边距，第三个值设置下外边距。

（4）指定 4 个属性值：各个值按顺时针方向依次设置上、右、下、左外边距。

如果需要单独设置某一方向的外边距，可以使用 margin-top、margin-right、margin-bottom、margin-left 来设置。

【示例 14–3】设置盒子外边距。

```
<!DOCTYPE html>
<html>
<head>
```

```
<meta charset="utf-8">
<title>设置盒子外边距</title>
<style type="text/css">
body{
    border:1px solid red;
    margin:0 auto;
}
div{
    border:10px solid blue;
    margin:20px;
}
div img{
    border:1px solid red;
    margin-top:20px;
    margin-left:30px;
    margin-bottom:50px;
}
</style>
</head>
<body>
  <div><img src="images/cup.gif"/></div>
</body>
</html>
```

上、下外边距为 0px，左、右外边距根据宽度自适应，该 CSS 代码实现水平居中设置

设置四个方向的外边距都为 20px

使用具体属性分别设置对应的外边距

上述 HTML 代码包含了三个盒子，分别为 body 元素、div 元素和 img 元素，这三个元素都设置了外边距，其中 body 元素的外边距取值为 0 auto，实现了盒子内容水平居中的设置（margin:0 auto 是一种很常用的设置页面内容水平居中的方式）；div 元素的外边距使用简写属性设置，且取值为 1 个值，所以其和 body 元素之间的四个方向的外边距都为 20px；img 元素使用了三个具体属性分别设置了它和 div 元素之间的上外边距、左外边距和下外边距分别为 20px、30px 和 50px。上述代码在 IE11 浏览器中的运行结果如图 14-4 所示。

图 14-4　盒子外边距设置效果

14.1.5　盒子内容大小设置

盒子内容的大小分别使用 width（宽度）和 height（高度）两个属性来设置。盒子的占位大小等于：内容+内边距+外边距+边框，所以盒子的大小会随内容大小的增大而增大。

【示例 14-4】设置盒子内容大小。

```
<!DOCTYPE html>
<html>
<head>
<meta charset="utf-8">
<title>设置盒子内容大小</title>
<style type="text/css">
body{
    border:1px solid red;
    margin:0 auto;
}
```

```
div img{
    width:360px;
    height:300px;
    border:1px solid red;
    margin-top:20px;
    margin-left:30px;
    margin-bottom:50px;
}
div{
    border:10px solid blue;
    margin:20px;
}
</style>
</head>
<body>
  <div><img src="images/cup.gif"/></div>
</body>
</html>
```

设置盒子内容的大小

上述代码在 IE11 浏览器中的运行结果如图 14-5 所示。

图 14-5　盒子内容大小设置效果

　　上述 CSS 代码中的 div img 选择器中同时设置了 img 盒子内容（图片）的宽度和高度，比较图 14-4 和图 14-5 可以看出，设置盒子内容大小后，img 盒子以及包含它的 div 和 body 盒子都变大了。

14.2　盒子的 CSS 排版

　　从前面的介绍我们知道，一个网页上分布着大量的盒子，这些盒子的排列方式各异，且互相之间彼此影响。为了更好地布局这些盒子，CSS 规范给出了三种排版模型：即普通流排版、定位排版和浮动排版这三种模型。

14.2.1　普通流排版

　　在介绍普通流排版之前，我们首先了解一下网页元素的分类。一个网页虽然包含了大大小小许多的元素，但从排列方式来分，不外乎就两类元素：块级元素和行内元素。

- 块级元素（block level）：块级元素独占一行，其宽度自动填满父元素宽度，并和相邻的块级元素依次垂直排列，可以设定元素的宽度（width）和高度（height）以及四个方向的内、外边距。块级元素一般是其他元素的容器，可容纳块级元素和行内元素。常见的块级元素有 div、li、p 、h1~h6 等。

- 行内元素（inline）： 行内元素不会独占一行，相邻的行内元素会排列在同一行里，直到一行排不下才会换行。行内元素可以设置四个方向的内边距以及左、右方向的外边距，但不可以设置宽度（width）、高度（height）和上、下方向的外边距，行内元素的高度由元素高度决定，宽度由内容的长度控制。行内元素内一般不可以包含块级元素。常见的行内元素有 span、a、em 、strong 等。

需要注意的是，使用元素的 display 属性可以实现行内元素和块级元素的相互转换。当 display 的值设为 block 时，行内元素将以块级方式呈现；当 display 值设为 inline 时，块级元素将以行内形式呈现；如果想让一个元素既可以设置宽度和高度，又能以行内形式显示，则需要设置 display 的值为 inline-block，此时，元素变为行内块级元素。行内块级元素同时具有行内元素所有特征以及块级元素的可以设置高度、宽度以及上、下外边距等特征。

对于块级元素和行内元素，在此需要特别介绍一下是的<div>和<span>这两个元素。这两个元素主要用于排版和样式设置。<div>是块级元素，相邻块级元素会自动换行显示，在页面中主要作为容器元素使用，其中可容纳段落、标题、表格、图像等各种 HTML 元素。通过 div 的容器功能，实现了对页面元素的分块，进而通过 CSS 实现 div 的排版控制。<span>是行内元素，相邻行内元素不会自动换行显示，没有结构意义，其主要目的是为了应用 CSS 设置元素样式。

了解了网页元素分类后，我们现在可以说说普通流排版了。所谓普通流排版，是指在不使用其他与排列和定位相关的特殊 CSS 规则时，各种页面元素默认的排列规则，即一个个盒子形成一个序列，同级别的盒子依次在父级盒子中按照块级元素或行内元素的排列方式进行排列，同级父级盒子又依次在它们的父级盒子中排列，依此类推，整个页面如同河流和它的支流，所以称为"普通流"。普通流排版是页面元素默认的排版方式，在一个页面中如果没有出现特殊的排列方式，那么所有的页面元素将以普通流的方式排列。

【示例 14-5】普通流排版示例。

```
<!DOCTYPE html>
<html>
<head>
<meta charset="utf-8">
<title>普通流排版示例</title>
<style type="text/css">
div{
    border:1px solid red;
    padding:6px;
    margin:10px;
}
span{
    border:1px solid blue;
    padding:6px;
    margin:30px;
}
div.d{
```

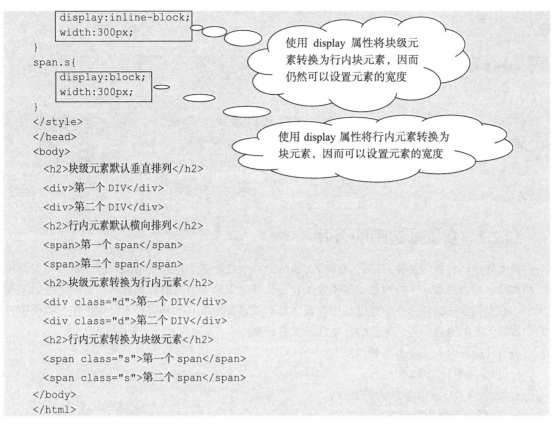

```
        display:inline-block;
        width:300px;
}
span.s{
        display:block;
        width:300px;
}
</style>
</head>
<body>
    <h2>块级元素默认垂直排列</h2>
    <div>第一个 DIV</div>
    <div>第二个 DIV</div>
    <h2>行内元素默认横向排列</h2>
    <span>第一个 span</span>
    <span>第二个 span</span>
    <h2>块级元素转换为行内元素</h2>
    <div class="d">第一个 DIV</div>
    <div class="d">第二个 DIV</div>
    <h2>行内元素转换为块级元素</h2>
    <span class="s">第一个 span</span>
    <span class="s">第二个 span</span>
</body>
</html>
```

（云形标注）使用 display 属性将块级元素转换为行内块元素，因而仍然可以设置元素的宽度

（云形标注）使用 display 属性将行内元素转换为块元素，因而可以设置元素的宽度

　　默认情况下，div 是块级元素，span 是行内元素，因而前面两个 div 元素垂直排列，每个元素的宽度自动填满父元素 body 宽度；而前面的两个 span 则横向排列；后面两个 div 元素使用 display:inline-block 转换为行内块级元素，变为横向排列，同时因为是行内的块级元素，所以可以使用 width 属性调整元素宽度；后两个 span 元素使用 display:block 转换为块级元素，变为垂直排列，同时也可以使用 width 属性调整宽度。上述代码在 IE11 浏览器中的运行结果如图 14-6 所示。

图 14-6　普通流排版效果

极客学院
jikexueyuan.com

有关盒子的类型的视频讲解（CSS 中的"CSS3 盒子相关样式"视频）
该视频介绍了 CSS 盒子类型以及相互转换等内容。

CSS3 盒子相关样式

14.2.2 盒子外边距的合并

盒子外边距合并主要针对普通流排版，指的是两个或更多个相邻普通流块级元素在垂直外边距相遇时，将合并成一个外边距，如果发生合并的外边距全部为正值，则合并后的外边距的高度等于这些发生合并的外边距的高度值中的较大者；如果发生合并的外边距不全为正值，则会拉近两个块级元素的垂直距离，甚至会发生元素重叠现象。

垂直外边距合并主要有两种情况。

- 相邻元素外边距合并。
- 包含（父子）元素外边距合并。

1. 相邻元素外边距合并

两个相邻块级元素，上面元素的 margin-bottom 边距会和下面元素的 margin-top 边距合并，如果两个外边距全为正值，则合并后的外边距等于 margin-bottom 边距和 margin-top 边距中最大的那个边距，这种现象称为 margin 的"塌陷"，即较小的 margin 塌陷到较大的 margin 中了；如果两个外边距存在负值，则合并后的外边距的高度等于这些发生合并的外边距的和，当和为负数时，相邻元素在垂直方向上发生重叠，重叠深度等于外边距和的绝对值，当和为 0 时，两个块级元素无缝连接。相邻块级元素合并的结果示意图如图 14-7 和图 14-8 所示。

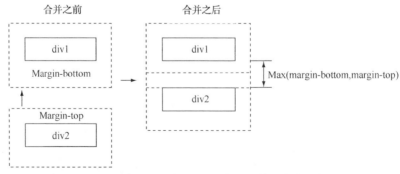

图 14-7　相邻块级元素外边距全部为正值的合并示意图

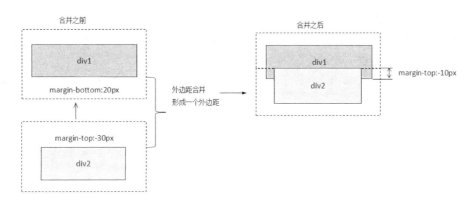

图 14-8　相邻块级元素外边距不全为正值的合并示意图

【**示例 14-6**】相邻块级元素外边距全部为正值的合并示例。

```
<!DOCTYPE html>
<html>
<head>
<meta charset="utf-8">
<title>相邻块级元素外边距全为正值的合并示</title>
<style type="text/css">
div{
  padding:10px;
  text-align:center;
  font-weight:bolder;
  background-color:#0CF;
}
</style>
</head>
<body>
  <div style="margin-top:30px; margin-bottom:30px;">块级元素 1</div>
  <div style="margin-top:10px;">块级元素 2</div>
  <p>请注意，两个 div 之间的外边距是 30px，而不是 40px（30px + 10px）。</p>
</body>
</html>
```

上述代码中存在相邻两个块级元素，且它们都是以普通流排版，因而这两个块级元素在垂直方向上的两个外边距会合并为一个外边距。由于发生合并的外边距全部为正值，所以合并后的外边距等于发生合并的外边距中的最大的那个外边距。上述代码合并的两个外边距分别为"块级元素 1"的 margin-bottom 和"块级元素 2"的 margin-top，由于它们的取值分别为 30px 和 10px，所以合并后的外边距等于 30px。上述代码在 IE11 浏览器中的运行结果如图 14-9 所示。

图 14-9　相邻块级元素外边距全为正值的合并效果

　　块级元素 1 的上外边距是 30px，该边距大小和两个块级元素之间的间距完全一样，这也验证了相邻块级元素垂直外边距合并后的值是其中块级元素的垂直最大外边距，而不是垂直外边距之和。

【示例 14-7】相邻块级元素外边距不全为正值的合并示例。

```
<!DOCTYPE html>
<html>
<head>
<meta charset="utf-8">
<title>相邻块级元素外边距不全为正值的合并示例</title>
<style type="text/css">
#d1 {
  width:120px;
  height:100px;
  margin-top:20px;
  margin-bottom:10px;
  background-color:#F00;
}
#d2 {
  width:100px;
  height:80px;
  margin-top:-30px;          外边距为负值
  margin-bottom:20px;
  background-color:#FCF;
}
#d3{
  width:80px;
  height:60px;
  margin-top:-20px;
  background-color:#CFF;
}
</style>
</head>
<body>
    <div id="d1">DIV1</div>
    <div id="d2">DIV2</div>
    <div id="d3">DIV3</div>
</body>
</html>
```

　　上述代码中 DIV1 和 DIV2 为相邻两个块级元素，且它们都是以普通流排版，因而 DIV1 的 margin-bottom 和 DIV2 的 margin-top 外边距会发生合并，由于 DIV2 的 margin-top 的值为-30px，它们合并后的外边距等于 10px-30px=-20px，因而 DIV1 和 DIV2 会发生重叠，重叠的深度等于 20px。DIV2 和 DIV3 为相邻两个块级元素，且它们都是以普通流排版，因而 DIV2 的 margin-bottom 和 DIV3 的 margin-top 外边距会发生合并，由于 DIV3 的 margin-top 的值为-20px，它们合并后的外边距等于 20px-20px=0px，因而 DIV2 和 DIV3 在垂直方向上无缝连接。上述代码在 IE11 浏览器中的运行结果如图 14-10 所示。

图 14-10　相邻块级元素外边距不全为正值的合并效果

2. 包含（父子）元素外边距合并

包含元素之间的关系如图 14-11 所示，外层元素和内层元素形成父子关系，也称嵌套关系。当父元素没有内容、内边距或边框时，子元素的上外边距将和父元素的上外边距合并为一个上外边距，且值为最大的那个上外边距，该上外边距作为父元素的上外边距，父子元素外边距合并的示意图如图 14-12 所示。要防止父、子元素的上外边距合并，只需对父元素设置内容、内边距或边框即可。

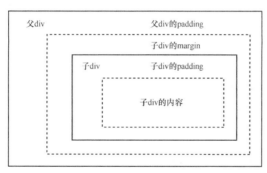

图 14-11　元素包含示意图

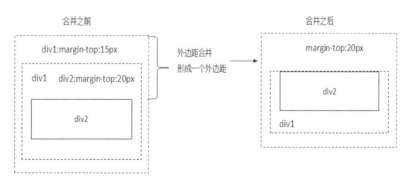

图 14-12　父子元素外边距合并示意图

【示例 14-8 】包含元素外边距合并示例。

```
<!DOCTYPE html>
<html>
<head>
<meta charset="utf-8">
```

```
<title>包含元素外边距合并示例</title>
<style type="text/css">
body{
    width:390px;
    text-align:center;
}
#outter1{
    height:60px;
    margin-top:15px;
    background:#900;
}
#inner1{
    margin-top:30px;
    background:#eee;
}
#outter2{
    height:60px;
    padding-top:1px;
    margin-top:15px;
    background:#900;
}
#inner2{
    margin-top:30px;
    background:#eee;
}
</style>
</head>
<body>
  <div id="outter1">
    <div id="inner1">内层 DIV，与外层 DIV 发生外边距合并</div>
  </div>
  <div id="outter2">
    <div id="inner2">内层 DIV，没有发生外边距合并</div>
  </div>
</body>
</html>
```

> 对外层元素添加上内边距，防止父子元素上外边距合并

上述代码的第一个嵌套盒子中，外层 DIV 中没有内容，也没有边框和内边距，因而它的上外边距会和内层 DIV 的上外边距合并为一个上边距，边距值等于两个上外边距中最大的那个，代码中的这两个 margin-top 分别为：15px 和 30px，因而合并后的 margin-top 值为 30px；第二个嵌套盒子中，外层 DIV 中添加了一个上内边距，因而防止了父子元素上外边距的合并，此时，子元素相对于父元素的 margin-top 为 30px。上述代码在 IE11 浏览器中的运行结果如图 14-13 所示。

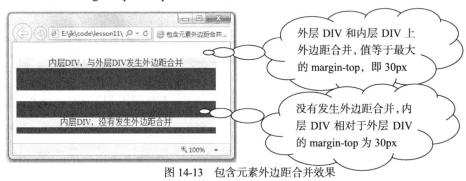

> 外层 DIV 和内层 DIV 上外边距合并，值等于最大的 margin-top，即 30px

> 没有发生外边距合并，内层 DIV 相对于外层 DIV 的 margin-top 为 30px

图 14-13　包含元素外边距合并效果

当父元素存在内边距时，父、子元素之间的位置关系由内、外边距和边框决定，示例如下。

【示例 14-9】父、子元素位置关系示例。

```
<!DOCTYPE html>
<html>
<head>
<meta charset="utf-8">
<title>父子盒子之间的位置关系示例</title>
<style type="text/css">
.father{
  margin:10px;
  padding:10px;
  border:1px solid #000000;
  background-color:#FFFEBB;
}
.son{
    padding:15px;
    margin-top:30px;
    margin-bottom:0px;
    border:2px dashed #CC33CC;
    background-color:#6CF;
    text-align:center;
}
</style>
</head>
<body>
  <div class="father">
    <div class="son">子盒子内容与父盒子顶部边框之间的间距为：子盒子的上内边距+子盒子的上边框+
    子盒子的上外边距+父盒子的上内边距，即等于 15+2+30+10=57px</div>
  </div>
</body>
</html>
```

上述代码在 IE11 浏览器中的运行结果如图 14-14 所示。

图 14-14　父子元素位置关系

14.2.3　相邻盒子之间的水平间距

只有行内元素和浮动排版，才需要考虑相邻盒子之间的水平间距。两个相邻元素之间的水平间距等于左边元素的 margin-right+右边元素的 margin-left，如果相加的 maring-right 和 margin-left 分别为正值，则拉开两元素之间的距离，否则拉近两者的距离。如果 margin-right+margin-left 的和为 0，则两元素无缝相连；如果和为负数，则右边元素重叠在左边元素上，重叠的深度等于负数的绝对值。图 14-15 和图 14-16 是相邻盒子之间的水平间距的示意图。

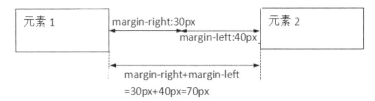

图 14-15　两个外边距均为正值时的水平间距示意图

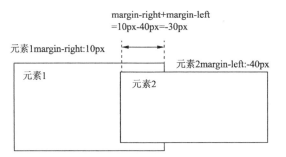

图 14-16　两个外边距之和为负值时的水平间距示意图

span 是行内元素，下面通过示例 14-11 和示例 14-12 分别演示两个相邻行内元素的外边距全为正值和不全为正值时的元素之间的水平间距。

【示例 14-10】相邻两元素的外边距均为正值时的水平间距。

```
<!DOCTYPE html>
<html>
<head>
<meta charset="utf-8">
<title>相邻两元素的外边距均为正值时的水平间距示例</title>
<style type="text/css">
body{
    padding-top:20px;
}
span{
    padding:5px 20px;
    font-size:30px;
    background-color:#a2d2ff;
}
span.left{
    margin-right:30px;
    background-color:#a9d6ff;
}

span.right{
    margin-left:40px;
    background-color:#eeb0b0;
}
</style>
</head>
<body>
    <span class="left">行内元素 1</span>
    <span class="right">行内元素 2</span>
```

两元素的外边
距均为正值

```
</body>
</html>
```

上述 CSS 代码中，行内元素 1 的 margin-right 和行内元素 2 的 margin-left 的值均为正值，所以两元素的位置被拉开，间距为 margin-right+margin-left=70px。上述代码在 IE11 浏览器中的运行结果如图 14-17 所示。

图 14-17　相邻两元素的外边距均为正值时的水平间距效果

【示例 14-11】相邻两元素的外边距不全为正值时的水平间距。

```
<!DOCTYPE html>
<html>
<head>
<meta charset="utf-8">
<title>相邻两元素的外边距不全为正值时的水平间距示例</title>
<style type="text/css">
body{
    padding-top:20px;
}
span{
    padding:5px 20px;
    background-color:#a2d2ff;
}
span.left{
    font-size:39px;
    margin-right:-60px;              外边距为负值
    background-color:#a9d6ff;
}

span.right{
    font-size:30px;
    margin-left:20px;
    background-color:#eeb0b0;
}
</style></head>
<body>
    <span class="left">行内元素 1</span>
    <span class="right">行内元素 2</span>
</body>
</html>
```

上述 CSS 代码中，行内元素 1 的 margin-right 为负值，所以两元素的位置被拉近，间距为 margin-right+margin-left=-40px，和为负值，因而行内元素 2 重叠在行内元素 1 上，重叠的深度等于 40px。上述代码在 IE11 浏览器中的运行结果如图 14-18 所示。

191

图 14-18　margin 为负值时盒子之间的定位效果

极客学院
jikexueyuan.com

有关 CSS 盒子模型的视频讲解（CSS 中的"CSS 盒子模型"视频）

该视频包括了盒子模型相关概念以及 CSS 内边距、外边距、外边距合并、边框以及外边距合并等内容。

CSS 盒子模型

14.2.4　浮动排版

在普通流排版中，一个块级元素在水平方向会自动伸展，直到包含它的父级元素的边界；在垂直方向上和兄弟元素依次排列，不能并排。如果在排版时需要改变块级元素的这种默认排版，则需要使用浮动排版或定位排版。本节将介绍浮动排版，定位排版将在下一小节进行介绍。

在浮动排版中，块级元素的宽度不再自动伸展，而是根据盒子里放置的内容决定其宽度，要修改该宽度，可设置元素的宽度和内边距。浮动的盒子可以向左或向右移动，直到它的外边缘碰到包含框或另一个浮动框的边框为止。任何显示在浮动元素下方的 HTML 元素都在网页中上移，如果上移的元素中包含文字，则这些文字将环绕在浮动元素的周围，因而我们可以使用浮动排版来实现元素环绕效果，这是浮动排版的一个用途。浮动排版最重要的另一个用途是灵活布局网页中的各个盒子。

使用浮动排版涉及两方法的内容：浮动设置和浮动清除。

1.　浮动设置

盒子的浮动需要使用"float"CSS 属性来设置。float 属性可取以下几个值。

- none：盒子不浮动。
- left：盒子浮在父元素的左边。
- right：盒子浮在父元素的右边。

float 属性的值指出了盒子是否浮动以及如何浮动。当该属性等于 left 或 right 引起对象浮动时，对象将被视作块级元素（block-level），即 display 属性等于 block。注意：盒子一旦设置为浮动，将脱离文档流，此时文档流中的块级元素表现得就像浮动元素不存在一样，所以如果不正确设置外边距，将会发生文档流中的元素和浮动元素重叠的现象。下面将通过几个示例来演示浮动排版中出现的不同情况。

【示例 14-12】元素向左、右浮动示例。

```
<!DOCTYPE html>
<html>
```

```
<head>
<meta charset="utf-8">
<title>元素向左、右浮动示例</title>
<style type="text/css">
div{
    margin-top:10px;
}
.father{
    margin:0px;
    border:2px dashed red;
}
.son1,.son4{
    border:1px solid #90F;
    background-color:#0CF;
}
.son2,.son3{
    float:left;
    margin-right:10px;
    background-color:#FC9;
    border:1px solid black;
}
.son5{
    float:right;
    background-color:#FCF;
    border:1px solid black;
}
</style>
</head>

<body>
  <div class="father">
    <div class="son1">div1 普通流排版</div>
    <div class="son2">div2 向左浮动</div>
    <div class="son3">div3 向左浮动</div>
    <div class="son4">div4 普通流排版普通流排版普通流排版普通流排版普通流排版普通流排版普通流排
        版</div>
    <div class="son5">div5 向右浮动</div>
    <p>段落普通流排版普通流排版普通流排版普通流排版普通流排版普通流排版普通流排版普通流排版普通流
        排版普通流排</p>
  </div>
</body>
</html>
```

（气泡注释）div1、div4 普通流排版

（气泡注释）div2、div3 向左浮动

（气泡注释）div5 向右浮动

上述 CSS 代码对 div2 和 div3 设置为向左浮动，div5 向右浮动，其他三个元素则为普通流排版。上述代码在 IE11 浏览器中的运行结果如图 14-19 所示。

从图 14-19 可看出，div1、div4 和段落都采用普通流排版，在垂直方向上依次排列，宽度都向右伸展，直到碰到包含框的边框。而浮动元素 div2、div3 和 div5 的宽度不再自动伸展，各自根据盒子里放置的内容决定宽度。向指定方向移

图 14-19　元素向左、右浮动效果

193

动时，div2 和 div5 的外边缘碰到包含框的边框后停止移动，而 div3 的外边缘碰到 div2 浮动框的边框时停止移动。从图 14-21 可看到，浮动元素脱离了文档流，下面的元素向上移动，因而 div2、div3 重叠在 div 4 上，其中的文字则环绕浮动元素 div2、div3，浮动元素 div5 下面的段落也上移，且环绕浮动元素 div5。

在实际应用中，常常需要设置文字环绕图片，这个需求通过浮动可以很容易实现，示例如下。

【示例 14-13】使用浮动排版实现文字环绕图片。

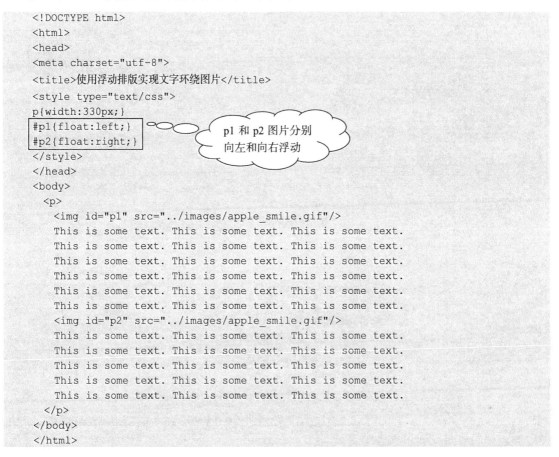

```
<!DOCTYPE html>
<html>
<head>
<meta charset="utf-8">
<title>使用浮动排版实现文字环绕图片</title>
<style type="text/css">
p{width:330px;}
#p1{float:left;}          p1 和 p2 图片分别
#p2{float:right;}          向左和向右浮动
</style>
</head>
<body>
  <p>
    <img id="p1" src="../images/apple_smile.gif"/>
    This is some text. This is some text. This is some text.
    This is some text. This is some text. This is some text.
    This is some text. This is some text. This is some text.
    This is some text. This is some text. This is some text.
    This is some text. This is some text. This is some text.
    This is some text. This is some text. This is some text.
    <img id="p2" src="../images/apple_smile.gif"/>
    This is some text. This is some text. This is some text.
    This is some text. This is some text. This is some text.
    This is some text. This is some text. This is some text.
    This is some text. This is some text. This is some text.
    This is some text. This is some text. This is some text.
  </p>
</body>
</html>
```

上述 CSS 代码设置了 p1 图片向左浮动，p2 图片向右浮动，因而，两张图片后面的段落文字分别向上移动到浮动的图片上形成环绕效果。上述代码在 IE11 浏览器中的运行结果如图 14-20 所示。

图 14-20　文字环绕图片效果

　　向同一方向浮动的元素形成流式布局，排满一行或一行剩下的空间太窄无法容纳后续浮动元素排列时自动换行。在换行过程中，如果前面已排列好的浮动元素的高度大于后面的浮动元素，则会出现换行排列时被"卡住"的现象，示例如下。

　　【示例 14-14】多个相同高度的同方向浮动的元素的排列示例。

```html
<!DOCTYPE html>
<html>
<head>
<meta charset="utf-8">
<title>多个相同高度的同方向浮动的元素的排列示例</title>
<style type="text/css">
div{
    margin-left:10px;
    margin-top:10px;
}
.father{
    width:300px;
    height:160px;
    border:1px dashed black;
}
.son1,.son2,.son3,.son4,.son5{
  float:left;
  padding:20px;
  background:#FFFFCC;
  border:1px dashed black;
}
</style>
</head>
<body>
  <div class="father">
    <div class="son1">div1</div>
    <div class="son2">div2</div>
    <div class="son3">div3</div>
    <div class="son4">div4</div>
    <div class="son5">div5</div>
  </div></body>
</html>
```

（五个子元素向左浮动）

　　上述 CSS 代码设置了五个子元素向左浮动，因而它们会按流式布局，在排列完 div3 后，同一行后续空间无法容纳 div4 和 div5，因而这两个元素自动换行排列。上述代码在 IE11 浏览器中的运行结果如图 14-21 所示。

（五个元素呈流式布局，div4、div5 两元素换行排列）

图 14-21　多个相同高度的同方向浮动的元素的排列效果

【示例 14-15】多个不同高度的同方向浮动的元素的排列示例。

```html
<!DOCTYPE html>
<html>
<head>
<meta charset="utf-8">
<title>多个不同高度的同方向浮动的元素的排列示例</title>
<style type="text/css">
div{
    margin-left:10px;
    margin-top:10px;
}
.father{
    width:300px;
    height:160px;
    border:1px dashed black;
}
.son1,.son2,.son3,.son4,.son5{
    float:left;
    padding:20px;
    background:#FFFFCC;
    border:1px dashed black;
}
.son1{
    height:50px;
}
</style>
</head>
<body>
  <div class="father">
    <div class="son1">div1</div>
    <div class="son2">div2</div>
    <div class="son3">div3</div>
    <div class="son4">div4</div>
    <div class="son5">div5</div>
  </div></body>
</html>
```

（五个子元素向左浮动）

（调大 div1 的高度）

上述 CSS 代码设置了五个子元素向左浮动，同时调大的 div1 的高度，使得 div1 的高度大于其他四个 div，这使得 div4、div5 换行排列时被 div1 卡住而不能再往前移动了。上述代码在 IE11 浏览器中的运行结果如图 14-22 所示。

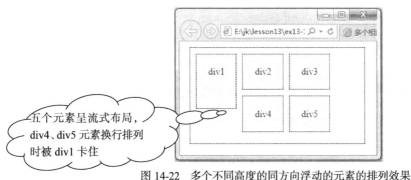

图 14-22　多个不同高度的同方向浮动的元素的排列效果

使用浮动排版时会产生一些副作用，副作用一是：元素一旦设置为浮动后，其下方的元素将上移，此时常常会造成网页的布局面目全非，示例如下。

【示例 14-16】浮动元素对下方元素布局的影响示例。

```
<!DOCTYPE html>
<html>
<head>
<meta charset="utf-8">
<title>浮动元素对下方元素布局的影响示例</title>
<style type="text/css">
.father{
    width:300px;
    padding:20px;
    background:#9CF;
    border:1px solid black;
}
.son1,.son2,.son3{
    padding:20px;
    margin:10px;
    background:#FFFFCC;
    border:1px dashed black;
}
.son1,.son2{
    float:left;          ○ ○ ○ ○   div1 和 div2 向左浮动
}
.son3{
    float:right;         ○ ○ ○   div3 向右浮动
}
p{
    border:1px dashed red;
}
</style>
</head>
<body>
  <div class="father">
  <div class="son1">div1</div>
  <div class="son2">div2</div>
  <div class="son3">div3</div>
  <p>在浮动排版中，任何显示在浮动元素下方的 HTML 元素都在网页中上移</p>
</div>
</body>
</html>
```

上述 CSS 代码设置了 div1、div2 和 div3 浮动排版，而 p 元素为普通流排版，因而 p 元素上移，段落文字环绕在浮动元素周围。上述代码在 IE11 浏览器中的运行结果如图 14-23 所示。

从图 14-23 可看到，段落元素因上移导致网页布局混乱，要解决这个问题，需要对段落元素清除浮动元素的影响。浮动的清除将在稍后介绍。

使用浮动排版的第二个副作用就是，当一个元素的

图 14-23　浮动元素对下方元素布局的影响

所有子元素都设置为浮动时，由于浮动元素脱离了文档流，因此会使元素无法根据子元素来自适应高度，而导致元素最后收缩为一条线或高度仅为内边距+内容高度+上下边框（如果存在内边距和内容的话）。为了便于比较，在此举了两个示例，示例 14-17 父元素的高度能自适应，示例 14-18 父元素的高度不能自适应。

【示例 14-17】父元素高度自适应示例。

```
<!DOCTYPE html>
<html>
<head>
<meta charset="utf-8">
<title>子元素全为浮动元素时元素高度自适应问题示例</title>
<style type="text/css">
.father{
    width:300px;
    padding:5px;
    background:#9CF;
    border:1px solid red;
}
.son1,.son2,.son3{
    padding:20px;
    margin:10px;
    background:#FFFFCC;
    border:1px dashed black;
}
.son1,.son2{
    /*float:left;*/
}
.son3{
    /*float:right;*/
}
</style>
</head>
<body>
  <div class="father">
  <div class="son1">div1</div>
  <div class="son2">div2</div>
  <div class="son3">div3</div>
</div>
</body>
</html>
```

子元素的浮动全部被注释掉，子元素以普通流排版

上述 CSS 代码中的浮动设置被注释了，因而三个子元素以普通流排版，父、子元素存在同一个文档流中，因而父元素的高度能根据子元素自动扩展。上述代码在 IE11 浏览器中的运行结果如图 14-24 所示。

父元素高度根据子元素自动扩展

图 14-24　父元素高度自适应

【**示例 14-18**】子元素全为浮动元素时父元素高度不能自适应示例。

```html
<!DOCTYPE html>
<html>
<head>
<meta charset="utf-8">
<title>子元素全为浮动元素时父元素高度不能自适应示例</title>
<style type="text/css">
.father{
    width:300px;
    padding:5px;
    background:#9CF;
    border:1px solid red;
}
.son1,.son2,.son3{
    padding:20px;
    margin:10px;
    background:#FFFFCC;
    border:1px dashed black;
}
.son1,.son2{
    float:left;
}
.son3{
    float:right;
}
</style>
</head>
<body>
  <div class="father">
  <div class="son1">div1</div>
  <div class="son2">div2</div>
  <div class="son3">div3</div>
</div>
</body>
</html>
```

子元素全部设置为浮动元素

上述 CSS 代码设置三个子元素全部为浮动元素，因而这三个元素脱离了文档流，使得父元素的高度无法根据子元素自适应。上述代码在 IE11 浏览器中的运行结果如图 14-25 所示。

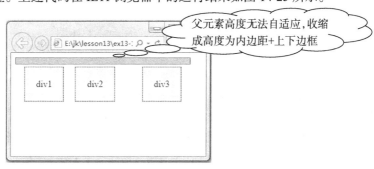

父元素高度无法自适应，收缩成高度为内边距+上下边框

图 14-25　子元素全为浮动元素时父元素高度不能自适应

要解决示例 14-19 父元素高度不能自适应的问题的方法有多种，其中一种方法是设置父元素的高度，示例如下。

【示例 14-19】设置父元素的高度解决父元素高度不能自适应问题。

```html
<!DOCTYPE html>
<html>
<head>
<meta charset="utf-8">
<title>设置父元素的高度解决父元素高度不能自适应问题</title>
<style type="text/css">
.father{
    height:100px;          设置父元素的高度
    width:300px;
    padding:5px;
    background:#9CF;
    border:1px solid red;
}
.son1,.son2,.son3{
    padding:20px;
    margin:10px;
    background:#FFFFCC;
    border:1px dashed black;
}
.son1,.son2{
    float:left;            子元素全部设置为浮动元素
}
.son3{
    float:right;
}
</style>
</head>
<body>
  <div class="father">
  <div class="son1">div1</div>
  <div class="son2">div2</div>
  <div class="son3">div3</div>
</div>
</body>
</html>
```

上述 CSS 代码设置了父元素的高度，父元素按 CSS 设置的高度扩展，当该高度大到足够容纳子元素时，网页布局正常。上述代码在 IE11 浏览器中的运行结果如图 14-26 所示。

示例 14-19 通过设置父元素的高度来解决父元素高度不能自适应的问题。这种解决方法虽然简单，但存在的弊端是子元素的高度必须是固定的，对于子元素高度变化的情况不能使用这种解决方法。针对子元素高度会变化的父元素高度自适应问题的解决需要清除子元素浮动。下面我

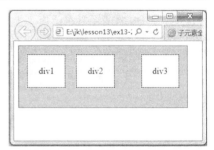

图 14-26　设置父元素高度解决父元素高度不能自适应问题

们将介绍浮动的清除，在该部分内容中我们将会介绍两种最常用的解决父元素高度不能自适应的问题的方法。

2. 浮动清除

清除元素的浮动需要使用"clear"CSS 属性。clear 属性可取以下几个值。

- left：在元素的左侧不允许出现浮动元素。
- right：在元素的右侧不允许出现浮动元素。
- both：在元素的左、右两侧均不允许出现浮动元素。
- none：默认值，允许浮动元素出现在元素左、右两侧。

clear 属性定义了元素的左、右两边上是否允许出现浮动元素。如果声明为左边或右边清除，会使元素的上外边框边界刚好在该边上浮动元素的下外边距边界之下，所以如果元素的上方同时存在左、右浮动的元素时，希望元素的两边都不允许出现浮动元素时，可以设置 clear:both，也可以只清除浮动元素最高的那边的浮动。下面通过几个示例演示使用清除浮动的方法解决浮动产生的副作用。

【示例 14-20】使用浮动清除方法解决浮动元素对下方元素布局的影响示例。

```
<!DOCTYPE html>
<html>
<head>
<meta charset="utf-8">
<title>使用浮动清除方法解决浮动元素对下方元素布局的影响示例</title>
<style type="text/css">
.father{
    width:300px;
    height:120px;
    padding:20px;
    background:#9CF;
    border:1px solid black;
}
.son1,.son2,.son3{
    padding:20px;
    margin:10px;
    background:#FFFFCC;
    border:1px dashed black;
}
.son1,.son2{
    float:left;
}
.son3{
    float:right;
}
p{
    border:1px dashed red;
    clear:both;          清除段落元素左右两
}                         侧的浮动元素
</style>
</head>
<body>
  <div class="father">
  <div class="son1">div1</div>
  <div class="son2">div2</div>
  <div class="son3">div3</div>
    <p>在浮动排版中，任何显示在浮动元素下方的 HTML 元素都在网页中上移</p>
</div>
</body>
</html>
```

上述 CSS 代码设置了 div1、div2 和 div3 分别左、右浮动,普通流排版的 p 元素上移到浮动元素所在的行,使得 p 元素两侧出现了浮动元素,从而产生浮动副作用,即引起页面布局混乱。通过对 p 元素使用 clear:both 清除其左、右两侧的浮动元素后,p 元素下沉到浮动元素的下面,使页面布局保持正常。由于子元素的高度完全一样,所以 clear:both 也可以换成 clear:left 或 clear:right。上述代码在 IE11 浏览器中的运行结果如图 14-27 所示。

图 14-27　浮动元素对下方元素布局的影响

下面的两个示例是最常用的解决父元素高度不能自适应变化的问题,其中示例 14-21 通过在子元素后面添加元素,并对其清除左、右两侧的浮动元素来实现,示例 14-22 则通过父元素的 after 伪元素清除浮动元素来实现。

【示例 14-21】通过在子元素后面添加的元素清除浮动解决父元素高度不能自适应问题。

```
<!DOCTYPE html>
<html>
<head>
<meta charset="utf-8">
<title>在子元素后面添加元素来解决父元素高度不能自适应的问题</title>
<style type="text/css">
.father{
    width:300px;
    padding:5px;
    background:#9CF;
    border:1px solid red;
}
.son1,.son2,.son3{
    padding:20px;
    margin:10px;
    background:#FFFFCC;
    border:1px dashed black;
}
.son1,.son2{
    float:left;
}
.son3{
    float:right;
}

</style>
</head>

<body>
  <div class="father">
  <div class="son1">div1</div>
  <div class="son2">div2</div>
  <div class="son3">div3</div>
  <div style="clear:both;height:0px;"></div>
</div>
</body>
</html>
```

增加一个 div,并清除其左、右两边的浮动元素

上述代码在所有子元素后面添加了一个 div 元素,并使用 clear:both 对该元素清除左、右两边的浮动元素,同时为了不占用文档空间,对该元素的高度设置为 0px。上述代码在 IE11 浏览器中的运行结果如图 14-28 所示。

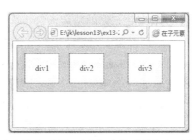

图 14-28　在子元素后面添加元素解决父元素高度不能自适应的问题

从图 14-28，我们可以看到，父元素的高度会根据子元素自动进行扩展。

【示例 14-22】通过父元素的 after 伪元素清除浮动解决父元素高度不能自适应问题。

```html
<<!DOCTYPE html>
<html>
<head>
<meta charset="utf-8">
<title>通过父元素的 after 伪元素清除浮动解决父元素高度不能自适应问题</title>
<style type="text/css">
.father{
    width:300px;
    padding:5px;
    background:#9CF;
    border:1px solid red;
}
.son1,.son2,.son3{
    padding:20px;
    margin:10px;
    background:#FFFFCC;
  border:1px dashed black;
}
.son1,.son2{
    float:left;
}
.son3{
    float:right;
}
.clearfix:after{
    content:"";
    display:block;
    clear:both;
}
.clearfix{
    zoom:1;
}
</style>
</head>
<body>
  <div class="father clearfix">
    <div class="son1">div1</div>
    <div class="son2">div2</div>
    <div class="son3">div3</div>
  </div>
</body>
</html>
```

对父元素使用伪元素来清除浮动元素

兼容 IE6、IE7 清除浮动设置

对父元素使用两个类名

上述 CSS 代码中.clearfix:after 表示在父元素的最后面加入内容，content:""表示在父元素结尾处添加的内容为空元素，display:block 设置在父元素结尾添加的内容为块级元素，clear:both 表示对添加的内容的左、右两侧清除浮动元素，clearfix:after 伪元素样式相当于在浮动元素后面跟了一个内容为空的 div，然后设定它 clear:both 来达到对这个 div 清除浮动的效果，从而达到撑开父元素的效果。示例 14-23 在 IE11 浏览器中运行的效果与示例 14-22 完全一样。示例 14-22 需要额外添加一个无意义的元素，而且在某些时候这个新加的元素有可能反而会造成网页布局的混乱，所以这种方法并不是最佳的方案，而示例 14-23 的解决方法则可以说是目前最好的解决浮动元素高度自适应问题的方法。此外，因为 IE6/7 不支持 after 伪元素，所以在样式中添加.clearfix{zoom:1}来实现兼容 IE6/7。另外，一个元素可以同时取有多个类名，如父元素同时设置了 father 和 clearfix两个类名，不同类名之间使用空格隔开。同一元素的不同类名的样式如果不冲突则叠加，否则以最后的类样式有效。

14.2.5　定位排版

定位排版和浮动排版一样，都可以改变网页元素的默认排版。要使用定位排版，需要使用 position 等 CSS 属性，定位排版中常用到的属性如表 14-5 所示。

表 14-5　　　　　　　　　　　　　　　定位常用属性

属　　性	属　性　值	描　　述
position	static|relative|absolute|fixed	把元素放置到一个默认的｜相对的｜绝对的｜固定的位置中
top	value|%	指定定位元素在垂直方向上与参照元素上边界之间的偏移，正值表示向下偏移，负值表示向上偏移，0 值表示不偏移
right	value|%	指定定位元素在水平方向上与参照元素右边界之间的偏移，正值表示向左偏移，负值表示向右偏移，0 值表示不偏移
left	value|%	指定定位元素在水平方向上与参照元素左边界之间的偏移，正值表示向右偏移，负值表示向左偏移，0 值表示不偏移
bottom	value|%	指定定位元素在垂直方向上与参照元素下边界之间的偏移，正值表示向上偏移，负值表示向下偏移，0 值表示不偏移
overflow	visible	默认值，当元素的内容溢出其区域时内容会呈现在元素框之外
	hidden	当元素的内容溢出其区域时，溢出内容不可见
	auto	当元素的内容溢出其区域时，浏览器会显示滚动条
overflow	scroll	不管元素的内容是否溢出其区域，浏览器都会显示滚动条
	inherit	规定从父元素继承 overflow 属性的值
z-index	number（负数、0、正数）	设置元素的堆叠顺序，值大的元素堆叠在值小的元素上面

注：属性值 value\|%中的 value 的单位常取 px 或 em，可取负值；%是相对于包含元素的一个百分数值。元素在水平方向偏移时使用 left 或 right 设置偏移量，在垂直方向偏移时使用 top 或 bottom 设置偏移量。另外，对元素进行相对定位时也可以不用设置偏移，这个做法在绝对定位时会经常用到。

通过设置 position 属性的不同值，可以实现四种类型的定位，position 属性取值分别如下。

（1）static：默认的属性值，实现静态定位，就是元素按照普通流进行布局，一般不需要设置。

（2）relative：相对定位。设置元素相对于它在普通流中的位置进行偏移，作为普通流定位模型的一部分。不管元素是否偏移，它原来所占的空间仍然保留，没有脱离文档流。相对定位移动元素时有可能会导致它覆盖其他的元素。例如：对框 2 设置相对定位，偏移量为 top:20px， left:30px，则框 2 定位的示意图如图 14-29 所示。

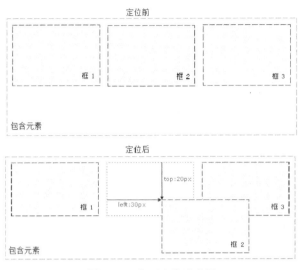

图 14-29 相对定位示意图

（3）absolute：绝对定位。绝对定位的元素会基于相对于距离它最近的那个已定位（相对/绝对）的祖先元素偏移某个距离，如果元素没有已定位的祖先元素，那么它的偏移位置将相对于最外层的包含框，根据用户代理的不同，包含框可能是画布或 html 元素。绝对定位的元素脱离文档流，原来所占的空间不保留。绝对定位的元素可以在它的包含框向上、下、左、右移动。元素定位后生成一个块级框，而不论原来它在普通流中生成何种类型的框。绝对定位移动元素时有可能会导致它覆盖其他的元素。例如：对框 2 设置绝对定位，偏移量为 top:20px，left:30px，则框 2 定位的示意图如图 14-30 所示。

（4）fixed：固定定位。固定定位的元素相对于浏览器窗口偏移某个距离，且固定不动，不会随着网页移动而移动。和绝对定位类似，固定定位的元素脱离文档流，原来所占的空间不保留。其以浏览器窗口为基准进行定位，也就是当拖动浏览器窗口的滚动条时，依然保持对象位置不变。例如：对框 2 设置固定定位，偏移量为 top:20px， left:30px，则框 2 定位的示意图如图 14-31 所示。

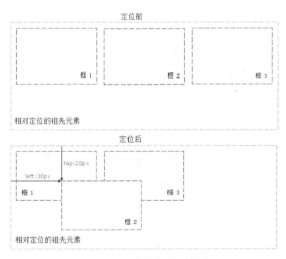

图 14-30 绝对定位示意图

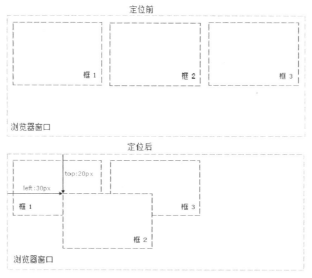

图 14-31　固定定位示意图

下面我们通过几个示例来演示几种不同类型的定位。

【示例 14-23】相对定位示例。

```
<!DOCTYPE html>
<html>
<head>
<meta charset="utf-8">
<title>相对定位示例</title>
<style type="text/css">
#father{
padding:35px;
background-color:#a0c8ff;
border:1px dashed #000000;
}
#son1{
padding:10px;
background-color:#fff0ac;
border:1px dashed #000000;
}
#son2{
padding:10px;
position:relative;
left:30px;
background-color:#fff0ac;
border:1px dashed #000000;
}
#son3{
padding:10px;
position:relative;
left:-30px;
top:30px;
background-color:#fff0ac;
border:1px dashed #000000;
}
</style>
```

div2 相对定位：相对于其正常位置向右偏移了 30px

div3 相对定位：相对于其正常位置向左、向下各偏移了 30px

```
  </head>
  <body>
    <div id="father">
      <div id="son1">div1 静态定位：正常位置显示</div>
      <div id="son2">div2 相对定位：相对于其正常位置向右偏移 30px</div>
      <div id="son3">div3 相对定位：相对于其正常位置向左、向下分别偏移 30px</div>
    </div>
  </body>
</html>
```

　　上述 div2 和 div3 的 CSS 代码中分别使用了 position:relative 进行相对定位设置，其中 div2 设置了 left:30px，因而相对于其正常位置向左偏移了 30px；div3 则同时设置了 left:-30px 和 top:30px，因而相对于其正常位置向右、向下分别偏移了 30px；而 div1 使用了 position 的默认值 static，进行静态定位，因而在正常位置显示。上述代码在 IE11 浏览器中的运行结果如图 14-32 所示。

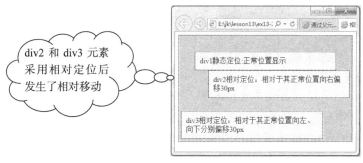

图 14-32　相对定位效果

【示例 14-24】相对于浏览器窗口绝对定位示例。

```
<!DOCTYPE html>
<html>
<head>
<meta charset="utf-8">
<title>相对于浏览器窗口进行绝对定位</title>
<style type="text/css">
#content{
    width:700px;
    height:500px;
    margin:50px auto;
    background:#CFF;
    padding:50px;
}
#ad1{
    position:absolute;
    top:60px;
    left:30px;
    width:80px;
    height:100px;
    background:#9CF;
    padding:20px 10px;
}
#ad2{
```

```
        position:absolute;
        top:0px;
        right:0px;
        width:80px;
        height:100px;
        background:#9CF;
        padding:20px 10px;
}
</style>
</head>
<body>
    <div id="container">
      <div id="content">网页内容</div>
      <div id="ad1">广告 1</div>
      <div id="ad2">广告 2</div>
    </div>
</body>
</html>
```

绝对定位，相对于浏览器的右上顶点向下和向左偏移

上述 CSS 代码中分别对#ad1 和#ad2 两个元素使用 position:absolute 进行绝对定位设置，从 CSS 代码中我们可以看到，#ad1 和#ad2 元素的任何一个祖先元素都没有定位，因而这两个元素定位偏移相对于最外层包含框，即浏览器窗口进行偏移。CSS 代码中#ad1 元素设置了 top:60px 和 left:30px，因而#ad1 相对于浏览器窗口左上顶点向下偏移 60px、向右偏移 30px；#ad2 元素设置了 top:0px 和 right:0px，因而#ad2 与浏览器窗口的右上顶点重叠。上述代码在 IE11 浏览器中的运行结果如图 14-33 和图 14-34 所示。

图 14-35 是没有拖动滚动条时的绝对定位效果，图 14-36 是拖动滚动条后的绝对定位效果。可以看出，绝对定位的元素位置会随滚动条的拖动而变化，如果希望绝对定位的元素不随滚动条位置的变化而变化，需要使用固定定位。

示例 14-25 中的#ad1 和#ad2 两个广告元素分别相对于浏览器窗口进行绝对定位，如果希望#ad1 和#ad2 两个元素相对于父元素#container 进行绝对定位，则应首先对父元素#container 进行相对定位，示例如下所示。

图 14-33　没有拖动滚动条时的绝对定位效果

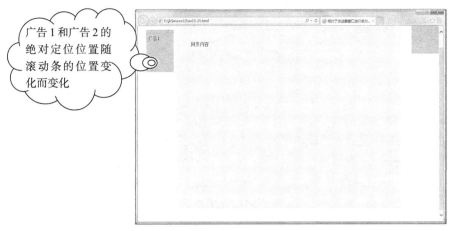

广告 1 和广告 2 的绝对定位位置随滚动条的位置变化而变化

图 14-34　拖动滚动条后的绝对定位效果

【示例 14-25】相对于父窗口绝对定位示例。

```
<!DOCTYPE html>
<html>
<head>
<meta charset="utf-8">
<title>相对父窗口进行绝对定位</title>
<style type="text/css">
#container{
    position:relative;
}
#content{
    width:700px;
    height:500px;
    margin:50px auto;
    background:#CFF;
    padding:50px;
}
#ad1{
    position:absolute;
    top:60px;
    left:30px;
    width:80px;
    height:100px;
    background:#9CF;
    padding:20px 10px;
}
#ad2{
    position:absolute;
    top:0px;
    right:0px;
    width:80px;
    height:100px;
    background:#9CF;
    padding:20px 10px;
}
</style>
</head>
<body>
```

必须对#container 元素设置相对定位

绝对定位，相对于#container 窗口的左上顶点向下和向右偏移

绝对定位，相对于#container 窗口的右上顶点向下和向左偏移

```
    <div id="container">
      <div id="content">网页内容</div>
      <div id="ad1">广告 1</div>
      <div id="ad2">广告 2</div>
    </div>
  </body>
</html>
```

上述 CSS 代码中对#container 父元素源设置了相对定位，因而子元素#ad1 和#ad2 两个元素使用 position:absolute 相对于#container 窗口进行绝对偏移。CSS 代码中#ad1 元素设置了 top:60px 和 left:30px，因而#ad1 相对于#container 窗口左上顶点向下偏移 60px、向右偏移 30px；#ad2 元素设置了 top:0px 和 right:0px，因而#ad2 与#container 窗口的右上顶点重叠。上述代码在 IE11 浏览器中的运行结果如图 14-35 和图 14-36 所示。

图 14-35　没有拖动滚动条时的绝对定位效果

图 14-36　拖动滚动条后的绝对定位效果

使用绝对定位和列表很容易创建二级菜单，示例如下。

【示例 14-26】使用绝对定位和列表创建二级菜单。

（1）CSS 代码（14-26.css）。

```
*{
    margin:0px;
    padding:0px;
}
body{
    margin:10px;
    font-size:12px;
    text-align:center;
    font-family:Verdana, Geneva, sans-serif;
```

```
}
#menu{
    width:100px;
    border:1px solid #ccc;
}
#menu ul{
    list-style-type:none;/*取消列表项前面的前导符*/
}
#menu ul li{
    position:relative;/*设置相对定位，便于二级菜单对它进行绝对定位*/
    padding:8px 0px;
    background:#eee;
    line-height:23px;
    border-bottom:1px solid #ccc;
}
#menu ul li ul{
    display:none;/*默认情况下二级菜单不显示*/
    position:absolute;/*二级菜单相对于一级菜单进行绝对定位*/
    top:0px;
    left:100px;
    width:100px;
    border:1px solid #ccc;
}
#menu ul li:hover ul{
    display:block;/*鼠标移到一级菜单上时弹出二级菜单*/
}
#menu ul li.last{
    /*覆盖前面#menu ul li 选择器设置的下边框线样式，使最后一个列表项的下边框线不显示*/
    border-bottom:0px;
}
a:link{
    color:#000;
    text-decoration:none;
}
a:hover{
    color:#f00;
}
```

（2）HTML 代码。

```
<!DOCTYPE html>
<html>
<head>
<meta charset="utf-8">
<title>使用绝对定位和列表创建二级菜单</title>
<link type="text/css" href="css/14-27.css" rel="stylesheet"/>
</head>
<body>
  <div id="menu">
    <ul>
      <li>菜单项 1
        <ul>                                          嵌套无序列表作为二级菜单
          <li><a href="#">菜单项 11</a></li>
          <li class="last"><a href="#">菜单项 11</a></li>
```

```
                </ul>
            </li>
            <li>菜单项 2
                <ul>
                    <li><a href="#">菜单项 21</a></li>
                    <li><a href="#">菜单项 22</a></li>
                    <li class="last"><a href="#">菜单项 23</a></li>
                </ul>
            </li>
            <li><a href="#">菜单项 3</a></li>
            <li><a href="#">菜单项 4</a></li>
            <li><a href="#">菜单项 5</a></li>
            <li class="last"><a href="#">菜单项 6</a></li>
        </ul>
    </div>
</body>
</html>
```

该菜单的效果是默认情况下不显示二级菜单，当鼠标移到某个菜单项时，从该菜单项的右顶点处开始弹出它的二级菜单。这个需求的关键点是二级菜单的开始弹出位置。这个需求只要使二级菜单相对于一级菜单的右顶点进行偏移即可，为此，首先需要设置一级菜单 li 为相对定位，即设置：position:relative，然后二级菜单再相对于一级菜单进行绝对定位，且相对于一级菜单的右上顶点向下偏移 0px，向右偏移 100px。另外，为了使鼠标移到一级菜单上时弹出二级菜单，需要将默认不存在的二级元素作为块级元素显示出来，因而使用了#menu ul li:hover ul 选择器来设置二级菜单样式：display:block。上述代码在 IE11 浏览器中的运行结果如图 14-37 所示。

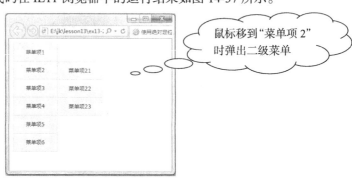

图 14-37　没有拖动滚动条时的绝对定位效果

【示例 14-27】固定定位示例。

```
<html>
<head>
<meta http-equiv="Content-Type" content="text/html; charset=utf-8" />
<title>固定定位示例</title>
<style type="text/css">
body{
    margin:20px;
}
#content{
    width:700px;
    height:500px;
```

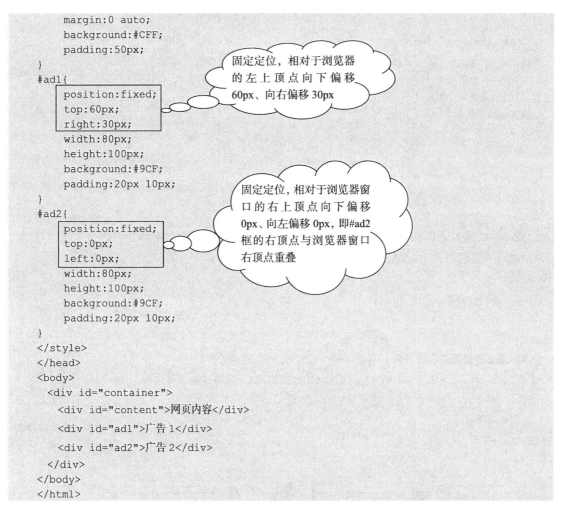

```
      margin:0 auto;
      background:#CFF;
      padding:50px;
    }
    #ad1{
      position:fixed;
      top:60px;
      right:30px;
      width:80px;
      height:100px;
      background:#9CF;
      padding:20px 10px;
    }
    #ad2{
      position:fixed;
      top:0px;
      left:0px;
      width:80px;
      height:100px;
      background:#9CF;
      padding:20px 10px;
    }
    </style>
    </head>
    <body>
      <div id="container">
        <div id="content">网页内容</div>
        <div id="ad1">广告 1</div>
        <div id="ad2">广告 2</div>
      </div>
    </body>
    </html>
```

固定定位，相对于浏览器的左上顶点向下偏移 60px、向右偏移 30px

固定定位，相对于浏览器窗口的右上顶点向下偏移 0px、向左偏移 0px，即#ad2 框的右顶点与浏览器窗口右顶点重叠

上述 CSS 代码中分别对#ad1 和#ad2 两个元素使用 position:fixed 进行固定定位设置，因而这两个元素定位偏移相对于浏览器窗口。CSS 代码中#ad1 元素设置了 top:60px 和 left:30px，因而#ad1相对于浏览器窗口左上顶点向下偏移 60px、向右偏移 30px；#ad2 元素设置了 top:0px 和 right:0px，因而#ad2 与浏览器窗口的右上顶点重叠。上述代码在 IE11 浏览器中的运行结果如图 14-38 和图14-39 所示。

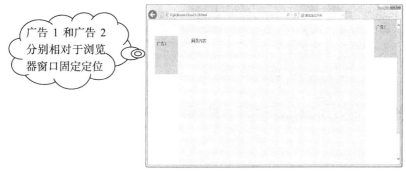

广告 1 和广告 2分别相对于浏览器窗口固定定位

图 14-38　没有拖动滚动条的固定定位效果

图 14-39　拖动滚动条的固定定位效果

图 14-40 是没有拖动滚动条时的固定定位效果，图 14-41 是拖动滚动条后的固定定位效果。可以看出，固定定位的元素位置不会随滚动条的拖动而变化。

极客学院
jikexueyuan.com

有关 CSS 排版的视频讲解（CSS 中的"CSS 定位"视频）
该视频介绍了 CSS 定位的相关概念以及 CSS 定位和 CSS 浮动排版等内容。

CSS 定位

习　题　14

1. 填空题

（1）盒子模型由_____、_____、_____和_____组成。

（2）盒子边框的属性有 3 个，分别是_____、_____和_____。

（3）CSS 规范给出了三种排版模型，分别是_____、_____和_____。

（4）浮动排版可使盒子向左或向右浮动，向左浮动的 CSS 代码是_____。

（5）为了使用浮动元素后面的盒子下沉，应对后面的盒子清除浮动，清除右边浮动的 CSS 代码是：_____，清除右边浮动的 CSS 代码是：_____。

（6）盒子的定位有_____、_____、_____和_____。

2. 上机题

上机演示示例 14-14 和示例 14-27，以及三种解决子元素全部浮动排版时父元素高度自适应的三个示例。

第15章
网页常见布局版式

布局网页就是把要出现在网页中的各个元素进行定位。至今，布局网页的方式有表格布局和CSS 布局两种。表格布局是一种传统的网页布局方式，该方式已被逐渐摒弃，而 CSS 布局是 WEB标准推荐的网页布局方式。DIV+HTML5+CSS 是目前经典的网页布局解决方案。布局网页有许多版式，熟练掌握一些常用的版式，将极大的提高我们制作网页的效率。下面将介绍几个常用的网页布局版式。

15.1　上中下一栏版式

上中下一栏版式用于网页结构的排版，该版式将网页分成上中下三块内容，如图 15-1 所示，其中网页的页眉为页面的头部内容，主体内容为页面的中间内容，页脚为页面的页脚内容。

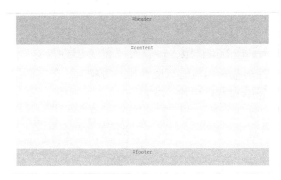

图 15-1　上中下一栏版式

该布局版式的页面结构代码和 CSS 代码如下所示。

（1）页面结构代码。

```html
<body>
    <header id="header" class="wrap">#header</header>
    <section id="main" class="wrap">#content</section>
    <footer id="footer" class="wrap">#footer</footer>
</body>
```

（2）CSS 代码。

```css
body {
    text-align: center;
```

```
        font-size: 20px;
    }
    .wrap {
        margin: 0 auto;/*设置元素居中显示*/
        width: 900px;/*在此设置宽度固定，可以设置百分数实现宽度自适应父窗口*/
    }
    #header {
        height: 100px;
        background: #6cf;
        /*margin-bottom: 5px;*/
    }
    #main {
        height: 360px;
        background: #cff;
        /*margin-bottom: 5px;*/
    }
    #footer {
        height: 60px;
        background: #9CF;
    }
```

上述页面代码使用了 HTML5 的文档结构标签来定义文档结构，CSS 代码中的.wrap 类样式 margin:0 auto 实现上、中、下三个元素水平居中。该版式相对比较简单，各个元素使用了普通流排版。另外，上、中、下三个元素之间如果希望存在垂直间距，则可以通过页眉和主体两个元素设置 margin-bottom 来实现。

15.2　左右两栏版式

左右两栏版式用于对网页内容的排版，排版的该部分内容在网页中分成左右两栏，版式结构如图 15-2 所示。为了便于控制左右两栏的宽度及显示等样式，在它们的外面再加一个父 DIV，然后对这个父 DIV 设置水平居中和宽度样式。

图 15-2　左右两栏版式

该版式在实际应用中常用的有三种布局方式，下面将分别一一介绍它们的页面结构代码和 CSS 代码如下所示。

（1）页面代码。

左右两栏的页面代码通常有两种形式：左、右两栏作为页面主体内容和作为页面的非主体内容。

左、右两栏作为页面的主体内容时，左栏通常作为侧边栏，右侧则作为一个区块（section）

或一篇独立内容的文章（article），所以页面代码一般如下所示：

```
<body>
  <div class="wrap">
    <aside id="left">#left</aside>
    <section id="right">#right</section>
    <!--<article id="right">#right</article>-->
  </div>
</body>
```

左、右两栏作为页面的非主体内容时，左、右两栏通常作为两个 DIV 容器，所以页面代码一般如下所示：

```
<body>
  <div class="wrap">
    <div id="left">#left</aside>
    <div id="right">#right</section>
  </div>
</body>
```

（2）CSS 代码。

① 混合浮动+普通流排版 CSS 代码。

```
body {
    text-align: center;
    font-size: 20px;
}
.wrap {
    margin: 0 auto;          /*水平居中设置*/
    width: 900px;            /*在此设置宽度固定，可以设置百分数实现宽度自适应父窗口*/
}
#left{
    float: left;             /*向左浮动*/
    width: 200px;
    height: 300px;
    background: #cff;
}
#right {
    height: 300px;
    background: #fcc;
    margin-left: 200px;      /*在左边给浮动元素腾出 200px 的空间*/
}
```

上述 CSS 代码中的父元素使用 margin:0 auto 实现元素内容水平居中显示；#left 元素设置向左浮动，使用浮动排版；#right 元素则使用普通流排版，其设置 margin-left:200px，为的是腾出左浮动元素宽度 200px，使#right 元素上移时不会和#left 元素重叠。如果希望左、右两元素之间存在间距，则只要增大#right 元素左外边距即可，此时左外边距等 200+元素间距。注：#right 没有设置宽度，因而宽度可以自适应父窗口大小。

② 纯粹浮动排版 CSS 代码（注意：此时应修改父 DIV 的 HTML 代码为：<div class="wrap clearfix">，这样修改的目的是为了使用伪类选择器解决父元素高度不能自适应问题，亦即高度塌陷问题）。

```
body {
    text-align: center;
```

```
    font-size: 20px;
}
.wrap {
    margin: 0 auto;              /*水平居中设置*/
    width: 900px;
}
.clearfix:after {               /*设置父元素高度自适应*/
    content: "";
    display: block;
    clear: both;
}
#left {
    float: left;                 /*向左浮动*/
    width: 200px;
    height: 300px;
    background: #cff;
}
#right {
    float: right;                /*向右浮动*/
    Width: 700px;
    height: 300px;
    background: #fcc;
}
```

上述 CSS 代码对#left 和#right 元素使用了浮动排版，分别被设置为向左和向右浮动。为了得到跟（1）中的 CSS 完全一样的效果，#right 的宽度需要设置为 700px，该值等于.wrap 元素的宽度 900px-#left 的宽度 200px。另外，当子元素全部使用浮动排版时，父元素的高度不能自适应变化，所以需要采取相应的措施，在此通过设置父元素的伪元素 after 的样式来实现其高度自适应变化。

③ 定位排版 CSS 代码。

```
body {
    text-align:center;
    font-size:20px;
}
.wrap {
    position:relative;          /*设置相对定位，便于子元素相对它进行绝对定位*/
    margin:0 auto;              /*水平居中设置*/
    width:900px;
}
#left {
    position:absolute;          /*相对父元素绝对定位*/
    top:0px;
    left:0px;
    width:200px;
    height:300px;
    background:#cff;
}
#right{
    position:absolute;          /*相对父元素绝对定位*/
    top:0px;
    right:0px;
```

```
    width:700px;
    height:300px;
    background:#fcc;
}
```

上述 CSS 代码中，#left 和#right 子元素分别使用了绝对定位排版。需注意的是，对子元素使用绝对定位前必须设置.wrap 父元素为相对定位，这样子元素#left 和#right 才便于相对它进行绝对定位。

上述三种布局方式实现的效果完全一样，在实际应用中，大家可以任选一种。

15.3　左右两栏+页眉+页脚版式

左右两栏+页眉+页脚版式用于对网页结构的排版。该版式将网页内容划分为页眉、主体和页脚三块内容，同时主体又划分为左、右两栏内容，如图 15-3 所示。该版式其实是前面两个版式的综合应用，就是将上中下一栏版式中的间部分应用左右两栏版式。

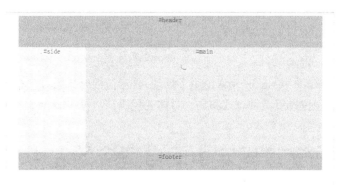

图 15-3　左右两栏+页眉+页脚版式

该版式的页面结构代码和 CSS 代码如下所示。

（1）页面结构代码。

```
<body>
  <header id="header" class="wrap">#header</header>
  <section id="content" class="wrap">
    <aside id="side">#side</aside>
    <article id="main">#main</article>
  </section>
  <footer id="footer" class="wrap">#footer</footer>
</body>
```

（2）CSS 代码。

```
body {
    text-align: center;
    font-size: 20px;
}
.wrap {
    margin: 0 auto;                 /*水平居中设置*/
    width: 900px;
}
```

```
#header {
    height: 90px;
    background: #6cf;
    /*margin-bottom: 5px;*/
}
#content {
    height: 300px;
    /*margin-bottom: 5px;*/
}
#side {
    float: left;                  /*向左浮动*/
    height: 300px;
    width: 200px;
    background: #cff;
}
#main {
    height: 300px;
    margin-left: 200px;           /*为浮动元素腾出 200px 的宽度*/
    background: #FCC;
}
#footer {
    height: 50px;
    background: #6cf;
}
```

上述 CSS 代码，#side 和#main 元素使用了浮动+普通流混合排版方式布局，它们同样也可使用纯粹的浮动排版和定位排版两种方式布局，具体的代码请参见 14.2 节，在此不再累赘了。

15.4 左右宽度固定中间自适应的左中右三栏版式

该版式用于对网页内容的排版，排版的该部分内容在网页中分成左中右三栏，版式结构如图 15-4 所示。该版式和两栏版式一样，使用了容器 DIV 来控制三栏内容的居中和宽度。

图 15-4　左中右三栏版式

该版式的布局可以使用多种方式，例如左、右浮动+中间静态排版的布局以及"双飞翼"布局等方式。下面将介绍左、右浮动+中间静态排版的布局和双飞翼"布局。

1. 左、右浮动+中间静态排版的布局

（1）页面结构代码。

```
<body>
    <div class="wrap">
```

```
        <aside id="left">#left</aside>
        <aside id="right">#right</aside>
        <!--#middle 必须放在#left 和#right 元素之后-->
        <section id="middle">#middle</section>
    </div>
</body>
```

（2）CSS 代码。

```
body {
    text-align:center;
    font-size:20px;
}
.wrap {
    margin:0 auto;                  /*水平居中对齐*/
    width:900px;
}
#left {
    float:left;                     /*向左浮动*/
    width:150px;
    height:300px;
    background:#cff;
}
#right {
    float:right;                    /*向右浮动*/
    width:150px;
    height:300px;
    background:#cff;
}
#middle{
    height:300px;
    background:#fcc;
    margin:0 150px;                 /*在左、右两侧分别为浮动元素腾出 150px 的宽度*/
}
```

上述代码对#left 和#right 两个元素分别设置了向左和向右浮动以及宽度样式，#middle 元素则作为标准流排版。此时需要注意的是，在页面代码中必须先写#left 和#right 两个元素，最后写#middle 元素，否则将无法达到预期效果。通过对#middle 设置 margin:0 150px，达到为左、右浮动元素腾出 150px 的宽度，这样#middle 元素上移后正好在两边环绕左、右浮动元素。如果三个元素之间需要存在一定的间距，只要增大#middle 的左、右外边距即可，即将上述 150px 改成大于 150px 的某个值，增加的值，即为元素之间的间距。和两栏版式一样，#left、#middle 和#right 三个元素除了上面代码所示的排版以外，也可以使用全部元素浮动排版或定位排版，此时需要注意的这两种布局的页面代码中，#left、#middle 和#right 是按顺序依次出现的，另外，使用浮动排版时还需要修改容器 DIV 的 HTML 代码为：<div class="wrap clearfix">，具体的页面代码和 CSS 代码请参见 15.2 节，在此不再赘述。

思考：如何使用左、中、右三个元素全部浮动的方式以及定位的布局方式修改上述布局方式？

2．"双飞翼"布局

"双飞翼"布局源于淘宝的 UED，其灵感来自于页面渲染，是对页面的形象表示，它将左、右两栏比作为小鸟的两个翅膀。

"双飞翼"布局通过对中间栏添加一个父 DIV 来控制中间栏的浮动以及宽度自适应。

（1）页面结构代码。

```html
<body>
    <div class="wrap">
        <!--#middle 必须放在#left 和#right 元素前面-->
        <div id="midContainer">
            <section id="middle">#middle</section>
        </div>
        <aside id="left">#left</aside>
        <aside id="right">#right</aside>
    </div>
</body>
```

（2）CSS 代码。

```css
body {
    text-align:center;
    font-size:20px;
}
.wrap {
    /*页面内容占浏览器窗口宽度的 80%，如果希望页面占满整个浏览器窗口，可以不用设该属性*/
    width: 80%;
    margin: 0 auto;
}
#midContainer {
    width: 100%;              /*自适应窗口大小*/
    float: left;
}
#middle {
    height: 300px;
    background:#fcc;
    margin: 0 150px;          /*为左、右栏腾出空间*/
}
#left {
    float: left;
    width: 150px;
    height: 300px;
    background: #cff;
    margin-left: -100%;       /*父元素的 100%,使左栏上移一行且从该行的右边移到左边*/
}
#right {
    float: left;
    width: 150px;
    height: 300px;
    background: #cff;
    margin-left:-150px;       /*使右栏从下面移上来*/
}
```

上述代码实现了左、右两边固定宽度，中间自适应的左中右三栏布局。在页面结构代码中，我们看到中间栏添加了父元素#midContainer，以此来控制中间栏的布局。在 CSS 代码中，通过给中间栏添加左、右 margin 来解决中间被遮住的问题。添加了 margin 后的中间栏，占位宽度为父元素宽度的 100%减去左右的 margin 值，即为中间的元素内容宽度。

15.5　左右宽度固定中间自适应的左中右三栏+页眉+页脚版式

该版式用于对网页结构的排版，该版式将网页内容划分为页眉、主体和页脚三块内容，同时主体又划分为左、中、右三栏内容，版式结构如图 15-5 所示。该版式其实是上中下一栏版式和左右宽度固定中间自适应的左中右三栏版式的综合应用，就是将上中下一栏版式中的中间部分应用宽度固定且居中的左中右三栏版式。

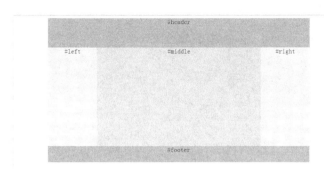

图 15-5　左右宽度固定中间自适应的左中右三栏+页眉+页脚版式

下面使用"双飞翼"布局方法实现中间内容的布局，相关代码如下所示。

（1）页面代码。

```
<body>
    <header id="header" class="wrap">#header</header>
    <div class="wrap clearfix">
        <div id="midContainer">
            <section id="middle">#middle</section>
        </div>
        <aside id="left">#left</aside>
        <aside id="right">#right</aside>
    </div>
    <footer id="footer" class="wrap">#footer</footer>
</body>
```

（2）CSS 代码。

```
body {
    text-align: center;
    font-size: 20px;
    min-width: 700px;          /*当内容宽度小于 700px 时会显示滚动条，否则自适应父窗口宽度*/
}
.wrap {
    width: 80%;                /*页面内容占浏览器窗口宽度的 80%*/
    margin: 0 auto;
}
#header {
    height: 90px;
    background: #6cf;
```

```
}
.clearfix:after {              /*设置父元素高度自适应*/
    content: "";
    clear: both;
    display: block;
    visibility: hidden;
}
#midContainer {
    width: 100%;              /*自适应窗口大小*/
    float: left;
}
#middle {
    height: 300px;
    background: #fcc;
    margin: 0 150px;          /*为左、右栏腾出空间*/
}
#left {
    float: left;
    width: 150px;
    height: 300px;
    background: #cff;
    margin-left: -100%;       /*父元素的100%,使左栏从右边移到左边*/
}
#right {
    float: left;
    width: 150px;
    height: 300px;
    background: #cff;
    margin-left: -150px;      /*使右栏从下面移上来*/
}
#footer {
    height: 50px;
    background: #6cf;
}
```

在 CSS 代码中，我们对 body 设置了 min-width， 使页面内容宽度小于 700px 时会显示滚动条，大于 700px 时则自适应父窗口宽度。

15.6 DIV+CSS 布局与表格布局的比较

从语义上讲，W3C 制定 table 标签的最初本意只是用它来做表格结构定义的，并不是用于布局网页的，文档中如果有表格，那么就应该用 table 标签来定义表格元素；而 DIV+CSS 是符合 WEB 标准的主要手段之一，目前大多数符合标准的页面都是采用 DIV+CSS 来布局。

DIV+CSS 布局实现了表现和内容完全分离，便于美工和开发人员的分工；同时 CSS 样式可重复使用，从而大大缩减页面代码，提高页面浏览速度；此外，使用 DIV+CSS 布局的网页，结构清晰，更有利于搜索引擎的搜索。TABLE 布局表现和内容混杂在一起，结构不清晰，布局代码不能重用，因而包含许多相同的布局代码，大大增加文件大小，影响浏览速度。另外，为了达到一定的视觉效果，不得不套用多个表格，而搜索引擎一般不抓取三层以上的表格嵌套，遇到多层表格嵌套时，spider 通常会跳过嵌套的内容或直接放弃整个页面。

使用 DIV+CSS 布局易于维护，只需修改一次 CSS 即可；使用 TABLE 布局需要修改网页的样式时，常常需要在许多网页中进行相同的修改，而且还可能涉及内容的修改，工作量巨大，而且容遗漏甚至出错。例如要对换网页 left 和 right 板块的内容，表格布局的工作量与制作新的页面相当，而 DIV+CSS 布局方式只需修改 left 和 right 板块的绝对定位位置或浮动方向即可实现。

习 题 15

1. 简述题

简述常见的网页布局版式有哪些，分别如何划分页面结构。

2. 上机题

分析图 15-16 所示页面的布局版式，并综合使用普通流、浮动和定位排版方式实现图 15-18 所示页面的布局。

图 15-16　页面效果

第 3 篇
JavaScript 篇

第16章
JavaScript 基础

JavaScript 是一种面向 Web 的编程语言,通过 JavaScript 可以增强用户与网页的动态交互效果,提升用户体验。JavaScript 也是前端开发技术（HTML、CSS 和 JavaScript）之一，是前端开发必须掌握的技能。本章主要介绍 JavaScript 的基础知识。

16.1　JavaScript 概述

JavaScript 是适应动态网页制作的需要而诞生的一种编程语言，如今越来越广泛地使用于 Internet 网页制作上。JavaScript 是由 Netscape 公司开发的嵌入到 HTML 文件中的基于对象（Object）和事件驱动（Event Driven）的脚本语言。在 HTML 基础上，使用 JavaScript 可以开发交互式 Web 网页。JavaScript 的出现使得网页和用户之间实现了一种实时性的、动态的、交互性的关系。

1. 发展历史

JavaScript 最初由 Netscape（网景公司）的 Brendan Eich 于 1992 年开发，开发的目的是为了扩展即将于 1995 年发行的 NetscapeNavigator 2.0（NN2.0）功能，提高网页的响应速度。最初 JavaScript 叫做 LiveScript，后来因为 Netscape 和 Sun 公司合作，且 Java 正处于强劲的发展势头，出于市场营销的目的，Netscape 和 Sun 公司协商后，将其名称改为 JavaScript。当时的微软，为了取得技术上的优势，在 IE3.0 上发布了 VBScript，并命名为 JScript，以此来应对 JavaScript。其实 JScript 和 JavaScript 基本上是相同的。为了使用上的一致性，1997 年，在 ECMA（欧洲计算机制造商协会）的协调下，由 Netscape、Sun、微软、Borland 组成的工作组对 JavaScript 和 JScript 等当时存在的主要的脚本语言确定了统一标准：ECMA-262（ECMAScript)）。所以 JavaScript、JScript、ECMAScript 三者的关系中，ECMAScript 是总的规范，而 JavaScript 和 JScript 则是依照这个规范开发的，它们和 ECMAScript 相容，但包含了超出 ECMAScript 的功能。现在 JavaScript、JScript 和 ECMAScript 都通称为 JavaScript 。

2. 组成部分

标准化后的 JavaScript 包含了三个组成部分。

ECMAScript：定义了基本的语法和基本对象。现在每种浏览器都有对 ECMAScript 标准的实现。

DOM（Document Object Model）：文档对象模型，它是 HTML 和 XML 文档的应用程序编程接口。浏览器中的 DOM 把整个网页规划成由节点层级构成的文档。用 DOM API 可以轻松地删除、添加和替换节点。

BOM（Browser Object Model）：浏览器对象模型，描述了与浏览器窗口进行访问和操作的方法和接口。

3. 与 Java 的关系

JavaScript 最初是受 Java 启发而开始设计的，目的之一就是"看上去像 Java"，因此它在语法上和 Java 有类似之处，一些名称和命名规范也源自 Java。但 JavaScript 除了在语法上和 Java 有些类似，以及前面所说的出于市场营销的目的名字和 Java 有点相似以外，它在其他方面和 Java 存在很大的不同，主要体现在以下几点。

（1）JavaScript 由浏览器解释执行，Java 程序则是编译执行。

（2）JavaScript 是一种基于对象的脚本语言；Java 则是一种面向对象的编程语言。

（3）JavaScript 是弱类型语言，可以不声明变量而直接使用变量；Java 是强制类型语言，变量在使用前必须先声明。

4. 特点

JavaScript 是一种运行在浏览器中的主要用于增强网页的动态效果，提高与用户的交互性的编程语言，相比于其他编程语言，它具有许多特点，主要包括以下几方面。

（1）解释性。

JavaScript 不同于一些编译性的程序语言，它是一种解释性的程序语言，它的源代码不需要经过编译，可以直接在浏览器中运行时进行解释。

（2）动态性。

JavaScript 是一种基于事件驱动的脚本语言,它不需要经过 Web 服务器就可以对用户的输入直接做出响应。

（3）跨平台性。

JavaScript 依赖于浏览器本身，与操作环境无关，任何浏览器，只要具有 JavaScript 脚本引擎，就可以执行 JavaScript。目前，几乎所有用户使用的浏览器都内置了 JavaScript 脚本引擎。

（4）安全性。

JavaScript 是一种安全性语言，它不允许访问本地的硬盘，同时不能将数据存入服务器，不允许对网络文档进行修改和删除，只能通过浏览器实现信息浏览或动态交互。这样可有效地防止数据的丢失。

（5）基于对象。

JavaScript 是一种基于对象的语言。这意味着它能运用自己已经创建的对象。因此，许多功能可以来自于脚本环境中对象的方法与脚本的相互作用。

5. 编辑工具

因为 JavaScript 源代码是纯文本代码，所以可以使用任何文本编辑器来编辑 JavaScript，甚至可以使用 Microsfot Word 这样的字处理软件，但此时一定要确保将文件保存为文本文件类型。建议最好使用以纯文本作为标准格式的软件，例如记事本、EditPlus、frontPage、IntelliJ IDEA、Dreamveawer 等软件。

6. 执行顺序

JavaScript 代码按照执行的机制可分为两类代码：事件处理代码和非事件处理代码。非事件处理代码在 HTML 文档内容载入后，将按 JavaScript 在文档中出现的顺序，从上往下依次执行。事件处理代码则在 HTML 文件内容载入完成，并且所有非事件处理代码执行完成后，才根据触发的事件执行对应的事件处理代码。

7. 区分大小写

和 Java 一样，JavaScript 代码中的标识符也区分大小写，所以 Student 和 student 是两个不同的标识符，如果把 student 写成 Student，程序将会出错或得不到预期结果。通常，JavaScript 中的关键字、变量、函数名等标识符全部小写，如果名词是由多个单词构成，则从第二个单词开始每个单词的首字母大写。

8. 语句结束的分号问题

不同于 Java 每条语句结尾必须加上分号，JavaScript 语句结尾处的分号是可选的，即可加也可不加。如果语句结尾不加分号，则 JavaScript 会对当前语句和下一行语句进行合并解析，如果不能将两者当成一个整体来解析的话，则 JavaScript 会在当前语句换行处填补分号，例如：

```
var a
a
=
3
```

解析的结果为 var a;a=3;。

由 JavaScript 来添加分号在大多数情况下是正确的，但也有两个例外情况。第一个例外情况是涉及 return、contiune 和 break 这三个关键字的时候。不管什么情况下，如果这些关键字的行尾处没有分号，JavaScript 都会对它们在换行处填补分号。例如，本意是 return true;的语句，如果写成以下形式：

```
return
true;
```

则 JavaScript 解析后的结果将变成：return;true;。第二个例外情况是涉及"++"和"--"这两个运算符的时候。这些运算符既可作为表达式前缀使用，也可以作为表达式后缀使用。如果将其作为表达式后缀使用，它和表达式应该在同一行。否则，JavaScript 将在行尾处填补分号。例如，本意是 x++;y;的语句，如果写成以下形式：

```
x
++
y
```

则解析的结果为：x;++y;。

由前面两个例子可见，为了使语句不出现歧义，我们最好在每条语句的结尾处都加上分号。

16.2　标识符和关键字

标识符其实就是一个名称，该名称可用来命名变量和函数，或者用作 JavaScript 代码中某些循环语句中的跳转位置的标签。JavaScript 的标识符命名规则与 Java 以及其他许多语言的命名规则相同，具体如下。

（1）标识符第一个字符必须是字母、下划线（_）或美元符号（$），其后的字符可以是字母、数字或下划线、美元符号。

（2）标识符不能和 JavaScript 中的关键字同名，但可以包含关键字。

（3）标识符不能包含空格。

（4）标识符不能包含 "+"、"-"、"@"、"#" 等特殊字符。

标识符示例：user_name、_name、$name、ab、ab123 都是合法的标识符，而 1a、a b、123、while 都不是合法的标识符。

JavaScript 把一些标识符作为自己的关键字，这些关键字一般具有特定含义，在特定的场合中使用。为了不引起不必要的问题，不可以使用 JavaScript 关键字作变量名或函数名。表 16-1 列出了 JavaScript 常见的一些关键字。

表 16-1　　　　　　　　　　　　　　　　　JavaScript 关键字

var	new	boolean	float	int	char
byte	double	function	long	short	true
break	continue	interface	return	typeof	void
class	final	in	package	synchronized	with
catch	false	import	null	switch	while
extends	implements	else	goto	native	static
finally	instaceof	private	this	super	abstract
case	do	for	public	throw	default

16.3　直接量

所谓直接量（literal），指的是程序中通过源代码直接指定的值，例如 String hello= "您好" 代码中，为变量 hello 所赋的值 "您好" 就是一个直接量。根据值的类型，直接量可分为以下几种类型。

- 整型直接量：只包含整数部分，可使用十进制、十六进制和八进制表示，例如：123。
- 浮点型直接量：由整数部分加小数部分表示，例如：1.23。
- 布尔直接量：只有 true 和 false 两种取值。
- 字符型直接量：使用单引号或双引号括起来的一个或几个字符或以反斜扛开头的称为转义字符（参见 16.5.2 小节介绍）的特殊字符，例如："Hi"、'女'、\n（换行转义字符）。
- 空值：使用 null 表示，表示什么也没有，如试图引用一个没有声明的变量，将返回一个 null 值。

直接量的详细介绍请参见 16.5 节。

16.4　变量

当程序需要在将来使用某个值时，首先必须将其赋值给（将值 "保存" 到）一个变量。所谓变量，是指计算机内存中暂时保存数据的地方的符号名称，可以通过该名称获取对值的引用。在程序中，对内存中的数据的各种操作都是通过变量名来实现的。在程序的执行过程中，变量所保存的数据可能会发生变化。

变量的命名规则遵循标识符的命名规则。此外，在程序中应尽量使用有意义的名字来命名变量，尽量不要使用 x、y、z、a、b、c 或它们的组合等没有具体含义的符号来命名变量。一个好的变量名能见名知意。如果一个变量名由多个单词构成，则可以使用"驼峰式"（从第二个单词开始每个单词的首字母大写）或"下划线式"的变量名，如 userName，user_name。

16.4.1　变量的声明与赋值

使用 JavaScript 变量前一般需要先声明变量，JavaScript 变量的声明需要使用关键字 var。不同于强类型的 Java 变量，声明时需要指定变量的数据类型。JavaScript 采用弱数据类型的形式，JavaScript 变量是一种自由变量，它可以接受任何类型的数据，在声明时无需定义数据类型。声明 JavaScript 变量的语法存在以下几种方式。

```
方式一：var 变量名;
方式二：var 变量名1,变量名2,...,变量名n;
方式三：var 变量名1=值1,变量名2=值2,...,变量名n=值n;
```

语法说明如下。

（1）变量的具体数据类型根据所赋的值的数据类型来确定。例如：

```
var message="hello";                    //值为字符串类型，所以message变量的类型为字符串类型
var message=123;                        //值为数字类型，所以message变量的类型为数字类型
Var message=true;                       //值为布尔类型，所以message变量的类型为布尔类型
```

（2）使用 var 可以一次声明一个变量，也可以一次声明多个变量，不同变量之间使用逗号隔开。例如：

```
var name;                               //一次声明一个变量
var name,age,gender;                    //一次声明多个变量
```

（3）声明变量时可以不赋值，此时其值默认为 undefined；也可以在声明变量的同时给变量赋值。例如：

```
var name="张三";                        //声明的同时给变量赋值
var name="张三",age=20,gender;          //在一条声明中给部分变量赋值
var name="张三",age=20,gender='女';     //在一条声明中给全部变量赋值
```

（4）可以使用 var 多次声明同一个变量。如果重复声明的变量具有初始值，则此时的声明就相当于对变量重新赋值。如果仅仅是为了修改变量的值，不建议重复声明，直接在声明语句后面对变量重新赋值就可以了。

（5）变量也可以不事先使用 var 作声明，而直接使用，此时变量的使用简单但不易发现变量名方面的错误，所以一般不建议使用此方法。

在实际应用中，直接将循环变量的声明作为循环语法的一部分。例如：

```
for(var i=0;i<10;i+=){...}
```

16.4.2　变量的作用域

所谓变量的作用域（scope），指的是变量在程序中的有效范围，也就是程序中使用这个变量的区域。在 JavaScript 中，变量根据作用域可以分为两种：全局变量和局部变量。全局变量声明在所有函数之外，作用于整个脚本代码；局部变量是在函数体内使用 var 声明的变量或者是函数的形参，只在函数内有效。形参在整个函数体中有效，声明的局部变量则在从声明语句之后的整

个函数体有效。在函数体内声明与全局变量同名的局部变量，在函数体内局部变量将覆盖全局变量，即此时起作用的是局部变量；函数体外，全局变量起作用，局部变量无效，此时引用局部变量将出现语法错误。另外，所有没有使用 var 声明的变量不管在哪里使用都属于全局变量。

【示例 16-1】变量的作用域示例。

```
<!DOCTYPE html>
<html>
<head>
<meta charset="utf-8">
<title>变量作用域示例</title>
<script type="text/javascript">
var gv1="JavaScript1";          //在函数体外声明的变量为全局变量
var gv2="JavaScript2";          //在函数体外声明的变量为全局变量
scopeTest();                    //调用函数
function scopeTest(){
    var lv="JScript2";          //在函数体内声明的变量为局部变量
    var gv2="JScript2";         //在函数体内声明的变量为局部变量
    vv="VBScript";              //没有使用 var 声明，虽然在函数体内声明，但却属于全局变量
    document.write("函数体内输出的值: <br/>");
    document.write("<li>gv1="+gv1);
    document.write("<li>gv2="+gv2);
    document.write("<li>gv3="+gv3);//gv3 为全局变量，但赋值在后面，因而将输出 undefined
    document.write("<li>lv="+lv);
}
var gv3="JavaScript3";          //在函数体外声明的变量为全局变量
document.write("<br/><br/>函数体外输出的值: ");
document.write("<li>gv1="+gv1);
document.write("<li>gv2="+gv2);
document.write("<li>gv3="+gv3);
document.write("<li>vv="+vv);   //vv 为全局变量，在此处仍然有效
document.write("<li>lv="+lv);   //局部变量，离开函数体将无效
</script>
</head>
<body>
</body>
</html>
```

上述脚本代码分别定义了四个全局变量和两个局部变量，在 IE11 浏览器中运行的结果如图 16-1 所示。从图 16-1 可看出，所有在函数体之外声明的变量都是全局变量，作用于整个脚本代码，所以如果在函数体内没有被局部变量覆盖的话，全局变量将在函数体内、外都有效。在函数体中使用 var 声明的变量为局部变量，包括 gv2 和 lv 两个变量，其中 gv2 与全局变量 gv2 同名。从上面的介绍，我们已经知道，在函数体内，局部变量将覆盖全局变量，此时局部变量有效，所以在函数体内输出 gv2 的值为 "JScript2"，而不是 "JavaScript2"。从图 16-1 中可见，没有赋值的变量将输出 undefined，如在函数体中输出变量 gv3。另外，在函数体内变量

图 16-1　变量的作用域示例效果

vv 没有使用 var 声明，为全局变量，所以在函数体内和函数体外都有效。局部变量离开函数体后无效，此时访问局部变量，将会出现运行时错误，若使用相关软件调试时将报局部变量未定义。

16.5　数据类型

JavaScript 是弱类型的编程语言，声明变量时不需要指明类型，变量的类型由所赋值的类型决定，所以 JavaScript 的数据类型是针对直接量的。数据类型限制了数据可以进行的操作，以及其在内存中占用的空间大小。例如数字类型的数据可以进行算术、比较等运算，而字符串类型的数据可以进行字符串连接、排序、子串截取等运算。

JavaScript 支持的类型可分为三类：基本类型、特殊类型和复杂类型。基本类型包括数字（number）类型、字符串（String）类型和布尔（boolean）类型。其中数字类型又分整型和浮点型。特殊类型包括 null（空值）类型和 undefined（未定义类型）。复杂类型包括数组类型、函数类型和对象类型。本节主要介绍基本类型和特殊类型，复杂类型将在后面相关章节中进行介绍。

16.5.1　数字类型

数字（number）类型在 JavaScript 中，与在其他程序设计语言（如 Java 和 C++）中不同的是，所有的数字都是由浮点数值表示的，它并不区别整数值和浮点数值。在 JavaScript 源代码中包含两种书写格式的数字：整型数字和浮点型数字。整型数字就是只包含整数部分的数字，其中又分为十进制、十六进制和八进制三类整数。浮点型数字则包含整数部分、小数点和小数部分。

1. 整型数字

在 JavaScript 程序中，十进制的整数是一个数字序列。例如：123，69，10000 等数字。JavaScript 的数字格式允许精确地表示 -900719925474092（-2^{53}）和 900719925474092（2^{53}）以及它们之间的所有整数。使用超过这个范围的整数，就会失去尾数的精度。需要注意的是，JavaScript 中的某些操作，如数组索引，是对 32 位的整数执行的，它们的范围从 -2147483648（-2^{31}）到 2147483647（$2^{31}-1$）。

JavaScript 不但能够处理十进制的整型数据，还能识别十六进制（以 16 为基数）的数据。所谓十六进制数据，是以 "0X" 和 "0x" 开头，其后跟随十六进制数字串的直接量。十六进制的数字可以是 0 到 9 中的某个数字，也可以是 a（A）到 f（F）中的某个字母，它们用来表示 0 到 15 之间（包括 0 和 15）的某个值。十六进制可以很容易地转换为十进制数，例如：十六进制数 0xff 对应的十进制数是 255（$15 \times 16+15=255$）。

尽管 ECMAScripr 标准不支持八进制数据，但是 JavaScript 的某些实现却允许采用八进制（基数为 8）格式的整型数据。八进制数据以数字 0 开头，其后跟随由 0~7（包括 0 和 7）之间的数字组成的一个数字序列。八进制数可以很容易地转换为十进制数，例如，八进制数 0377 对应的十进制数是 255（$3 \times 64+7 \times 8+7=255$）。

由于某些 JavaScript 实现支持八进制数据，有些则不支持，所以最好不要使用以 0 开头的整型数据，因为不知道某个 JavaScript 的实现是将其解释为十进制，还是解释为八进制。

2. 浮点型数字

浮点型数字采用的是传统的实数写法。一个实数值由整数部分后加小数点和小数部分表示。此外，还可以使用指数法表示浮点型数字，即实数后跟随字母 e 或 E，后面加上正负号，其后再加一个整型指数。这种记数法表示的数值等于前面的实数乘以 10 的指数次幂。

构成语法：

```
[digits] [.digits] [(E|e[(+|-)])digits]
```

例如：

```
3.1;
.66666666;
1.23e11        //1.23×10¹¹;
2.321E-12      //2.321×10⁻¹²;
```

16.5.2　字符串类型

字符串 String 类型是由单引号或双引号括起来的一组由 16 位 Unicode 字符组成的字符序列，用于表示和处理文本。

1. 字符串直接量

在 JavaScript 程序中的字符串直接量，是由单引号或双引号括起来的字符序列。由单引号定界的字符串中可以含有双引号，由双引号定界的字符串中也可以含有单引号。字符串直接量示例如下：

```
'我现在在学习 JavaScript'        //单引号括起来的字符串
"我现在在学习 JavaScript"        //双引号括起来的字符串
'我现在在学习"JavaScript"'       //单引号定界的字符串中可以包含双引号
"我现在在学习'JavaScript'"       //双引号定界的字符串中可以包含单引号
```

2. 转义字符

在 JavaScript 字符串中，反斜线（\）有着特殊的用途，通过它和一些字符的组合使用，可以在字符串中包括一些无法直接键入的字符，或改变某个字符的常规解释。例如：使用双引号括起来的字符串中，如果需要包含双引号，则需要对作为字符串内容的双引号作非常规解释，即不能解释为字符串的定界符号，此时通过将双引号写成\"的形式可满足需求。\"就是一个转义字符，该转义字符将双引号解释为字符串中的一个组成部分，而不是作为字符串定界符号。又比如\n 表示的是换行符，实现换行功能。\n 转义字符实现了在字符串中包括无法直接键入的换行符。JavaScript 常用的转义字符如表 16-2 所示。

表 16-2　　　　　　　　　　　　　　JavaScript 常用的转义字符

转义字符	描　　述	转义字符	描　　述
\n	换行符	\r	回车符
\t	水平制表符	\\	反斜杠符
\b	退格符	\v	垂直制表符
\f	换页符	\0ddd	八进制整数，取值范围 000～777
\'	单引号	\xnn	十六进制整数，取值范围 00～FF
\"	双引号	\uhhhh	由 4 位十六进制数指定的 Unicode 字符

转义字符的使用示例：

```
var msg1="这个例子演示了使用\"JS 转义字符\"";          //代码中使用了\"双引号转义字符
Var msg2='以及"单引号"作字符串界定的两种方法输出字符串中的双引号。';
alert(msg1+"\n"+msg2);                                //代码中使用了\n 换行转义字符
```

上述代码嵌入到 HTML 文件后，在 IE11 中的运行结果如图 16-2 所示。

从图 16-2 可看出，要输出字符串中的双引号，除了可使用单引号作为字符串的界定符方法外，还可以使用转义字符\"。另外，因为使用了\n 换行转义字符，所以结果中的两行字符串实现了换行显示。

图 16-2　转义字符的使用

3. 字符串的使用

字符串中的每个元素在字符序列中都占有一个位置，用非负数值索引这些位置。JavaScript 字符串的索引从零开始，所以第一个字符的位置是 0，第二个字符的位置是 1，依此类推。要获取字符串中某个位置的字符可以使用字符串调用方法：charAt(index);

字符串中字符元素的个数表示字符串的长度。空字符串长度为零，因而不包含任何元素。字符串的长度的获取可以使用字符串的 length 属性来获得。

在 JavaScript 中，多个字符串可以使用"+"号连接成一个字符串。

除了上面所说的使用字符串方式外，还可以调用许多方法来处理字符串。字符串的方法包括两类方法：处理字符串内容的方法和处理字符串显示的方法。这些方法分别如表 16-3 和表 16-4 所示。

表 16-3　　　　　　　　　　　　　　　　处理字符串内容的常用方法

方　　法	描　　述
charAt(位置）	返回 String 对象指定位置处的字符
indexOf(查找的子串[,index])	返回从位置 index 之后首次出现查找的子串的位置。如果参数 index 省略，则从字符串第一个字符开始查找。如果没有找到要查找的子串，返回-1
lastIndexOf(查找的子串[,index])	返回要查找的字串在 String 对象中最后一次出现的位置。查找是在字符串的 index 位置从后往前查找，如果省略 index 参数，则从字符串的最后一个字符开始查找。如果没有找到要查找的子串，返回-1
match(正则表达式)	在一个字符串中寻找与正则表达式匹配的子串。如果找不到匹配的子串，将返回 null
replace(正则表达式,新字符串)	使用新字符串替换匹配正则表达式的字符串后作为新字符串返回
search(正则表达式)	搜索与参数指定的正则表达式的匹配。如果找不到匹配的子串，将返回-1
split(正则表达式)	根据参数指定的正则表达式对字符串分隔为字符串数组
slice(索引值 i [,索引值 j])	提取并返回字符串索引值 i 到索引值 j-1 之间的子串。如果省略索引值 j，则返回字符串从 i 位置到结尾开始的所有子串。i 和 j 可以是负数
substring(索引值 i [,索引值 j])	提取并返回字符串索引值 i 到索引值 j-1 之间的子串。如果省略索引值 j，则返回字符串从 i 位置到结尾开始的所有子串。i 和 j 不可以是负数
toLowerCase()	将字符串中的字母全部转换为小写后作为新字符串返回
toUpperCase()	将字符串中的字母全部转换为大写后作为新字符串返回
toString()	返回字符串对象的原始字符串值。这是针对字符串对象的方法
valueOf()	返回字符串对象的原始字符串值。这是针对字符串对象的方法

表 16-4　　　　　　　　　　　　处理字符串显示的常用方法

方　　法	描　　述
fontcolor（颜色）	使用参数所指定的颜色设置字符串的字体颜色
fontsize（大小）	使用参数所指定的大小设置字符串的字体大小。参数取值为 1~7，默认值为 3。参数可取正、负值，它们都是相对 3 来说的。如：-3 表示实际的值是 0；+4 表示实际的值是 7。当参数值超出 1~7 时，将跟这个范围中最接近的那个值的字号一样。例如：16 和 7 的字号大小一样；0 和 1 和字号大小一样
bold（）	设置字符串加粗显示
italics（）	设置字符串的字体格式为斜体
big（）	设置字符串的字体为大字体
small（）	设置字符串的字体为小字体
strike（）	设置字符串显示删除线
sub（）	设置字符串以下标显示
sup（）	设置字符串以上标显示

注：当字符串调用方法时，JavaScript 就会将字符串通过调用 new String(字符串)的方法将字符串转换为对象，所以其实是字符串对象在调用方法。

【示例 16-2】JavaScript 字符串使用。

```
<!DOCTYPE html>
<html>
<head>
<meta charset="utf-8">
<title>字符串的使用</title>
<script type="text/javascript">
var str="apple、banana、pear";
var s=str.charAt(3);                      //获取字符串中位置 3 的字符
var len=str.length;                       //获取字符串的长度
var index1=str.indexOf("e");              //获取首次出现 e 字符的位置
var index2=str.indexOf("a",6);            //获取位置 6 之后首次出现 a 字符的位置
var index3=str.lastIndexOf("e");          //获取字符串中最后一个"e"的位置
var arr=str.split("、");                   //使用"、"将字符串分隔为字符串数组
var subst=str.substring(6,12);            //截取位置 6~11 之间的子串
var str1=str.toUpperCase();               //将字母全部转换为大写
var str2=str.fontcolor("red");            //设置字符串的颜色
var str3=str.italics().bold().fontsize(7); //同时设置字符串的字号以及加粗和倾斜格式
document.write("操作的字符串是："+str+"<br/>字符串的长度为："+len+"<br/>字符串第 3 个位置的
字符是："+s+"<br/>第一个'e'的位置是："+index1+"<br/>位置 6 之后首次出现'a'的位置是
："+index2+"<br/>最后一个'e'的位置是："+index3+"<br/>使用'、'分隔字符串后得到的字符数组是：
"+arr+"<br/>位置 6 和 11 之间的子串是："+subst+"<br/>字符串字母全部大写后变为："+str1+"<br/>
设置字符串的颜色为红色："+str2+"<br/>设置字符字号以及加粗并倾斜显示："+str3);
</script>
</head>
<body>
</body>
</html>
```

上述脚本代码中通过调用字符串方法和属性实现了对文本的内容和显示两方面的处理，在 document 的 write 方法中则使用"+"实现了字符串的连接操作。上述代码在 IE11 浏览器中运行的结果如图 16-3 所示。

图 16-3　字符串的使用

注：字符串的 match()、search()和 replace()三个方法涉及到正则表达式的相关内容，所以这三个方法的应用将放到第 19 章中的相关内容中介绍。

16.5.3　布尔类型

布尔类型的数据用于表示真或假、开或关、是或否，在程序中分别对应直接量 true 和 false 表示。布尔值主要用于表示比较表达式的结果。在程序中布尔值通常用于流程控制结构中，比如判断流程和循环流程中的条件判断语句中都会使用到布尔值。例如：

```
if(a==1)
    b=a+1 ;
else
  b=a*2;
```

上述代码中的 a==1 是一个比较表达式，结果为 true 或为 false。如果 a 的值等于 1，将执行 b=a+1 代码，否则执行 b=a*2 代码。

布尔值也可以进行算术运行，此时 true 将转换为 1，false 转换为 0。例如：

```
document.write(true*true);      //表达式转换为1*1，结果为1
document.write(false*true);     //表达式转换为0*1，结果为0
document.write(false+true);     //表达式转换为0+1，结果为1.
```

16.5.4　null 和 undefined 类型

null 是 JavaScript 的关键字，表示没有对象，用于定义空的或不存在的引用，是一个对象类型。null 参与算术运算时其值会自动转换为 0。例如：

```
var a=null;
document.write(a+3);            //结果为3
document.write(a*3);            //结果为0
```

undefined：undefined 是全局对象的一个特殊属性，表示一个未声明的变量，或已声明但没有赋值的变量。undefined 典型用法如下。

（1）变量被声明了，但没有赋值时，就等于 undefined。

（2）调用函数时，应该提供的参数没有提供，该参数等于 undefined。

（3）对象的属性没有赋值，该属性的值为 undefined。

（4）数组定义后没有给元素赋值时，数组各个元素等于 undefined。

（5）函数没有返回值时，默认返回 undefined。

undefined 参与算术运算时转换为 NaN。例如：

```
var b;                    //变量声明了但没有赋值
document.write(b+3);      //结果为 NaN
document.write(b*3);      //结果为 NaN
```

16.5.5　数据类型的转换

JavaScript 是一种动态类型的语言，在执行运算操作时，JavaScript 会根据需要自行进行类型转换。JavaScript 自行进行类型转换时遵循以下的规则。

（1）如果表达式中有操作数是字符串，而运算符使用加号（＋），此时 JavaScript 会自动将数值转换成字符串。例如：

```
var x="姑娘今年"+18;       //结果: x=姑娘今年 18
var y="15"+5;            //结果: y=155
```

（2）如果表达式中有操作数是字符串，而运算符使用除加号以外的其他运算符，如（/），此时 Javascript 会自动将字符串转换成数值，对无法转换为数字的则转换为 NaN。例如：

```
var x="30"/5;           //结果: x=6
var y="15"-5;           //结果: y=10
var z="20"*"a";         //结果: y=NaN
```

（3）一元"!"运算符将其操作数转换为布尔值并取反。例如：

```
var x=! 0;              //结果: x=true
Var x=!"ok";            //结果: x=false
```

从上面的介绍我们可以看到，JavaScript 可以自动进行许多类型的转换。JavaScript 自动进行的类型转换称为隐式类型转换。与隐式类型转换相对应的是显式类型转换。显式类型转换主要针对功能的需要或为了使代码变得清晰易读。JavaScript 的显式类型转换是通过调用 parseInt()、parseFloat()等 JavaScript 内置函数来实现的，有关 parseInt()、parseFloat()的介绍请参见第 17 章中的 17.4 节相关内容。

16.6　表达式和运算符

表达式是指可产生结果的式子。最简单的表达式是常量或变量名。常量表达式的值就是常量本身，变量表达式的值则是赋值给变量的值。使用运算符可以将简单表达式组合成复杂表达式，其中，运算符是在表达式中用于进行运算的一系列符号或 JavaScript 关键字。按运算类型，运算符可以分为算术运算符、比较运算符、赋值运算符、逻辑运算符和条件运算符 5 种。按操作数，运算符可以分为单目运算符、双目运算符和多目运算符。复杂表达式的值由运算符按照特定的运算规则对简单表达式进行运算得出。表达式示例如下：

```
var a=20;
var b=1+a;
```

在上面的两条代码中，a、b 和 20 就是一个简单的表达式，而 1+a 就是一个复杂表达式。其中 a 变量表达式的值是 20，常量 20 表达式的值就是其本身，b 变量表达式的值是 21（由复杂表达式执行加法运算后得到的结果）。

16.6.1　算术表达式

算术表达式是由简单表达式和算术运算符组合而成的表达式。算述表达式可通过算术运算符实现加、减、乘、除和取模等运算。算术运算符包括单目运符和双目运算符。常用的算术运算符如表 16-5 所示。

表 16-5　　　　　　　　　　　　　　算术运算符

运算符	描　述	类　型	示　例
+	当操作数全部为数字类型时执行加法运算 当操作数存在字符串时执行字符串连接操作	双目运算符	3+6 //返回值 9 "3" +6//返回值为 36
−	减法运算符	双目运算符	7-2 //返回值 5
*	乘法运算符	双目运算符	7*3 //返回值 21
/	除法运算符	双目运算符	12/3 //返回值 4
%	求模运算符	双目运算符	7%4 //返回值 3

++	自增运算符	单目运算符	i=1;j=i++ //j 的值为 1，i 的值为 2
			i=1;j=++i //j 的值为 2，i 的值为 2

--	自减运算符	单目运算符	i=6;j=i-- //j 的值为 6，i 的值为 5
			i=6;j=--i //j 的值为 5，i 的值为 5

【示例 16-3】JavaScript 算术运算符的使用。

```
<!DOCTYPE html>
<html>
<head>
<meta charset="utf-8">
<title>算术运算符使用示例</title>
<script type="text/javascript">
  var x = 11,y = 5,z=8;                    //声明变量x、y 和 z
  document.write("x = 11, y = 5, z=8");
  document.write("<li>11 + 5 = ", x + y);  //执行加法运算
  document.write("<li>11 - 5 = ", x - y);  //执行减法运算
  document.write("<li>11 * 5 = ", x * y);  //执行乘法运算
  document.write("<li>11 / 5 = ", x / y);  //执行除法运算
  document.write("<li>11 % 5 = ", x % y);  //执行取模运算
  document.write("<li>y++=",y++);          //执行自增运算
  document.write("<li>++y=",++y);          //执行自增运算
  document.write("<li>z--=",z--);          //执行自减运算
  document.write("<li>++z=",--z);          //执行自减运算
</script>
</head>
```

```
<body>
</body>
</html>
```

上述代码在 IE11 浏览器中的运行结果如图 16-4 所示。

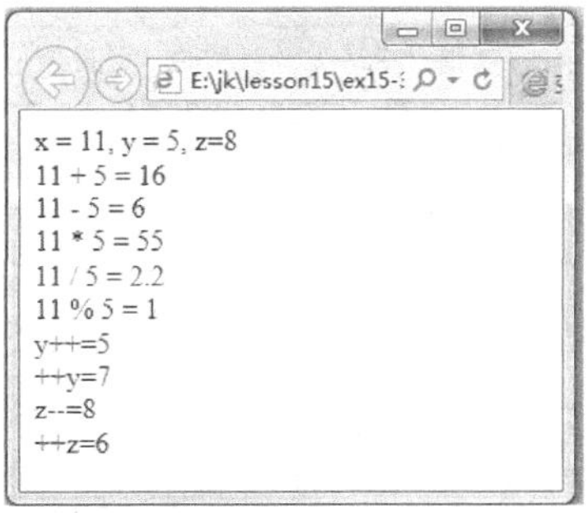

```
x = 11, y = 5, z=8
11 + 5 = 16
11 - 5 = 6
11 * 5 = 55
11 / 5 = 2.2
11 % 5 = 1
y++=5
++y=7
z--=8
++z=6
```

图 16-4　算术运算符使用示例

【示例 16-4】+运算符的使用。

```
<!DOCTYPE html>
<html>
<head>
<meta charset="utf-8">
<title>+运算符使用示例</title>
<script type="text/javascript">
  var str1="'+'运算符";
  var str2="使用测试";
  document.write(str1+str2);                    //操作数为两个字符串，执行字符串连接操作
  document.write("<li>11 + 5 = ", 11 + 5);       //操作数全部为数字，执行加法运算
  document.write("<li>'11' + 5 = ", '11' + 5);   //存在一个字符串操作数，执行字符串连接操作
</script>
</head>
<body>
</body>
</html>
```

上述代码在 IE11 浏览器中的运行结果如图 16-5 所示。

16.6.2　关系表达式

关系表达式需要使用关系运算符对表达式执行运算。关系表达式通过关系运算符实现两个操作数大小的比较，并根据关系返回 true 或 false 值。关系表达式总是返回一个布尔值。通常在 if、while 或 for 等语句中使用关系表达式，用以控制程序的执行流程。

图 16-5　+运算符使用示例

关系运算符都是双目运算符。常用的关系运算符如表 16-6 所示。

表 16-6　关系运算符

运算符	描　述	示　例
<（小于）	左边操作数小于右边操作数时返回 true	1<6 //返回值为 ture
>（大于）	左边操作数大于右边操作数时返回 true	7>10 //返回值为 false
<=（小于等于）	左边操作数小于或等于右边操作数时返回 true	10<=10 //返回值为 ture

续表

运算符	描 述	示 例
>=（大于等于）	左边操作数大于或等于右边操作数时返回 true	3>=6 //返回值 false
==（等于）	左、右两边操作数的值相等时返回 true	"17"==17 //返回值为 ture
===（严格等于）	左、右两边操作数的值相等且数据类型相同时返回 true	"17"==17 //返回值为 false
!=（小等于）	左、右两边操作数的值不相等时返回 true	"17"!=17 //返回值为 false
!===（不严格等于）	左、右两边操作数的值不相等或数据类型不相同时返回 true	"17"!=17 //返回值为 true

【示例 16-5】关系运算符的使用。

```
<!DOCTYPE html>
<html>
<head>
<meta charset="utf-8">
<title>关系运算符使用示例</title>
<script>
  var x = 5,y = '5',z = 6;                    //声明三个变量，其中 x 和 z 是数字变量，y 是字符串变量
  document.write("x = 5, y = '5', z = 6");
  document.write("<li>5=='5' 吗? ", x==y);     //执行等于运算
  document.write("<li>5==='5' 吗? ", x===y);   //执行严格等于运算
  document.write("<li>5!='5' 吗? ", x!=y);     //执行不等于运算
  document.write("<li>5!=='5' 吗? ", x!==y);   //执行不严格等于运算
  document.write("<li>5<='5' 吗? ", x<=y);     //执行小于或等于运算
  document.write("<li>5>='5' 吗? ", x>=y);     //执行大于或等于运算
  document.write("<li>5<6 吗? ", x<z);         //执行小于运算
  document.write("<li>'5'>6 吗? ", y>z);       //执行大于运算
</script>
</head>
<body>
</body>
</html>
```

上述代码在 IE11 浏览器中的运行结果如图 16-6 所示。

从图 16-6 的运行结果可看出，除了严格等于和不严格等于两个运算符外，其他关系运算符使用时，字符串数据都会在进行关系比较前，转换为数字类型。

图 16-6 关系运算符使用示例

16.6.3 逻辑表达式

逻辑表达式需要使用逻辑运算符对表达式进行逻辑运算。使用逻辑运算符可将多个关系表达式组合起来组成一个复杂的逻辑表达式。包含有关系表达式时，将首先运算关系表达式，然后再对关系表达式的结果进行逻辑运算。

逻辑运算符包括单目运算符和双目运算符，如表 16-7 所示。

表 16-7　　　　　　　　　　　　　　　　逻辑运算符

运算符	描 述	类 型	示 例
!	取反（逻辑非）	单目运算符	!3 //返回值 false
&&	与运算（逻辑与）	双目运算符	true && true //返回值 true
||	或运算（逻辑或）	双目运算符	false || true//返回值 true

1. 逻辑&&运算符

"&&"运算符可以实现任意类型的两个操作数的逻辑运算，运算结果可能是布尔值，也可能是非布尔值。"&&"运算符的操作数既可以是布尔值，也可以是除了 true 和 false 以外的其他真值和假值。所谓"假值"是指值为：false、null、undefined、0、-0、NaN 和" "；"真值"就是除假值以外的任意值。在实际使用时，常常使用"&&"连接关系表达式，此时会先计算关系表达式的值，最后再计算逻辑表达式的值。使用"&&"运算符计算表达式时遵循以下两条规则。

（1）如果"&&"运算符左边的操作数为 true 或其他真值，将继续进行右边操作数的计算，最终结果返回右边操作数的值。

（2）如果"&&"运算符左边的操作数为 false 或其他假值，将不会进行右边操作数的计算，最终结果返回左边操作数的值。该规则也称为"短路"规则。

【示例 16-6】逻辑&&运算符的使用。

```
<!DOCTYPE html>
<html>
<head>
<meta charset="utf-8">
<title>逻辑&&运算符的使用</title>
<script type="text/javascript">
  var t = true, f = false;     //声明两个布尔变量
  document.write("<ul><li>true && true 的结果是 ", t && t);
  document.write("<li>true && false 的结果是 ", t && f);
  document.write("<li>(1==1) && false 的结果是 ", (1==1) && f) ;
  document.write("<li>(5=='5') && ('6'>5) 的结果是 ", (5=='5') && ('6'>5)) ;
  document.write("<li>'A' && false 的结果是 ", 'A' && f);
  document.write("<li>true && 'A' 的结果是 ", t && 'A');
  document.write("<li>'A' && true 的结果是 ", 'A' && t);
  document.write("<li>'A' && 'B' 的结果是 ", 'A' && 'B');
  document.write("<li>'A' && ' ' 的结果是 ", 'A' && ' ');
  document.write("<li>false && true 的结果是 ", f && t);
  document.write("<li>false && false 的结果是 ", f && f);
  document.write("<li>false && 'A' 的结果是 ", f && 'A');
  document.write("<li>(5!='5') && 'A' 的结果是 ", (5!='5') && 'A') ;
  document.write("<li>null && 'B' 的结果是 ",null && 'B');
  document.write('<li>NaN && 3 的结果是 ',NaN && 3);
  document.write("</ul>");
</script>
</head>
<body>
</body>
</html>
```

上述代码在 IE11 浏览器中的运行结果如图 16-7 所示。

从图 16-7 的运行结果可看出，逻辑与表达式的值既可以是布尔值，也可以是非布尔值。整个表达式的值都是由左边的操作数决定，如果左边操作数为 true 或其他真值，则表达式的值等于右边操作数的值；如果左边操作数为 false 或其他假值，则表达式的值等于左边操作数的值。

2. 逻辑||运算符

"||"运算符和"&&"运算符一样，可以实现任意类型的两个操

图 16-7　&&运算符使用示例

作数的逻辑或运算，运算结果可能是布尔值，也可能是非布尔值。"||"运算符的操作数既可以是布尔值，也可以是除了 true 和 false 以外的其他真值和假值。在实际使用时，常常使用"||"连接关系表达式，此时会先计算关系表达式的值，最后再计算逻辑表达式的值。使用"||"运算符计算表达式时遵循以下两条规则。

（1）如果其中一个或两个操作数是真值，则表达式返回真值；如果两个操作数都是假值，则表达式返回一个假值。

（2）如果"||"运算符左边的操作数为 true 或其他真值，将不会进行右边操作数的计算，最终结果返回左边操作数的值；否则继续计算右边操作数的值，并返回右边操作数的值作为表达式的值。

【示例 16-7】逻辑||运算符的使用。

```html
<!DOCTYPE html>
<html>
<head>
<meta charset="utf-8">
<title>逻辑||运算符的使用</title>
<script type="text/javascript">
  var t = true, f = false;    //声明两个布尔变
  document.write("<ul>");
  document.write("<li>true || true 的结果是 ", t || t);
  document.write("<li>true || false 的结果是 ", t || f);
  document.write("<li>true || (1!='1') 的结果是 ", t || (1!='1'));
  document.write("<li>'A' || false 的结果是 ", 'A' || f);
  document.write("<li>true || 'A' 的结果是 ", t || 'A');
  document.write("<li>'A' || true 的结果是 ", 'A' || t);
  document.write("<li>'A' || 'B' 的结果是 ", 'A' || 'B');
  document.write("<li>false || 'A' 的结果是 ", f || 'A');
  document.write("<li>false || true 的结果是 ", f || t);
  document.write("<li>false || false 的结果是 ", f || f);
  document.write("<li>(5<'5' || true 的结果是 ", (5<'5') || t);
  document.write("</ul>");
</script>
</head>
<body>
</body>
</html>
```

上述代码在 IE11 浏览器中的运行结果如图 16-8 所示。

从图 16-8 的运行结果可看出，逻辑或表达式的值既可以是布尔值，也可以是非布尔值。整个表达式的值都是由左边的操作数决定的，如果左边操作数为 true 或其他真值，则表达式的值等于右边操作数的值；如果左边操作数为 false 或其他假值，则表达式的值等于右边操作数的值。

图 16-8　||运算符使用示例

3. 逻辑!运算符

"!"运算符是单目运算符，它的操作数只有一个。和其他逻辑运算符一样，操作数可以是任意类型，但逻辑非运算只针对布尔值进行运算。所以，"!"运算符在执行运算时，首先将其操作数转换为布尔值，然后再对布尔值求反。也就是说"!"总是返回 true 或 false 逻辑值。

【**示例 16–8**】逻辑|运算符的使用。

```
<!DOCTYPE html>
<html>
<head>
<meta charset="utf-8">
<title>逻辑|运运算符的使用</title>
<script type="text/javascript">
  document.write("<li>!true 的结果是 ", !true);
  document.write("<li>!false 的结果是 ", !false);
  document.write("<li>!'A' 的结果是 ", !'A');
  document.write("<li>!12 的结果是 ", !12);</script>
</head>
<body>
</body>
</html>
```

上述代码在 IE11 浏览器中的运行结果如图 16-9 所示。

从图 16-9 的运行结果可看出，不管操作数的类型是什么，最终逻辑非表达式的值都是布尔值。

图 16-9 !运算符使用示例

16.6.4 赋值表达式

赋值表达式使用 "=" 等赋值运算符给变量或者属性赋值。在该表达式中要求左操作数为变量或属性，右操作数则可以是任意类型的任意值。整个表达式的值等于右操作数的值。赋值运算符的功能是将右操作数的值保存在左操作数中。按赋值前是否需要执行其他运算，赋值运算符可分为简单赋值运算符和复合赋值运算符。常用的赋值运算符如表 16-8 所示。

表 16-8   赋值运算符

运算符	描　　　述	示　　　例
=	将右边表达式的值赋给左边的变量	username="mr"
+=	将运算符左边的变量的值加上右边表达式的值赋给左边的变量	a+=b //相当于 a=a+b
-=	将运算符左边的变量的值减去右边表达式的值赋给左边的变量	a-=b //相当于 a=a-b
*=	将运算符左边的变量的值乘以右边表达式的值赋给左边的变量	a*=b //相当于 a=a*b
/=	将运算符左边的变量的值除以右边表达式的值赋给左边的变量	a/=b //相当于 a=a/b
%=	将运算符左边的变量的值用右边表达式的值求模，并将结果赋给左边的变量	a%=b //相当于 a=a%b

注：第一个运算符为简单赋值运算符，其余为复合赋值运算符

【**示例 16–9**】赋值运算符的使用。

```
<html>
<head>
<meta http-equiv="Content-Type" content="text/html; charset=utf-8" />
<title>赋值运算符的使用</title>
<script type="text/javascript">
  var x=16,y=8,z=3,temp;                    //x、y 和 z 变量分别使用简单赋值运算符"="赋值
```

```
    document.write("x=16/=2 的值为: ",x/=2);    //使用复合赋值运算符/=
    document.write("<br>");
    document.write("y=8%=3 的值为: ",y%=3);    //使用复合赋值运算符%=
    document.write("<br>");
    document.write("z=3*=2 的值为: ",z*=2);    //使用复合赋值运算符*=
    document.write("<br>");
    document.write("temp=x*y 的值为: ",x*y);</script>
</head>
<body>
</body>
</html>
```

上述代码在 IE 浏览器中的运行结果如图 16-10 所示。

16.6.5 条件表达式

条件表达式使用了条件运算符来计算结果。条件表达式是 JavaScript 运算符中唯一的一个三目运算符，其使用格式如下：

图 16-10 赋值运算符使用示例

操作数? 结果 1:结果 2

语法说明：运算符左边的"操作数"的值只能取布尔值，如果值为 true，则整个表达式的结果为"结果 1"，否则为"结果 2"。

【**示例 16-10**】条件运算符的使用。

```
<!DOCTYPE html>
<html>
<head>
<meta charset="utf-8">
<title>条件运算符的使用</title>
<script type="text/javascript">
    var today=new Date();            //获取系统当前时间
    document.write("现在时间是:"+today.toLocaleString()+"<br><br>");
    var hour=today.getHours();        //获取当前系统时间的小时数
    //使用条件运算符判断当前系统时间是上午还是下午，如果是上午则直接返回小时数，否则小时数减 12
    var time=hour<12?hour:hour-12;
    document.write(hour<12?"现在是上午"+hour+"点钟":"现在是下午"+time+"点钟")
</script>
</head>
<body>
</body>
</html>
```

上述代码在 IE11 浏览器中的运行结果如图 16-11 所示。

16.6.6 其他运算符

1. this 运算符

this 运算符用于表示当前对象，其在不同的地方，代表不同的对象。

图 16-11 条件运算符使用示例

【**示例 16-11**】this 运算符的使用。

```
<!DOCTYPE html>
<html>
<head>
```

```
<meta charset="utf-8">
<title>this 运算符示例</title>
<script type="text/javascript">
function validate(obj){
    alert("你输入的值是: "+obj.value);
}
</script>
</head>
<body>
请输入任意字符: <br>
<input type="text" onBlur="validate(this)">
</head>
<body>
</body>
</html>
```

上述代码中的表单输入元素的事件处理程序中使用 this
运算符作实参，来代表表单输入元素，因而能获取用户输入
的内容。其在 IE11 浏览器中的运行结果如图 16-12 所示。

2. new 运算符

new 运算符用于创建对象。

基本语法：

图 16-12　this 运算符使用示例

```
new constructor[(参数列表)]
```

语法说明： constructor 是对象的构造函数。如果构造函数没有参数，则可以省略圆括号。
下面是几个使用 new 运算符来创建对象的例子：

```
date1 = new Date; //创建一个当前系统时间对象, 构造函数参数为空, 所以可省略构造函数中的圆括号
date2 = new Date(Sep 15 2016); //创建一个日期对象,构造函数有参数,不能省略圆括号
arr = new Array();//创建一个数组对象
```

16.6.7　运算符的优先级及结合性

运算符的优先级和结合性规定了它们在复杂的表达式中的运算顺序。运算符的执行顺序称为
运算符的优先级。优先级高的运算符执行先于优先级低的运算符。例如：

```
w=x+y*z;
```

执行加法运算的 "+" 运算符的优先级低于 "*" 运算符，所以 y*z 将先执行，乘法运算执行
完后得到的结果再与 x 相加。运算符的优先级可以通过显式使用圆括号来改变，例如为了让加法
先执行，乘法后执行，可以修改上面的表达式为：

```
w=(x+y)*z;
```

这样就会先执行 x+y，得到和后再和 z 进行乘法运算。

对于相同优先级的运算符的执行顺序，则由运算符的结合性来决定。运算符的结合性包括：
从右至左和从左至右两种。从右至左的结合性指的是：运算的执行是按照由右到左的顺序进行。
从左至右的结合性刚好相反。

运算符的优先级顺序及其结合性如表 16-9 所示。

表 16-9   运算符优先级和结合性

运算符	结合性	优先级
.、[ ]、()	从左到右	同一行的运算符优先级相同；不同行的运算符，从上往下，优先级由高到低依次排列
++、--、-、!、new、typeof	从右到左	
*、/、%	从左到右	
+、-	从左到右	
<<、>>、>>>	从左到右	
<、<=、>、>=、in、instanceof	从左到右	
==、!=、===、!===	从左到右	
&&	从左到右	
||	从左到右	
? :	从右到左	
=	从右到左	
*=、/=、%=、+=、-=、<<=、>>=、>>>=、&=、^=、|=	从右到左	
,	从左到右	

【示例 16-12】运算符的优先级及结合性示例。

```html
<!DOCTYPE html>
<html>
<head>
<meta charset="utf-8">
<title>运算符的优先级及结合性示例</title>
<script type="text/javascript">
var expr1=3+5*5%3;    //根据默认的优先级和结合性先做乘法运算，再取模，最后才进行加法运算
//使用()修改优先级，首先进行加法运算，然后按从左至右的结合性依次做乘法和取模运算
var expr2=(3+5)*5%3;
//使用()修改优先级，使得加法和取模运模优先级相同且最高，按从左至右的结合性依次做加法和取模运算
var expr3=(3+5)*(5%3);//使用()修改优先级
document.write("expr1="+expr1);
document.write("<br/>expr2="+expr2);
document.write("<br/>expr3="+expr3);
</script>
</head>
<body>
</body>
</html>
```

运算符*和%的优先级相同，它们的优先级高于运算符+，所以默认情况下上述代码在 IE11 浏览器中的运行结果如图 16-13 所示。

图 16-13　运算符的优先级及结合性示例

极客学院
jikexueyuan.com

有关 JavaScript 基础介绍的视频讲解（JavaScript 中的"JavaScript 基础教程"视频）

　　该视频介绍了 JavaScript 的相关概念、语法、注释、变量和数据类型等内容。

JavaScript 基础教程

16.7　语句

　　JavaScript 程序是一系列可执行语句的集合。所谓语句，就是一个可执行的单元，通过该语句的执行，从而实现某种功能。通常一条语句占一行，并以分号结束。

　　默认情况下，JavaScript 解释器按照语句的编写流程依次执行。如果要改变这种默认执行顺序，需要使用条件、循环等流程控制语句。

16.7.1　表达式语句

　　具有副作用的表达式称为表达式语句。表达式具有副作用是指表达式会改变变量的值。加上分号后的赋值表达式、++以及--运算表达式是最常见的表达式语句。表示式语句示例如下：

```
a++;
b--;
c+=3;
msg=name+"您好,欢迎光临";
```

　　上述四条语句执行结束后，变量的值都发生了变化。

16.7.2　声明语句

　　var 语句是最常用的声明语句。该语句定义变量并给其赋值。在一条 var 语句中可以声明一个或多个变量，声明语法如下：

```
var varname_1[=value_1][,...,varname_n[=value_n]];
```

　　关键字 var 之后跟随的是要声明的变量列表，列表中的每一个变量都可以带有初始化表达式，用于指定它的初始值。列表中的变量之间使用逗号分隔。

　　如果 var 语句中的变量没有指定初始化表达式，则这个变量的初始值为 undefined。

　　var 语句示例如下：

```
var i;                  //声明变量i,i 的初始值为 undefined
var j=3;                //声明数字变量j,j 的初始值为 3
var msg="var语句示例";   //声明一个字符串变量, 初始值为: var 语名示例
//声明了三个变量, 其中变量 a 的初始值为 5, 变量 b 的初始值为"您好",变量 c 的初始值为 undefined
var a=5,b="您好",c;
```

var 语句可以出现在脚本函数体内和函数体外。如果 var 语句出现在函数体内，则声明的变量为局部变量；如果 var 语句出现在函数体外，则声明的变量为全局变量。另外，var 语句也可以出现在 for 循环语句中的循环变量的声明中。例如：

```
for(var i=0;i<100;i++)
```

16.7.3　条件语句

条件语句和下一小节将介绍的循环语句都是流程控制语句。流程控制语句在任何程序语言中都是很重要并且很常用，所以不管学习哪种程序语言，都要熟练掌握它。

条件语句通过判断指定表达式的值来决定语句的执行与否，其中用于判断的表达式称为条件表达式，作为条件分支点，根据表达式值来执行的语句称为分支语句。根据分支语句的多少，条件语句可以包含以下几种形式。

- if 语句。
- if…else 语句。
- if…else if…else 语句。
- switch-case 语句。

下面对这四种条件语句一一进行描述。

1.　if 语句

if 语句是最基本、最常用的流程控制语句。该语句中只有一条分支，当条件表达式的值为 true 时，执行该分支语句，否则跳过 if 语句，执行 if 语句后面的语句。基本语法如下：

```
if(条件表达式){
    语句块 1;
}
语句块 2;
```

语法说明如下。

条件表达式：必须放在圆括号中，条件表达式为关系表达式，值为逻辑值，取值为 true 或 false。可以使用逻辑运算符&&和||将多个关系表达式组合起来构成复合条件判断。

语句块 1：当条件表达式的值为 true 时，执行该语句块。

语句块 2：当条件表达式的值为 false 时，流程跳过 if 语句，执行语句块 2。

当语句块 1 的代码只有一行时，也可以省略大括号{}。

图 16-14 描述了 if 语句的执行流程。

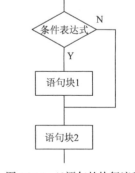

图 16-14　if 语句的执行流程

【示例 16-13】单一条件的 if 语句。

```
<!DOCTYPE html>
<html>
<head>
<meta charset="utf-8">
<title>单一条件的 if 语句</title>
<script type="text/javascript">
var x,y,temp;
x=10;
y=16;
if(x<y){
```

```
        temp=x;
        x=y;
        y=temp;
    }
document.write("x="+x+",y="+y);
</script>
</head>
<body>
</body>
</html>
```

上述代码中的条件表达式 x<y 结果为 true，所以执行 if 语句，实现 x 和 y 值的交换，最后在文档中输入 x=16，y=10。如果 x<y 结果为 false，if 语句将不会执行，即不会交换 x 和 y 的值，而直接在文档中输出 x 和 y 的值。

【示例 16-14】复合条件的 if 语句。

```
<!DOCTYPE html>
<html>
<head>
<meta charset="utf-8">
<title>复合条件的 if 语句</title>
<script type="text/javascript">
var username;
if(username==null||username=="")
    document.write("请输入用户名");
document.write("<br/>username="+username);
</script>
</head>
<body>
</body>
</html>
```

上述代码中的条件表达式使用逻辑运算符"||"将两个关系表达式连接起来构成了多条件。只要 username 为空或值为空字符串，就会在文档中输出"请输入用户名"这句话。上述代码声明了 username 后没有赋值，所以 username==null 表达式的值为 true，所以将执行 if 语句。

2. if…else 语句

if 语句只有一条分支语句，当条件语句中存在两条分支语句时，需要使用 if…else 语句。if…else 语句的基本语法如下：

```
if(条件表达式){
    语句块 1；
}else{
    语句块 2；
}
```

语法说明如下。

条件表达式：取值情况和 if 语句完全相同。

语句块 1：当条件表达式的值为 true 时，执行该语句序列。

语句块 2：当条件表达式的值为 false 时，执行该语句序列。

当各个语句块只有一条语句时，上述各层中的大括号可以省略，但建议加上，这样层次更清晰。

图 16-15 描述了 if…else 语句的执行流程。

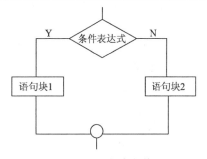

图 16-15　if…else 语句的执行流程

【示例 16-15】单一条件的 if…else 语句。

```html
<!DOCTYPE html>
<html>
<head>
<meta charset="utf-8">
<title>单一条件的 if…else 语句</title>
<script type="text/javascript">
var num=6;
if(num>=5){
    alert("您可得到 5%的折扣优惠");
}else{
    alert("您购买了"+num+"件商品");
}
</script>
</head>
<body>
</body>
</html>
```

上述代码中的 num 值为 6，所以满足 if 条件，因而执行 if 结构中的语句。如果修改 num 的值为 3，则执行 else 结构中的语句。

【示例 16-16】复合条件的 if…else 语句。

```html
<!DOCTYPE html>
<html>
<head>
<meta charset="utf-8">
<title>复合条件的 if…else 语句</title>
<script type="text/javascript">
var username="Tom",password;
if(username!=null && password!=null){
    alert("登录成功！");
}else{
    alert("请输入用户名和密码！");
}
</script></head>
<body>
</body>
</html>
```

上述代码中 if 语句包括了两个条件，即用户名和密码都不能为空，这两个条件必须同时满足才能执行 if 结构中的语句，否则任一条件或两个条件都不满足则将执行 else 结构中的语句。上述代码中由于 password 没有赋值，所以 password==null 返回 true，因而 if 结构中的 pawword!=null 条件不满足，最终执行 else 结构中的语句。

3. if…else if…else 语句

当条件语句中存在三条及三条以上的分支语句时，需要使用 if…else if…else 语句。if…else if…else 语句的基本语法如下：

```
if (条件表达式 1){
    语句块 1;
}else if(条件表达式 2){
    语句块 2;
}
…
```

```
else if(条件表达式 n){
        语句块 n;
}else{
        语句块 n+1;
}
```

语法说明如下。

条件表达式 1~n：取值情况和 if 语句完全相同。

语句块 1~n：当条件表达式 1~n 的值为 true 时，执行对应的语句块。

语句块 n+1：当条件表达式 n 的值为 false 时，执行该语句序列。

当各个语句块只有一条语句时，上述各层中的大括号可以省略，但建议加上，这样层次更清晰。

图 16-16 描述了 if…else if…else 语句的执行流程。

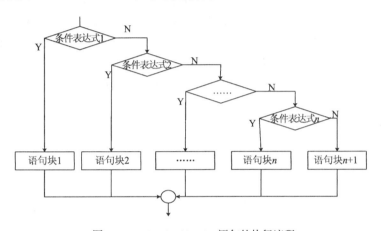

图 16-16　if…else if…else 语句的执行流程

【示例 16–17】if…else if…else 语句使用示例。

```
<!DOCTYPE html>
<html>
<head>
<meta charset="utf-8">
<title>if…else if…else 语句使用示例</title>
<script type="text/javascript">
var score=89;
if(score<60){
    alert("成绩不理想！");
}else if(score<70){
    alert("成绩及格!");
}else if(score<80){
    alert("成绩中等！");
}else if(score<90){
    alert("成绩良好!");
}else{
    alert("成绩优秀！");
}
</script>
</head>
```

```
<body>
</body>
</html>
```

上述代码中的条件语句有六条分支语句，执行上述代码时，首先从上往下依次执行判断语句中的条件表达式，如果表达式的值为 false，则将一直往下执行条件表达式，直到表达式的值为 true，此时执行该判断结构中的语句。如果所有条件表达式的值都为 false，则将执行 else 结构中的语句。由于 score=89，所以 score<90 表达式为真，因而输出"成绩良好"的警示语。上述代码在 IE11 浏览器中的运行结果如图 16-17 所示。

图 16-17　成绩输出结果

4. if 嵌套语句

在实际使用中，有时需要在 if 语句的执行语句块中再使用 if 语句，即 if 语句嵌套另外的一个完整的 if 语句。在使用 if 嵌套语句时，需要特别注意的是，默认情况下，else 将与最近的 if 匹配，而不是通过位置的缩进来匹配。为了改变这种默认的匹配方式，最好使用大括号{}来确定相互之间的层次关系，否则可能得到完全不一样的结果。

下面希望使用 if 嵌套语句实现这样的功能：如果变量 a 的值大于 0，则接着判断变量 b 的值是否大于 0。如果此时 b 的值也大于 0，则弹出警示对话框，显示 a 和 b 都是正整数。如果变量 a 的值小于或等于 0，则弹出警示对话框，显示 a 为非正整数。按照这个需求，编写了示例 16-18。

【示例 16-18】if 嵌套语句使用示例。

```
<!DOCTYPE html>
<html>
<head>
<meta charset="utf-8">
<title>if 嵌套语句使用示例</title>
<script type="text/javascript">
var a=9,b=-2;
if(a>0)
    if(b>0)
        alert("a 和 b 都是正整数");
else
    alert("a 是非正整数");
</script>
</head>
<body>
</body>
</html>
```

上述代码希望通过位置缩进来实现 else 和第一个 if 匹配，但执行的结果却发现 else 和第二个 if 匹配了。上述代码中，b>0 表达式为 false，如果 else 和第一个 if 匹配，此时运行结果将不会输出任何信息，但最终的结果却是弹出了警示对话框，显示"a 是非正整数"，这样的结果正是第二个 if 语句不满足时执行的否则情况。可见，else 并没有通过位置的缩进来匹配 if，而是通过最近原则与 if 匹配。上述代码要实现预期结果，需要对第一层 if 使用大括号。修改代码如下所示：

```
<!DOCTYPE html>
<html>
<head>
<meta charset="utf-8">
```

```
<title>if 嵌套语句使用示例</title>
<script type="text/javascript">
var a=9,b=-2;
if(a>0){
    if(b>0)
        alert("a 和 b 都是正整数");
}else
    alert("a 是非正整数");
</script>
</head>
<body>
</body>
</html>
```

5. switch 语句

当条件语句存在三条及三条以上的分支语句时，也经常使用 switch 语句。if…else if…else 语句很多时候都可以使用 switch 语句代替，而且当所有判断都针对一个表达式进行时，使用 switch…case 语句比 if…else if…else 语句更合适，因为此时只需要计算一次条件表达式的值。switch 语句的基本语法如下：

```
switch (表达式){
    case 表达式 1:
        语句块 1;
        break;
    case 表达式 2:
        语句块 2;
        break;
    case 表达式 n:
        语句块 n;
        break;
    default:
        语句块 n+1;
}
```

语法说明：其中的"表达式"可以是任意的具有某个值的表达式。case 关键字后面的值也可以是任意的表达式，实际中最常用的是某个类型的直接量。

switch 语句的执行流程是这样的：首先计算 switch 关键字后面的表达式，然后按照从上到下的顺序计算每个 case 后的表达式并进行表达式值的比较。当 switch 表达式的值与某个 case 表达式的值相等时，就执行此 case 后的语句块；如果 switch 表达式的值与所有 case 表达式的值都不相等，则执行语句中的"default:"的语句块；如果没有"default:"标签，则跳过整个 switch 语句。

另外，break 语句用于结束 switch 语句，从而使 JavaScript 只执行匹配的分支。如果没有 break 语句，则该 switch 语句的所有分支都将被执行，switch 语句也就失去了使用的意义。

需要注意的是：对每个 case 的匹配操作是"==="严格等于运算符比较操作，即两个表达式的值必须同时满足于值和类型。

switch 语句的执行流程如图 16-18 所示。

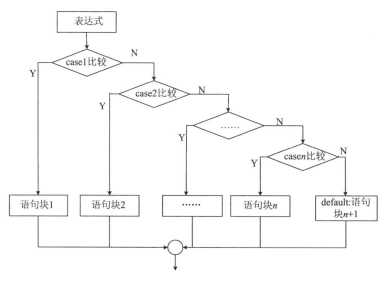

图 16-18 switch 语句的执行流程

下面使用 switch 语句修改示例 16-17，代码如下所示。

【示例 16-19】switch 语句使用示例。

```html
<html>
<head>
<meta http-equiv="Content-Type" content="text/html; charset=utf-8" />
<title>switch 语句使用示例</title>
<script type="text/javascript">
var score=89;
switch(Math.floor(score/10)){
    case 6:
        alert("成绩及格!");
        break;
    case 7:
        alert("成绩中等! ");
        break;
    case 8:
        alert("成绩良好!");
        break;
    case 9:
    case 10:
        alert("成绩优秀! ");
        break;
    default:
        alert("成绩不理想! ");
}
</script>
</head>
<body>
</body>
</html>
```

> case 9 中没有使用 break 退出 switch，所以将继续执行 case 10

上述代码中的 floor(value)方法是 Math 内置对象的一个方法，功能是返回一个小于等于参数 value 的最小整数，例如 Math.floor(89/10)=Math.floor(8.9)=8。可见如果成绩是分布在 1~100，则使用 floor(score/10)方法可以得到每一段成绩对应的数字分别为 1~10。所以通过判断 floor(score/10)

值为哪个数字就可以知道成绩的等级了。

上述代码首先计算 switch 中的表达式 Math.floor(score/10)，然后将该值按从上到下的顺序依次跟 case 后面的值比较，如果相等，则执行该 case 后面的代码并退出 switch 语句；如果跟所有的 case 后面的值比较都不相等，则执行"default:"后面的语句块。由于 score=89，所以 Math.floor(89/10)=8，因而输出"成绩良好"的警示语。运行结果如图 16-17 所示。

16.7.4　循环语句

在程序设计中，循环语句是一种很常用的流程控制语句。循环语句允许程序反复执行特定代码段，直至遇到终止循环的条件为止。

JavaScript 中的循环语句有以下几种形式。

- while 语句。
- do…while 语句。
- for 语句。
- for in 语句。

下面对这四种循环语句一一进行描述。

1. while 语句

while 语句在程序中常用于根据条件执行操作而不需关心循环次数的情况。while 语句的基本语法如下：

```
while(表达式){
    循环体;
}
```

语法说明如下。

表达式：为循环控制条件，必须放在圆括号中，通常为关系表达式或使用逻辑运算符&&和||组成的逻辑表达式，取值为 true（非 0）或 false（0）。

循环体：代表需要重复执行的操作，可以是简单语句，也可以是复合语句。当为简单语句时，可以省略大括号{}，否则必须使用大括号{}。

图 16-19 描述了 while 语句的执行流程。

从图 16-19 中可看出，while 语句首先判断表达式的值，如果为真（值为 true 或非 0 值），则执行循环体语句，然后再对表达式进行判断，如果值还是为真，则继续执行循环体语句；否则执行 while 语句后面的语句。如果表达式的值在第一次判断就为假（值为 false 或 0），则一次也不会执行循环体。

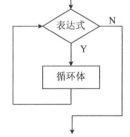

图 16-19　while 语句的执行流程

需要注意的是，为了使 while 循环能正常结束，循环体内应该有修改循环条件的语句，或其他终止循环的语句，否则 while 循环将进入死循环，即会一直循环不断地执行循环体。例如，下面的循环语句就会造成死循环。

```
var i=1,s=0;
whiel(i<=5){
    s+=i;
}
```

上述代码中 i 的初值为 1，由于循环体内没有修改 i 变量的值，所以表达式 i<=5 永远为真，

因而循环体会一直执行。

死循环会极大地占用系统资源，最终有可能导致系统崩溃，所以我们编程时一定要注意避免死循环。

【示例 16-20】 使用 while 语句求出表达式 ex=1+1/(2*2)+1/(3*3)+…+1/(i*i)的值小于等于 1.5 时的 i 值。

```html
<!DOCTYPE html>
<html>
<head>
<meta charset="utf-8">
<title>while 语句的应用示例</title>
<script type="text/javascript">
var sum=1,i=1;
var ex="1";
while(sum<=1.5){
    sum+=1/((i+1)*(i+1));
    if(sum>1.5)
        break;
    i++;
    ex+="+1/("+i+"*"+i+")";
}
document.write("表达式的值小于等于1.5时的 i="+i+"，即对应的表达式为："+ex);
</script>
</head>
<body>
</body>
</html>
```

因为不知道循环次数是多少，所以适合使用 while 语句。上述代码中的 break 语句用于退出循环并执行循环语句后面的代码，关于 break 语句的使用后面会具体介绍。上述代码在 IE11 浏览器中的运行结果如图 16-20 所示。

2. do…while 语句

do…while 语句是 while 语句的变形。两者的区别在于，

图 16-20　while 语句应用示例结果

while 语句把循环判断条件放在循环体语句的前面，而 do…while 语句则把循环判断条件放在循环体语句的后面。do…while 语句的基本语法如下：

```
do{
    循环体;
}while(表达式);
```

语法说明： "表达式"和"循环体"的含义与 while 语句的相同。在此需要注意的是，do…while 语句最后需要使用";"结束，如果代码中没有显式地加上";"，则 JavaScript 会自动补上。

图 16-21 描述了 do…while 语句的执行流程。

从图 16-21 中可看出，do…while 语句首先执行循环体语句，然后再判断表达式的值，如果值为真（值为 true 或非 0 值），则再次执行循环体语句。do…while 语句至少会执行一次循环体，这一点和 while 语句有显著的不同。

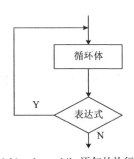

图 16-21　do…while 语句的执行流程

下面使用 do…while 语句修改示例 16-20。

【示例 16–21】使用 do…while 语句求出表达式 ex=1+1/(2*2)+1/(3*3)+…+1/(i*i)的值小于等于1.5 时的 i 值。

```
<!DOCTYPE html>
<html>
<head>
<meta charset="utf-8">
<title>while 语句的应用示例</title>
<script type="text/javascript">
var sum=1,i=1;
var ex="1";
do{
    sum+=1/((i+1)*(i+1));
    if(sum>1.5)
        break;
    i++;
    ex+="+1/("+i+"*"+i+")";
}while(sum<=1.5);
document.write("表达式的值小于等于 1.5 时的 i="+i+"，即对应的表达式为："+ex);
</script>
</head>
<body>
</body>
</html>
```

上述代码在 IE11 浏览器的运行结果如图 16-20 所示。

3. for 语句

for 语句主要用于执行确定执行次数的循环。for 语句的基本语法如下：

```
for([初始值表达式];[条件表达式];[增量表达式]){
    循环体语句;
}
```

语法说明如下。

"初始值表达式"：为循环变量设置初值。

"条件表达式"：作为是否进入循环的依据。每次要执行循环之前，都会进行条件表达式值的判断。如果值为真（值为 true 或非 0），则执行循环体语句；否则就退出循环并执行循环语句后面的代码。

"增量表达式"：根据此表达式更新循环变量的值。

上述三个表达式中的任意一个都可以省略，但需要注意的是，for()中的";"不可以省略。如果三个表达式都省略时，则 for 语句变为：for(;;){循环体语句)}。此时需要注意的是，如果循环体内没有退出循环的语句，将会进入死循环。

图 16-22 描述了 for 语句的执行流程。

从图 16-22 描述的 for 语句执行流程可以看出，for 语句实际上等效于以下结构的 while 语句：

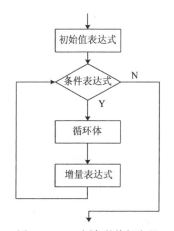

图 16-22　for 语句的执行流程

```
初始值表达式;
while(条件表达式){
```

```
    循环体语句;
    增量表达式;
}
```

【示例 16-22】使用 for 语句求 $\sum\limits_{i=1}^{100}$ 的值。

```
<!DOCTYPE html>
<html>
<head>
<meta charset="utf-8">
<title>使用 for 语句求 1~100 的累加和</title>
<script type="text/javascript">
var sum=0;
for(var i=1;i<=100;i++){//在 for 语句中使用 var 声明表达式声明循环变量，使代码更简洁
    sum+=i;
}
document.write("求 1~100 的累加和 sum="+sum);
</script>
</head>
<body>
</body>
</html>
```

将上述代码中的 for 语句使用 while 语句替换实现 1~100 的累加和的代码如下所示：

```
<!DOCTYPE html>
<html>
<head>
<meta charset="utf-8">
<title>使用 while 语句求 1~100 的累加和</title>
<script type="text/javascript">
var sum=0;
var i=1;              //初始值表达式
while(i<=100){        //条件表达式
    sum+=i;
    i++;              //增量表达式
}
document.write("求 1~100 的累加和 sum="+sum);
</script></head>
<body>
</body>
</html>
```

上述代码在 IE11 浏览器的运行结果完全一样，如图 16-23 所示。

图 16-23　for 循环语句示例结果

4. for…in 语句

for…in 语句和 for 语句虽然都使用了 for 关键字，但两者是完全不相同的两类循环语句。for…in 语句主要用于遍历数组元素或者对象的属性。基本语法如下：

```
for(变量 in 对象){
    循环体;
}
```

语法说明如下。

变量：用于指定数组元素或对象的属性。对于数组，变量的值等于所遍历到的元素所对应的索引；对于对象，变量的值等于所遍历到的属性名。

对象：为数组名或对象名。

需要输出遍历到的元素或属性时，需要使用：对象[变量]格式的表达式。

【示例 16-23】使用 for…in 语句遍历数组元素和对象属性。

```html
<!DOCTYPE html>
<html>
<head>
<meta charset="utf-8">
<title>使用 for…in 语句遍历数组元素和对象属性</title>
<script type="text/javascript">
var arr=new Array("Tom","Jack","John");
var obj=new Object();
obj.name="张三";
obj.age=21;
obj.gender='男';
document.write("使用 for…in 语句遍历数组，输出各个元素的值：<br/>")
for(var index in arr){/*index 是数组 arr 的元素下标*/
    document.write("arr["+index+"]="+arr[index]+"<br/>");
}
document.write("使用 for…in 语句遍历对象，输出其中的各个属性及属性值：<br/>")
for(var attr in obj){/*attr 是对象 obj 的属性*/
    document.write(attr+"="+obj[attr]+"<br/>");
}
</script>
</head>
<body>
</body>
</html>
```

上述代码使用了两个 for…in 语句分别遍历数组元素和对象属性。在 IE11 浏览器的运行结果如图 16-24 所示。

遍历数组元素除了使用 for…in 语句外，也经常使用 for 语句，所以示例 16-23 中的 for…in 语句也可以使用 for 语句来代替，代码如下所示：

图 16-24　for…in 语句应用示例结果

```javascript
for(var i=0;i<arr.length;i++){
    document.write("arr["+i+"]="+arr[i]+"<br/>");
}
```

使用 for 语句遍历数组的关键是循环次数等于数组长度-1，所以只要保证循环变量的值小于数组长度就可以了。

16.7.5　循环终止和退出语句

在实际应用中，循环语句并不是必须等到循环条件不满足时才结束循环，很多情况下，我们希望循环进行到一定阶段时，能根据某种情况提前退出循环或者终止某一次循环。要实现此需求，需要使用 break 语句或 continue 语句。

1. continue 语句

continue 语句用于终止当前循环，并马上进入下一次循环。continue 语句的基本语法如下：

```javascript
continue;
```

continue 语句的执行通常需要设定某个条件，当满足该条件时，执行 continue 语句。

【示例 16–24】continue 语句应用示例。

```html
<!DOCTYPE html>
<html>
<head>
<meta charset="utf-8">
<title>continue 语句应用示例</title>
<script type="text/javascript">
var num=new Array(1,3,6,8,9,7,10,15,12);
var sum=0;
document.write("被累加的元素有: ")
for(var i=0;i<num.length;i++){
    //判断数组元素是否为奇数，如果模不等于 0，为奇数，结束当前循环，进入下一次循环
    if(num[i]%2!=0)
        continue;
    sum+=num[i];//如果执行 continue 语句，循环体内的该行以及后面的代码都不会被执行
    document.write(num[i]+" ");
}
document.write("<br/>数组中所有偶数的和为: "+sum);
</script>
</head>
<body>
</body>
</html>
```

上述代码使用 num[i]%2!=0 作为 continue 语句执行的条件，如果条件表达式的值为真，即数组元素为奇数时，执行 continue 语句终止当前循环，此时 continue 语句后续的代码都不会被执行，因而为奇数的元素都不会被累加。可见，通过使用 continue 语句就可以保证只累加偶数元素。上述代码在 IE11 浏览器的运行结果如图 16-25 所示。

图 16-25　continue 语句应用示例结果

2. break 语句

单独使用的 break 语句的作用有两方面：一是在 switch 语句中退出 switch；二是在循环语句中退出最内层循环。实际应用中，break 后面还可以跟一个标签，此时 break 语句的作用是跳转到标签所标识的语句块结束。当需要从内层循环跳转到某个外层循环的结束时，就需要使用带有标签的 break 语句。break 语句的基本语法如下：

```
break; //单独使用，在循环语句中用于退出最内层循环
break lablename; //带有标签，在多层循环语句中用于从内层循环跳转到外层循环的结束
```

break 语句和 continue 语句一样，执行也需要设定某个条件，当满足该条件时，执行 break 语句。

【示例 16–25】break 语句应用示例一。

```html
<!DOCTYPE html>
<html>
<head>
<meta charset="utf-8">
<title>break 语句应用示例一</title>
<script type="text/javascript">
var sum=0;
document.write("被累加的元素有: ")
for(var i=1;i<100;i+=2){ //将 1~100 之间的奇数进行累加
```

```
    //如果累加和大于 100，退出整个循环
    if(sum>100)
        break;
    sum+=i;
    document.write(i+" ");
}
</script>
</head>
<body>
</body>
</html>
```

上述代码使用 sum>100 作为 break 语句执行的条件，如果
条件表达式的值为真，则执行 break 语句退出整个循环，此时
break 语句后续的代码以及后面的循环都不会被执行。上述代码
在 IE11 浏览器的运行结果如图 16-26 所示。

【示例 16-26】break 语句应用示例二。

图 16-26　break 语句应用示例结果

```
<!DOCTYPE html>
<html>
<head>
<meta charset="utf-8">
<title>break 语句应用示例二</title>
<script type="text/javascript">
var num=1,n=0;
document.write("1~100 之间的素数如下：");
break_label:while(num<=100){
    var isPrime=true;
    for(var i=2;i<num-1;i++){
        if(num%i==0){  //如果能整除，则 num 不是素数
            isPrime=false;
            break;   //退出内层循环
        }
        if(num>60)
            break break_label;//退出外层循环，该标签应与 while 语句前面的标签一致
    }
    if(isPrime)
        document.write(num+" ");
    num++;
}
</script>
</head>
<body>
</body>
</html>
```

> 这两行代码没有很大的实际意义，放在这里主要是为了演示 break lable 语句的使用

上述代码分别使用 break;和 break break_label;来退出内层循环和外层循环。上述代码在 IE11
浏览器的运行结果如图 16-27 所示。

图 16-27　break 语句应用示例结果

极客学院
jikexueyuan.com

有关 JavaScript 语句的视频讲解（JavaScript 中的"JavaScript 语法详解"视频）

　　该视频介绍了 JavaScript 的运算符、条件语句、循环语句、跳转语句（break、continue）等内容。

JavaScript 语法详解

16.7.6　注释语句

　　为了提高程序的可读性和可维护性，在编写 JavaScript 代码时，开发人员一般会使用注释。注释语句用于对代码进行描述说明。注释语句主要是给开发人员看的。浏览器对注释语句既不会显示，也不会执行。在 JavaScript 中，注释有单行注释和多行注释两种形式。所谓单行注释，就是注释文字比较少，在一行内显示完；多行注释就是注释文字比较多，需要分多行来显示。多行注释也可以用多个单行注释来表示。单行注释以"//"开始，后面跟着的内容就是注释；多行注释以"/*"开始，以"*/"结束，它们之间的内容就是注释。这两种注释的具体写法如下所示：

```
(1)//单行注释文字
(2)/*
    多行注释文字
    多行注释文字
    ……
  */
```

单行注释的示例如下所示：

```
//将 1~100 之间的奇数进行累加
for(var i=1;i<100;i+=2){
    //如果累加和大于 100，退出整个循环
    if(sum>100)
        break;
    sum+=i;
    document.write(i+" ");
}
```

多行注释的示例如下所示：

```
/*
将 1~100 之间的奇数进行累加
如果累加和大于 100，退出整个循环
*/
for(var i=1;i<100;i+=2){
    if(sum>100)
        break;
    sum+=i;
    document.write(i+" ");
}
```

16.8 JavaScript 代码的调试方法

程序员在开发程序时，经常会碰到程序异常现象，要快速定位并解决程序异常，要求程序员掌握一些常用的代码调试方法和调试工具。本节将介绍 JavaScript 开发中，两种常使用的定位程序错误的代码跟踪方式，下一节将介绍两种常用的调试工具。

16.8.1 使用 alert()方法调试脚本代码

在调试 JavaScript 程序时，在代码中常使用 Window 对象的 alert()方法进行代码跟踪，以定位程序错误。alert()方法的作用是生成一个警告对话框，在对话框中显示指定的信息。alert()方法可以出现在脚本程序中的任意位置，通常用它来显示程序中的变量和函数返回值。通过显示的值以及是否能显示值来定位错误。

alert()基本语法：

```
alert(msg);
```

语法说明：参数 msg 的值将显示在警告对话框中。

【示例 16-27】使用 alert()方法调试代码。

```
<script type="text/javascript">
document.title="使用 alert()调试代码";
var sum=1,i=1;
var ex="1";
while(sum<=1.5){
    sum+=1/((i+1)*(i+1));
    alert("sum="+sum); //跟踪代码
    if(sum>1.5)
        break;
    i++;
    alert("i="+i); //跟踪代码
    ex+="+1/("+i+"*"+i+")";
}
</script>
```

需要注意的是，用于调试代码的 alert()方法在调试结束后要全部删掉。

16.8.2 使用 write()方法调试脚本代码

在脚本代码调试中，除了使用 alert()方法外，程序员也经常使用 document 对象的 write()进行代码调试。write()方法的作用是将指定信息显示在页面中。与 alert()方法一样，write()方法也可以出现在脚本程序中的任意位置，通常用它来显示程序中的变量和函数返回值。通过显示的值以及是否能显示执行该方法来定位错误。

write()基本语法：

```
write(msg);
```

语法说明：write()是 document 对象的一个方法，使用时需要使用 document.write()的格式。参数 msg 的值将显示在页面中。

【示例 16-28】使用 write()方法调试代码。

```
<script type="text/javascript">
document.title="使用 write()调试代码";
var sum=1,i=1;
var ex="1";
while(sum<=1.5){
    sum+=1/((i+1)*(i+1));
    document.write("sum="+sum);        //跟踪代码
    if(sum>1.5)
        break;
    i++;
    document.write("i="+i);            //跟踪代码
    ex+="+1/("+i+"*"+i+")";
}
</script>
```

和使用 alert()方法调试代码一样，用于调试代码的 write()方法在调试结束后也要全部删掉。

16.9　JavaScript 代码的常用调试工具

在 JavaScript 程序开发中，开发人员经常会使用一些调试工具进行代码的跟踪和调试，其中常用的调试工具有 IE 浏览器的"开发人员工具"和 Firefox 浏览器的"Firebug"工具。下面分别介绍这两个工具的使用方法。

16.9.1　IE 开发人员工具

自 IE8 开始，微软就在 IE 浏览器中内置了开发人员工具。使用该工具，可以更加方便、全面地跟踪和调试代码。接下来我们将通过对下面的 HTML 文件的调试介绍 IE 开发人员工具的使用。

```
<!DOCTYPE html>
<html>
<head>
<meta charset="utf-8">
<title>使用 alert()调试代码</title>
<script type="text/javascript">
var sum=1,i=1;
var ex="1";
while(sum<=1.5){
    sum+=1/((i+1)*(i+1));
    if(sum>1.5)
        break;
    i++;
    ex+="+1/("+i+"*"+i+")";
}
</script>
</head>
<body>
</body>
</html>
```

调试步骤如下。

（1）在 IE 浏览器中运行 HTML 文件，然后按快捷键 F12 或依次点击菜单中的"工具→开发人员工具"打开如图 16-28 的调试窗口。打开"开发人员工具"时默认选择图 16-28 的⚙按钮，该按钮将同时显示代码视图、控制台和监视窗口。

图 16-28　打开开发人员工具

（2）刷新页面，此时如果程序有错误，则将会在控制台上显示相关错误提示信息。在控制台中可以显示错误、警告和普通三类信息。默认情况下，控制台上同时显示这三类信息，如图 16-29 所示。可以通过点击取消或选择显示各类信息。在图 16-29 中，我们发现有一条错误提示信息，报告第 14 行代码缺少了一个"}"。

图 16-29　开发人员工具控制台中显示各类信息

（3）修改图 16-29 所报错误后，对代码添加断点。对代码设置断点的方法是：在相应的代码左侧单击鼠标左键，此时相应代码的左侧会显示一个红点，如图 16-30 所示。设置断点后刷新页面，此时根据需要可点击调试窗口中的单击按钮▶或快捷键 F5 实现每次运行过程中的代码的跟踪，也可点击 这三个按钮中的其中一个或这三个按钮对应的快捷键 F11、F9、shift+F11 分别实现逐句（F11）、逐过程（F10）和跳出（shift+F11）这 3 种调试情况。在调试过程中，我们可以在右侧的监视窗口中的"[Locals]"选项卡中跟踪每一个变量在运行过程中的取值情况。通过跟踪变量值的变化，可以很容易定位程序错误。

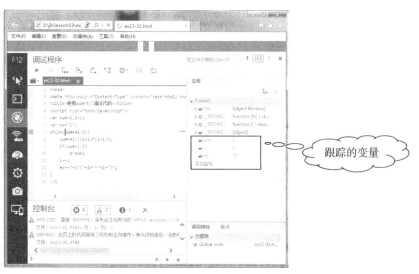

图 16-30　断点调试代码

 IE 版本不同时，使用开发人员工具调试代码的界面可能会有所不同，但用法是差不
多的。

16.9.2　Firebug 工具

和 IE 的开发人员工具一样，使用 Firebug 工具，可以更加方便、全面地跟踪和调试 JavaScript
代码。需要注意的是，Firefox 浏览器没有内置 Firebug 工具，所以要使用 Firebug 工具，首先需要
安装 Firebug。安装的步骤如下。

（1）下载 Firebug：到 Firebug 官网 http://getfirebug.com 中下载 Firebug。下载的 Firebug 是一
个扩展名为"xpi"的插件。

（2）安装 Firebug 插件：打开 Firefox 浏览器，然后将 Firebug 拖到 Firefox 浏览器窗口，释放
鼠标后插件安装完成，此时，在浏览器工具栏中会出现 Firebug 按钮 　，如图 16-31 所示。

图 16-31　安装插件后的效果

下面同样以 16.9.1 中的 HTML 文件的调试为例来介绍 Firebug 工具的使用，步骤如下。

（1）在 Firefox 浏览器中运行 HTML 文件，然后单击 　 Firebug 按钮开启用调试器，结果如图
16-32 所示。启用调试器后，再次单击 Firebug 按钮，将关闭调试器。

（2）将图 16-32 中的代码中的最后一个"}"删掉，此时调试器中的"脚本"选项卡窗口中显示
的信息为"如果 <script> 标签有 "type" 属性，其值应为 "text/javascript" 或者 "application/javascript".
另外脚本必须可解析（语法上正确）。"，选项卡切换到"控制台"，在控制台窗口显示程序错误提
示信息，如图 16-33 所示。

（3）修改图 16-29 所报错误后，对代码添加断点。对代码设置断点的方法和 IE 开发人员工具
相同。设置断点后刷新页面，此时根据需要可点击调试窗口中的单击按钮 ▶或快捷键 F8 实现每次

运行过程中的代码的跟踪，也可点击 这三个按钮中的其中一个或这三个按钮对应的快捷键 F11、F9、shift+F11 分别实现逐句（F11）、逐过程（F10）和跳出（shift+F11）这 3 种调试情况。在调试过程中我们可以在右侧的监视窗口中的"this"项中跟踪每一个变量在运行过程中的取值情况。Firebug 的断点调试过程如图 16-34 所示。

图 16-32　启用 Firebug 调试器

图 16-33　控制台显示错误提示信息

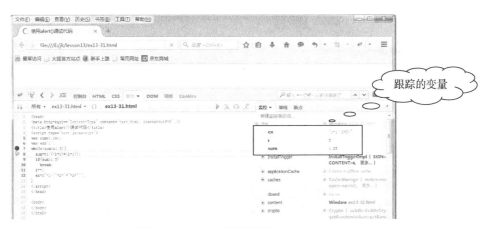

图 16-34　Firebug 调试过程

注意

　　google Chrome 浏览器也提供了方便、高效的调试 JavaScript 的方法，它的基本调试方法跟前面两个浏览器的类似，但相比于前面两个调试工具，Chrome 提供了一些高级调试。大家可以扫描下面第二个二维码观看极客的"前端开发高级调试"视频来学习 Chrome 高级调试的使用。

极客学院
jikexueyuan.com

有关 Web 基本调试方法的视频讲解（Web 调试中的"前端开发调试基础"视频）
该视频介绍了调试工具、断点和日志调试代码方法等内容。

前端开发调试基础

极客学院
jikexueyuan.com

有关 Web 的高级调试的视频讲解（Web 调试中的"前端开发高级调试"视频）
该视频介绍了断点以及捕捉事件绑定、Audits 和 Chrome 性能插件、TimeLine
掌控帧渲染模式和 Prolfiles 分析具体问题等内容。

前端开发高级调试

习 题 16

1. 简述题

（1）简述 JavaScript 具有哪些特点。

（2）简述 JavaScript 的基本语法。

2. 上机题

（1）分别使用 for 和 while 循环语句实现 1~1000 之间的奇数的累加，当累加和大于 2000 时，中止循环语句的执行。

（2）对（1）实现的代码分别使用 IE 开发者工具和 Firebug 工具作变量的调试跟踪。

第17章
在网页中嵌入脚本

为了增强用户与网页的动态交互效果，提高用户体验，我们需要在网页中嵌入脚本代码。在网页中嵌入脚本的方式主要有三种：一是在 HTML 标签的事件属性中直接添加脚本代码；二是使用<script>标签在网页中直接插入脚本代码；三是使用<script>标签链接外部脚本文件。

17.1 在 HTML 标签的事件属性中直接添加脚本

使用 HTML 标签的事件属性，可以直接在标签内添加脚本，以响应元素的事件。

【示例 17-1】在 HTML 标签的事件属性中添加脚本。

```
<!DOCTYPE html>
<html>
<head>
<meta charset="utf-8">
<title>在 HTML 标签的事件属性直接添加脚本</title>
</head>
<body>
 <form>
<input type="button" onClick="Javascript:alert('欢迎来到 JavaScript 世界');"
   value="点点我看看有什么发生"/>
</form>
</body>
</html>
```

上述代码在 input 标签中的 onClick 事件属性中添加脚本，实现单击按钮后弹出警告对话框功能。其在 IE11 浏览器中的运行结果如图 17-1 所示。

图 17-1　使用 HTML 标签事件属性添加脚本

17.2 使用 script 标签插入脚本

这种方式首先需要在头部区域或主体区域的恰当位置处添加<script></script>标签对，然后在<script></script>标签对之间根据需求添加相关脚本代码。

基本语法：

```
<script type="text/javascript">
        …              //在这里放置具体的 JavaScript 脚本
</script>
```

【示例 17-2】使用 script 标签在 HTML 页面中插入脚本。

```
<!DOCTYPE html>
<html>
<head>
<meta charset="utf-8">
<title>使用 script 标签插入脚本</title>
<script type="text/javascript">
function showMsg(){
    alert('欢迎来到 JavaScript 世界');
}
</script>
</head>
<body>
<form>
  <input type="button" onClick="showMsg()" value="点点我看看有什么发生"/>
</form>
</body>
</html>
```

上述代码在 HTML 页面的头部区域中使用<script></script>标签对在页面中插入了一个脚本函数。用户单击按钮后将调用这个脚本函数实现调出警告对话框功能。其在 IE11 浏览器中的运行结果和示例 17-1 完全一样。

17.3 使用 script 标签链接脚本文件

如果同一段脚本需要在若干网页中使用，则可以将脚本放在单独的一个以.js 为扩展名的文件里，然后在需要该文件的网页中使用<script>标签引用该 js 文件。扩展名为 js 的文件称为脚本文件。

从前面的描述我们可以看出，定义脚本文件的目的之一是重用脚本代码。此外，使用脚本文件还有一个目的，就是将网页内容和行为进行分离。基于这两个目的，在实际项目中，使用<script>标签链接脚本文件是最常用的一种嵌入脚本的方式。

基本语法：

```
<script type="text/javascript" src="脚本文件"></script>
```

语法说明：链接脚本文件的<script>标签虽然是一个空标签，但是它的结束标签必须使用

</script>，而不能使用缩写形式，即将开始标签的"＞"改成"/＞"来结束标签。

下面通过示例 17-3 来演示使用 script 标签链接脚本文件。在该示例中，首先新建一个 js 文件，命名为：link.js，然后通过 script 标签引用 js 文件。

【示例 17-3】使用 script 标签链接脚本文件到 HTML 页面中。

（1）link.js 代码：

```
function showMsg(){
    alert("欢迎来到 JavaScript 世界");
}
```

（2）html 页面代码：

```
<!DOCTYPE html>
<html>
<head>
<meta charset="utf-8">
<title>使用 script 标签链接脚本文件</title>
<script type="text/javascript" src="link.js"></script>
</head>
<body>
<form>
  <input type="button" onClick="showMsg()" value="点点我看看有什么发生"/>
</form>
</body>
</html>
```

上述代码在页面头部区域使用 script 标签将外部脚本文件 link.js 链接到 HTML 页面中，而 link.js 文件中定义了一个脚本函数。当用户单击按钮后将调用这个脚本函数实现调出警告对话框功能。其在 IE11 浏览器中的运行结果和示例 17-1 完全一样。

习　题　17

填空题

（1）在 HTML 页面中嵌入脚本有 3 种方式，分别是：＿＿＿＿、＿＿＿＿和＿＿＿＿。

（2）脚本文件的扩展名是＿＿＿＿。假设脚本文件的名字是 test，则使用<script>标签链接该脚本文件的代码是＿＿＿＿。

第18章
脚本函数

函数实际上是一段有名字的程序。定义函数的目的主要是为了更好地重用代码以及事件处理。在 JavaScript 中，函数分为内置函数和用户自定义函数。

18.1　函数定义

自定义函数由用户根据需要自行定义。自定义脚本函数需要使用关键字 function，定义函数的基本语法如下：

```
function 函数名([参数表]){
    函数体;
    [return [表达式;]]
}
```

语法说明：

（1）必须以关键字 function 开始，后跟着自定义的函数名。

（2）函数名：可任意定义，但必须符合标识符命名规范，且不能使用 JavaScript 的保留字。函数名通常是动名词，最好见名知意，一般首字母小写。如果函数名是由多个单词构成，则单词之间使用下划线连接，如 get_name，或写成驼峰式，即第一个单词首字母小写，其他单词的首字母全部大写，如 getName。

（3）参数表：可选。它是用小括号括起来的 0 个以上的参数，用于接收调用函数的参数传递。当没有参数时，小括号仍不能省略；如果有多个参数，则参数之间用逗号分隔。此时的参数没有具体的值，因而称为虚参。虚参在内存中没有分配对应的空间。

（4）函数体：由大括号{}括起来的语句块，用于实现函数功能。调用函数时将执行函数体语句。

（5）return [表达式]：可选。执行该语句后将停止函数的执行，并返回指定表达式的值。其中的表达式可以是任意表达式、变量或常量。如果缺省表达式，函数返回 undefined 值。

脚本函数通常会放在 HTML 文件的头部区域或在一个外部 JS 文件中定义。

【示例 18-1】脚本函数定义示例一。

```
<script type="text/javascript">
function factorial(x){
    if(x<=1)return 1;
    else return x*factorial(x-1);
}
```

```
</script>
```

上述代码定义了名为 factorial 的函数，其中有一个虚参 x，函数体中有两个 return 语句，当 x<=1 时返回常量 1，否则返回一个表达式的值。

【示例 18-2】脚本函数定义示例二。

```
<script type="text/javascript">
function printMsg(){
    alert("定义一个没有返回值的函数");
}
</script>
```

上述代码定义了名为 printMsg 的函数，没有虚参和返回值，函数的功能是显示一个警告对话框。

18.2　函数调用

函数定义后，并不会执行，函数的执行需要通过函数调用来实现。函数调用方法很简单，就是在需要执行函数的地方直接使用函数名，且使用具有具体值的参数代替虚参。相比于函数定义时的参数没有具体值，函数调用时的参数具有具体的值，因而称函数调用的参数为实参。实参在内存中分配了对应的空间。函数调用的基本语法如下：

函数名（[实参列表]）

语法说明：函数调用时的实参数目通常和虚参对数目一致，如果实参数少于虚参数，则没有的实参的值将指定为 undefined。

调用函数时，如果函数具有返回值，则调用函数的方法是直接将带有实参的函数名赋给某个变量或直接将带有实参的函数名置于某个表达式中；如果函数没有返回值，则调用函数的方法是直接将带有实参的函数名放在脚本程序或 HTML 文件需使用脚本的位置处，如作为某个 HTML 标签的事件属性值或作为超链接标签的 href 属性值。

根据函数调用出现的位置来分，函数调用的方法有：函数的一般调用、在事件响应中调用函数和在链接中调用函数这三种方式。下面分别介绍这三种调用方式的使用。

18.2.1　函数的一般调用

脚本函数的一般调用指的是函数的调用发生在脚本程序中。

【示例 18-3】函数的一般调用示例。

```
<!DOCTYPE html>
<html>
<head>
<meta charset="utf-8">
<title>函数的一般调用</title>
<script type="text/javascript">
//在头部区域定义了两个脚本函数
function getTotal(n){ //n 为虚参
    var result=0;
    for(var i=0;i<=n;i++){
        result+=i;
```

```
    }
    return result;
}
function printMsg(msg){ //msg 为虚参
    alert(msg);
}
</script>
</head>
<body>
<script>
    document.write("该示例演示了 getTotal()的两种调用方式。<br/>");
    var tol=getTotal(6);//调用具有返回值的函数，将其赋给某个变量。实参为 6
    document.write("此时输出的是将调用函数赋值给变量后的结果: "+tol+"<br/>");
    document.write("此时输出的是将调用函数放到表达式后的结果: "+getTotal(6));
    //调用没有返回值的函数: 直接在程序中使用函数名并设置实参
    printMsg("getTotal()具有虚参和返回值");
</script>
</body>
</html>
```

上述代码中主体区域的脚本分别演示了具有返回值和没有返回值的函数的调用方式。从上述代码中，我们可以看到，具有返回值的调用函数可以赋给某个变量，或直接作为表达式的一部分；而没有返回值的调用函数必须作为脚本代码中的一条独立的语句。上述代码在 IE11 浏览器的运行结果如图 18-1 所示。

图 18-1 函数的一般调用

18.2.2 在事件响应中调用函数

在事件响应中调用函数，需要将调用函数设置为 HTML 标签事件属性的值。

【示例 18-4】在事件响应中调用函数示例。

```
<!DOCTYPE html>
<html>
<head>
<meta charset="utf-8">
<title>在事件响应中调用函数</title>
<script type="text/javascript">
function getName(obj){
    alert("您输入的名字是: "+obj.value);
}
</script>
</head>
<body>
<form action="">
    <input type="text" name="username" onBlur="getName(this)"/>
</form>
</body>
</html>
```

> 在文本框失去焦点事件触发时调用自定义函数

上述代码在文本框中设置 onBlur 事件属性值为调用函数，这样一旦文本框失去焦点事件触发，将调用 getName() 函数，调用函数中的"this"为实参，代表当前的文本框，调用函数时使用 this 替换虚参"obj"，因而在警告对话框中能获取文本框中输入的值。上述代码在 IE11 浏览器的运行结果如图 18-2 所示。

图 18-2　在事件响应中调用函数

18.2.3　在链接中调用函数

在链接中调用函数，需要将调用函数设置为 `<a>` 标签的 href 属性的值，设置时使用格式：href="javascript:函数名"。用户单击链接时，将执行被调用的函数。

【示例 18-5】在链接中调用函数示例。

```html
<!DOCTYPE html>
<html>
<head>
<meta charset="utf-8">
<title>在链接中调用函数</title>
<script type="text/javascript">
function callFunctionTest(){
    alert("在链接中调用函数");
}
</script>
</head>
<body>
<a href="javascript:callFunctionTest()">在链接中调用函数</a>
</body>
</html>
```

上述代码通过 `<a>` 标签的 href 属性来调用脚本函数。单击超链接后，将执行脚本函数，从而弹出警告对话框。上述代码在 IE11 浏览器的运行结果如图 18-3 所示。

图 18-3　在链接中调用函数

![极客学院 jikexueyuan.com]

有关 JavaScript 函数介绍的视频讲解（JavaScript 中的"JavaScript 函数"视频）

该视频介绍了 JavaScript 函数的相关概念、定义及调用函数、带参数的函数和带返回值的函数等内容。

JavaScript 函数

18.3　内置函数

内置函数由 JavaScript 语言提供，用户可直接使用。JavaScript 常用的内置函数如表 18-1 所示。

表 18-1　　　　　　　　　　　　　　　JavaScript 常用内置函数

函　　数	说　　明
parseInt()	将字符型参数转化为整型
parseFloat()	将字符型参数转化为浮点型
isFinite()	判断一个数值是否为无穷大
isNaN()	判断一个数值是否为 NaN
encodeURI()	将字符串转化为有效的 URL
decodeURI()	对 encodeURL()编码的文本进行解码

1.　parseInt()函数

语法：parseInt(stringNum,[radix])。

说明：stringNum 参数为需要转换为整型的字符串；radix 参数提供在 2～36 之间的数字表示所保存整数的进制数，取值为 10 时可省略。

作用：将以 radix 为基数的 stringNum 字符串参数解析成十进制数。若 stringNum 字符串不是以数字开头，则返回 NaN；解析过程中如果遇到不合法的字符，将马上停止解析，并返回已经解析的值。

2.　parseFloat()函数

语法：parseFloat(stringNum)。

说明：stringNum 参数为需要解析为浮点型的字符串。

作用：将首位为数字的字符串转解析成浮点型数。若 stringNum 字符串不是以数字开头，则返回 NaN；解析过程中如果遇到不合法的字符，将马上停止解析，并返回已经解析的值。

3.　isNaN()函数

语法：isNaN(value)。

说明：value 参数为需要验证是否为数字的值。

作用：用于确定 value 参数是否是数字，如果不是数字返回 true，否则返回 false。

4.　isFinite()函数

语法：isFinite(num)。

说明：num 参数为需要验证的数字。

作用：用于检验参数指定的值是否为无穷大。如果 num 参数是有限数字（或可转换为有限数字），则返回 true。否则，如果 num 参数是 NaN（非数字），或者是正、负无穷大的数，则返回 false。

5.　encodeURI()函数

语法：encodeURI(urlString)。

说明：urlString 参数为需要转化为 URI 的字符串。

作用：将参数 url 作为 URI 进行编码。

6. decodeURI()函数

语法：decodeURI(urlString)。

说明：urlString 参数为需要解码的 URI。

作用：用于将 encodeURI()函数编码的 URI 解码成最初的字符串并返回。

【示例 18-6】内置函数综合示例。

```
<!DOCTYPE html>
<html>
<head>
<meta charset="utf-8">
<title>内置函数的综合示例</title>
<script type="text/javascript">
document.write("(1)使用 parseInt()函数<br/>");
document.write("将以 2 为基数的 1101 字符串解析后的结果为: "+parseInt("1101",2)+"<br/>");
document.write("将以 16 为基数的 a37f 字符串解析后的结果为: "+parseInt("a37f",16)+"<br/>");
document.write("将以 10 为基数的 123 字符串解析后的结果为: "+parseInt("123")+"<br/>");
document.write("将以 10 为基数的 xy123 字符串解析后的结果为: "+parseInt("xy123")+"<br/>");
document.write("将以 10 为基数的 123xy4 字符串解析的后的结果为:"+parseInt("123xy4")+"<br/>");

document.write("<br/>(2)使用 parseFloat()函数<br/>");
document.write("将 312.456 字符串解析后的结果为: "+parseFloat("312.456")+"<br/>");
document.write("将 312.4A56 字符串解析后的结果为: "+parseFloat("312.4A56")+"<br/>");
document.write("将 a312.456 字符串解析后的结果为: "+parseFloat("a312.456")+"<br/>");

document.write("<br/>(3)使用 isNaN()函数<br/>");
document.write("parseFloat('a3.1')的结果不是数字? "+isNaN(parseFloat('a3.1'))+"<br/>");
document.write("parseInt('12xy3')的结果不是数字吗? "+isNaN(parseInt('12xy3'))+"<br/>");

document.write("<br/>(4)使用 isFinite()函数<br/>");
document.write("123 的结果是有限值吗? "+isFinite(123)+"<br/>");
document.write("1/0 的结果是有限值吗? "+isFinite("1/0")+"<br/>");
document.write("hello 的结果是有限值吗? "+isFinite("hello")+"<br/>");

document.write("<br/>(5)使用 encodeURI()函数<br/>");
document.write("'http://www.sise.com.cn/lst charpter1?username=张三'字符串编码后可得到
  URI: "+encodeURI("http://www.sise.com.cn/lst charpter1?username=张三")+"<br/>");

document.write("<br/>(6)使用 decodeURI()函数<br/>");
document.write("对上面使用 encodeURI()编码可得到 URI 解码后的结果是: "
  +decodeURI(encodeURI("http://www.sise.com.cn/lst charpter1?username=张三")));
</script>
</head>
<body>
</body>
</html>
```

上述代码在 IE11 浏览器中的运行结果如图 18-4 所示。

图 18-4　常用内置函数的使用

习 题 18

1．填空题

（1）定义 JavaScript 函数的关键字是_____，定义函数时的参数称为_____，调用函数时的参数称为_____。

（2）调用 JavaScript 函数有 3 种方式，分别是_____、_____和_____。

2．简述题

简述常用内置函数有哪些？它们分别有哪些作用？

3．上机题

（1）自定义一个函数，函数名为 testFun，然后在按钮单击事件中调用该函数。

（2）自定义一个函数，函数名为 testLinkFun，然后通过链接调用该函数。

第19章
事件处理

JavaScript 的一个基本特征就是事件驱动。所谓事件驱动，就是当用户执行了某种操作后，会因此而引发一系列程序的执行。在这里，用户的操作称为事件，程序对事件作出的响应称为事件处理。在本章，我们将介绍事件处理的相关概念、常用事件、事件对象和事件处理程序的注册和调用等内容。

19.1   事件处理概述

事件处理，是指程序对事件作出的响应。所谓事件，对 JavaScript 来说，就是用户与 Web 页面交互时产生的操作，比如移动鼠标、按下某个键盘、单击按钮等操作。事件处理中涉及的程序称为事件处理程序。事件处理程序通常定义为函数。在 Web 页面中产生事件的对象，称为事件目标。在不同事件目标上可以产生不同类型的事件。应用程序通过指明事件类型和事件目标，在 Web 浏览器中注册它们的事件处理程序。当在特定的目标上发生特定类型的事件时，浏览器会调用对应的处理程序。所以事件处理涉及的工作包括事件处理程序的定义及其注册和调用。

进行事件处理时，经常会使用到事件对象。所谓事件对象，指的是与特定事件相关且包含该事件详细信息的对象。事件对象是作为参数传递给事件处理函数的。在实际应用中，开发人员经常通过事件对象获取相关对象的信息，比如发生鼠标事件时，可以使用事件对象获得点击鼠标处的坐标。

在 JavaScript 程序中，常用事件如表 19-1 所示。

表 19-1 JavaScript 常用事件

事 件		描 述
鼠标事件	click	用户单击鼠标时触发此事件
	dblclick	用户双击鼠标时触发此事件
	mousedown	用户按下鼠标时触发此事件
	mouseup	用户按下鼠标后松开鼠标时触发此事件
	mouseover	当用户将鼠标移动到某对象范围的上方时触发此事件
	mousemove	用户移动时鼠标触发此事件
	mouseout	当用户鼠标离开某对象范围时触发此事件

续表

事 件		描 述
键盘事件	keypress	当用户键盘上的某个字符键被按下并且释放时触发此事件
	keydown	当用户键盘上某个按键被按下时触发此事件
	keyup	当用户键盘上某个按键被按下后松开时触发此事件
窗口事件	abort	当图形尚未完全加载前，用户就单击了一个超链接，或单击停止按钮时触发此事件
	error	加载文件或图像发生错误时触发此事件
	load	页面内容加载完成时触发此事件
	resize	当浏览器的窗口大小被改变时触发此事件
	unload	当前页面关闭或退出时触发此事件
表单事件	blur	当前表单元素失去焦点时触发此事件
	click	用户单击复选框、单选按钮或 button、submit 和 reset 按钮时触发此事件
	change	表单元素的内容发生改变并且元素失去焦点时触发此事件
	focus	当表单元素获得焦点时触发此事件
	reset	用户单击表单上的 reset 按钮时触发此事件
	select	用户选择了一个 input 或 textarea 表单域中的文本时触发此事件
	submit	用户单击 submit 按钮提交表单时触发此事件

19.2 注册事件处理程序

为了使浏览器在事件发生时，能自动调用相应的事件处理程序处理事件，需要对事件目标注册事件处理程序（也称事件绑定）。注册事件处理程序有以下三种方式。

（1）设置 HTML 标签的事件属性为事件处理程序。

（2）设置事件目标的事件属性为事件处理函数。

（3）使用事件目标调用 addEventListener()方法。注意：除 IE8 及以前的版本外，所有浏览器都支持 addEventListener()方法。IE9 之前的 IE 版本对应 addEventListener()方法的是 attachEvent()方法。在此，我们只介绍 addEventListener()，对 attatchEvent()感兴趣的读者请查阅相关资料。

（1）和（2）两种注册方式中的事件属性名的组成形式是："on"+事件名，例如 onclick、onfocus 等。

19.2.1 设置 HTML 标签的事件属性为事件处理程序

通过设置 HTML 标签的事件属性为事件处理程序的方式来注册事件处理程序时，事件属性中的脚本代码不能包含函数声明，但可以是函数调用或一系列使用分号分隔的脚本代码。

【示例 19-1】HTML 标签的事件属性为脚本代码。

```
<!DOCTYPE html>
<html>
<head>
```

```
<meta charset="utf-8">
<title>HTML 标签的事件属性为脚本代码</title>
</head>
<body>
<form action="">
    <input type="button" onclick="var name='张三';alert(name);" value="测试"/>
</form>
</body>
</html>
```

上述代码的 button 为 click 事件的目标对象,其通过标签的事件属性 onclick 注册了两行脚本代码进行事件的处理。上述代码在 IE11 浏览器的运行后,当用户单击按钮时,将弹出警告对话框,结果如图 19-1 所示。

当事件处理程序涉及的代码在 2 行以上时,如果还像示例 19-1 那样注册事件处理程序,会使程序的可读性变得很差,对此,我们可以将事件处理程序定义为一个函数,然后在事件属性中调用该函数。

图 19-1　使用 HTML 标签的事件属性注册事件处理程序

【示例 19-2】HTML 标签的事件属性为函数调用。

```
<!DOCTYPE html>
<html>
<head>
<meta charset="utf-8">
<title>HTML 标签的事件属性为函数调用</title>
<script type="text/javascript">
function printName(){
    var name="张三";
    alert(name);
}
</script>
</head>
<body>
<form action="">
    <input type="button" onClick="printName()" value="测试"/>
</form>
</body>
</html>
```

声明事件处理函数

事件处理程序为函数调用

上述代码的执行结果和示例 19-1 完全相同。

从上述两个示例我们可以看到,事件属性将 JavaScript 脚本代码和 HTML 标签混合在一起,违反了 Web 标准的 JavaScript 和 HTML 应分离的原则。所以,通过设置 HTML 标签的事件属性的方式注册事件处理程序并不是很好,在实际应用时应尽量避免使用。

19.2.2　设置事件目标的事件属性为事件处理函数

使 HTML 和 JavaScript 分离的最简单的注册事件处理程序的方式就是通过设置事件目标的事件属性为所需事件处理程序函数。

【示例 19-3】在事件响应中调用函数示例。

```
<html>
<head>
<meta http-equiv="Content-Type" content="text/html; charset=utf-8" />
<title>设置事件目标的事件属性为事件处理函数</title>
<script type="text/javascript">
window.onload=function(){
    var username=document.getElementById("username");
    username.onfocus=function(){
        alert("请输入用户名");
    }
    username.onblur=function(){
        alert("您输入的用户名为: "+this.value);
    }
}
</script>
</head>
<body>
<form action="">
  <input type="text" name="username" id="username"/>
</form>
</body>
</html>
```

上述 JavaScript 代码中处理了三个事件：文档加载事件 load、文本域获得焦点事件 focus 及其失去焦点事件 blur。这三个事件的处理都是通过设置事件目标的事件属性为处理函数来实现的。上述脚本代码中的三个事件处理函数都被定义为匿名函数。在文档所有元素加载完成后会处理窗口加载事件函数，此时将首先获取文本域对象 username。当 username 元素获得焦点时将处理其绑定的获得焦点事件处理函数；当 username 元素失去焦点时将处理其绑定的失去焦点事件函数。注意：在 blur 事件处理函数中的"this"代表触发当前事件的对象，即 username 文本框。上述代码在 IE11 浏览器的运行结果分别如图 19-2 和图 19-3 所示。

图 19-2　获取焦点事件结果

图 19-3　失去焦点事件结果

19.2.3　使用事件目标调用 addEventListener()方法

在标准事件模型中，任何能成为事件目标的对象都定义了 addEventListener()方法，使用这个方法可以为事件目标注册事件处理程序。addEventListener()方法使用语法：

```
addEventListner(事件类型名,事件处理函数,false);
```

语法说明：第一个参数为事件类型名，例如：load、click 等事件名；第二个参数必须为函数，可以是函数的声明代码，也可以是函数调用语句；第三个参数为布尔值，通常为 false。

使用 addEventListener()可以为同一个对象注册同一事件类型的多个处理程序函数。当对象上发生事件时，所有该事件类型的注册处理程序就会按照注册的顺序调用。如果方法的三个参数完全相同，则多次定义时只注册一次。

【示例 19-4】使用 addEventListener()注册事件处理程序。

```
<!DOCTYPE html>
<html>
<head>
<meta charset="utf-8">
<title>使用 addEventListener()注册事件处理程序</title>
<script type="text/javascript">
var p;
function mouseOverFn(){
    p.style.color="blue";
    p.style.fontSize="30px";
    p.style.fontStyle="italic";
    p.style.textDecoration="underline";
}
function mouseOutFn(){
    p.style.color="red";
    p.style.fontStyle="normal";
    p.style.textDecoration="none";
}
window.onload=function(){
    var p=document.getElementById("p");
    //click 事件处理程序直接使用函数的声明
    p.addEventListener("click",function(){alert("单击事件");},false);
    p.addEventListener("mouseover",mouseOverFn,false);//事件处理程序使用函数调用语句
    p.addEventListener("mouseout",mouseOutFn,false);
    p.addEventListener("click",function(){alert("使用 addEventListener()注册事件处理
程序");},false);
}
</script>
</head>
<body>
<p id="p">Hello World!</p>
</body>
</html>
```

上述代码涉及到了 load、click、mouseover 和 mouseout 这四个事件。对这个四个事件共注册了五个处理程序。其中，load 事件处理程序使用事件目标的属性进行注册，当然它也可以修改为:window.addEventstener("load",function(){...},false)，即使用 addEvenetListener()注册事件处理程序。另外四个事件处理程序的注册分别使用 addEventListener()方法，其中，"click" 事件注册了两个处理程序，当单击事件发生时，将按它们注册的顺序依次执行，所以将依次弹出两个警告对话框。上述代码在 IE11 浏览器的运行结果分别如图 19-4 ~ 图 19-8 所示。

图 19-4　初始效果

图 19-5　mouseover 事件发生后效果

图 19-6　mouseout 事件发生后效果

图 19-7 click 事件发生后弹出的第一个警告对话框　　　图 19-8 click 事件发生后弹出的第二个警告对话框

19.3 事件处理程序的调用

一旦注册了事件处理程序，浏览器就会在事件目标上发生指定类型事件时自动调用它。

19.3.1 事件处理程序与 this 的使用

在 JavaScript 中，开发人员经常会使用 this 来指向某个对象，以实现对该对象的操作。在脚本程序中，this 具体指向的对象取决于 this 在程序中的位置以及程序的执行方式。例如，如果它出现在事件处理函数的实参中，则指向事件目标。如果它出现在事件处理函数体中，当事件处理函数的绑定是通过 HTML 属性时，则 this 指向 window 对象；如果事件处理函数的绑定是通过事件目标的属性时，则 this 指向事件目标。下面我们通过几个示例来介绍 this 在事件处理程序中的使用。

【示例 19-5】通过 HTML 属性绑定的事件处理程序中的 this 的使用。

```
<!DOCTYPE html>
<html>
<head>
<meta charset="utf-8">
<title>在 HTML 属性绑定的事件处理程序中的 this 的使用</title>
<script type="text/javascript">
function thisTest1(){
    alert("this 放在函数体中，此时指向的对象是："+this);
}
function thisTest2(obj){
    alert("this 作为实参时，this 指向的对象是："+obj);
}
</script>
</head>
<body>
<form>
<input type="button" value="单击这里，测试事件处理函数体中的 this" onclick="thisTest1()"/>
<br/><br/>
<input type="button" value="单击这里，测试事件处理函数的实参 this"
  onclick="thisTest2(this)"/>
</form>
</body>
</html>
```

上述代码在 IE11 浏览器的运行结果分别如图 19-9 和图 19-10 所示。

图 19-9　单击第一个按钮的结果

图 19-10　单击第二个按钮的结果

从图 19-9 和图 19-10 中，我们可看到，通过 HTML 属性绑定的事件处理函数体中的 this 指向的是 window 对象；而通过 HTML 属性绑定的事件处理函数中的实参 this 指向的是事件目标。

【示例 19-6】通过事件目标的属性绑定的事件处理程序中的 this 的使用。

```
<!DOCTYPE html>
<html>
<head>
<meta charset="utf-8">
<title>在事件目标属性绑定的事件处理程序中的 this 的使用</title>
</head>
<body>
<form>
<input id="btn" type="button" value="单击这里，测试事件处理函数的 this"/>
</form>
<script type="text/javascript">
    var btnObj=document.getElementById("btn");
    btnObj.onclick=function(){
        alert("在事件目标绑定的事件处理函数体中，this 指向的对象是："+this);
    }
</script>
</body>
</html>
```

上述代码在 IE11 浏览器的运行结果如图 19-11 所示。

图 19-11　this 指向 button 按钮

从图 19-11 中，我们可看到，通过事件目标的属性绑定的事件处理函数体中的 this 指向的是事件目标。

【示例 19-7】通过 addEventListener()绑定的事件处理程序中的 this 的使用。

```
<!DOCTYPE html>
<html>
<head>
<meta charset="utf-8">
<title>在 addEventListener()中绑定的事件处理程序中的 this 的使用</title>
<script type="text/javascript">
function thisTest(){
    alert("在事件目标绑定的事件处理函数体中，this 指向的对象是："+this);
}
</script>
</head>
<body>
<form>
<input id="btn" type="button" value="单击这里，测试事件处理函数的 this"/>
</form>
<script type="text/javascript">
    var btnObj=document.getElementById("btn");
    btnObj.addEventListener("click",thisTest,false);
</script>
</body>
</html>
```

上述代码在 IE11 浏览器的运行结果如图 19-12 所示。

图 19-12　this 指向 button 按钮

从图 19-12 中，我们可看到，通过 addEventListener()绑定的事件处理函数体中的 this 指向的是事件目标。

极客学院
jikexueyuan.com

有关 this 指针的使用的视频讲解（JavaScript 中的"JavaScript 高级技巧"视频）

该视频介绍了 JavaScript this 指针的使用等内容。

JavaScript 高级技巧

19.3.2　事件对象 event

调用事件处理程序时，JavaScript 会把事件对象 event 作为参数传给事件处理程序。事件对象提供了有关事件的详细信息，因而可以在事件处理程序中通过 event 获取有关事件的相关信息，例如获取事件目标的名称、键盘按键的状态、鼠标的位置、鼠标按钮的状态等信息。表 19-2 列出了 event 对象的一些常用属性和方法。

表 19-2　　　　　　　　　　　　　event 对象的常用属性和方法

属性/方法	说　　明
altKey	用于判断键盘事件发生时 "Alt" 键是否被按下
button	用于判断鼠标事件发生时哪个鼠标键被点击了。在遵循 W3C 标准的浏览器中，鼠标左、中、右键分别用 0、1 和 2 表示；不遵循 W3C 标准的 IE 浏览器中，鼠标左、中、右键分别用 1、4 和 2 表示
clientX	用于获取鼠标事件发生时相对于可视窗口左上角的鼠标指针的水平坐标
clientY	用于获取鼠标事件发生时相对于可视窗口左上角的鼠标指针的垂直坐标
ctrlKey	用于判断键盘事件发生时 "Ctrl" 键是否被按下
relatedTarget	用于获取鼠标事件发生时与事件目标相关的节点
screenX	用于获取鼠标事件发生时相对于文档窗口的鼠标指针的水平坐标
screenY	用于获取鼠标事件发生时相对于文档窗口的鼠标指针的垂直坐标
shiftKey	用于判断键盘事件发生时 "Shift" 键是否被按下
offsetX	用于获取鼠标事件发生时相对于事件目标的左上角的水平偏移，在 Chrome、Opera 和 Safari 浏览器中，左上角为外边框的位置；在 Firefox 和 IE 浏览器中，左上角为内边框的位置
offsetY	用于获取鼠标事件发生时相对于事件目标的左上角的垂直偏移，浏览器的情况与上同
srcElement	用于在 IE8 及以下版本的 IE 浏览器中，获取事件目标
target	在 W3C 标准浏览器中获取事件目标
type	获取事件类型
returnValue	取值为 true 或 false。用于在 IE8 及以下版本的 IE 浏览器中决定是否不执行与事件关联的默认动作。当值为 false 时，不执行默认动作
preventDefault()	在 W3C 标准的浏览器中，通知浏览器取消与事件的默认操作

【示例 19-8】事件对象的应用示例。

```
<!DOCTYPE html>
<html>
<head>
<meta charset="utf-8">
<title>事件对象 event 的使用</title>
<script type="text/javascript">
window.onload=function(){
    var p=document.getElementById("p1");
    p.onmousedown=function(event){
    var e=event || window.event; // 浏览器兼容设置：非标准的 IE 浏览使用 window.event
    var x=e.screenX
    var y=e.screenY
    alert("(screenX,screenY): (" + x+","+y+")");
    var x2=e.offsetX
    var y2=e.offsetY
```

```
            alert("(offsetX,offsetY): (" + x2+","+y2+")");
            var x3=e.clientX
            var y3=e.clientY
            alert("(clientX,clientY): (" + x3+","+y3+")");
            //浏览器兼容设置:非标准的 IE 浏览使用 e.srcElement
            var srcObj=e.target || e.srcElement;
            alert("事件目标为: " + srcObj.id);
            var type1=e.type;
            alert("事件类型为: "+type1);
        };
    };
</script>
</head>
<body>
<p id="p1">event 对象<br/>event 对象<br/>event 对象<br/>event 对象<br/>event 对象
<br/>event 对象<br/>event 对象<br/>event 对象<br/>event 对象<br/>event 对象<br/>event 对象
<br/>event 对象<br/>event 对象<br/>event 对象<br/>event 对象<br/>event 对象<br/>event 对象
</p>
</body>
</html>
```

上述代码分别使用事件对象获取单击鼠标事件发生后，相对于文档窗口的鼠标指针的坐标、相对于可视窗口左上角的鼠标指针的坐标、相对于段落左上角的坐标以及事件目标和事件类型。上述代码在 IE11 浏览器的运行结果如图 19-13 所示。在图 19-11 的浏览器窗口中单击鼠标后，依次得到图 19-14~图 19-18 所示的警告对话框。

图 19-13　浏览器执行结果

图 19-14　鼠标单击后弹出的第一个对话框

图 19-15　鼠标单击后弹出的第二个对话框

图 19-16　鼠标单击后弹出的第三个对话框

图 19-17　鼠标单击后弹出的第四个对话框

图 19-18　鼠标单击后弹出的第五个对话框

　　使用事件对象还可以取消事件的默认行为。比如，一个提交按钮的单击事件是提交表单，如果使用事件对象取消提交按钮的单击事件的默认行为，则表单将无法被提交。

【示例 19-9】使用事件对象取消事件的默认行为。

```
<!DOCTYPE html>
<html>
<head>
<meta charset="utf-8">
<title>使用事件对象event取消事件默认行为</title>
<script type="text/javascript">
window.onload=function(){
    var btn=document.getElementById("subbtn");
    btn.onclick=function(event){
        var e=event || window.event;
        if(e.preventDefault)e.preventDefault();//标准浏览器的事件默认行为取消方式
        else if(e.returnValue) e.returnValue=false;//IE浏览器的事件默认行为取消方式
    };
};
</script>
</head>
<body>
<form action="ex19-3.html">
    <input type="submit" value="提交" id="subbtn"/>
</form>
</body>
</html>
```

　　上述脚本代码通过事件对象取消了提交按钮的单击事件的默认行为，因而单击提交按钮时，表单数据将无法提交给 ex19-3.html 处理。

19.3.3　事件处理程序的返回值

　　在 19.3.2 小节中，我们介绍了使用 preventDefault() 和设置 returnValue=false 分别在标准浏览器和 IE9 以前的 IE 中取消事件的默认行为。对于使用对象属性或 HTML 标签属性注册的事件处理程序，也可以通过它返回 false 值来取消事件的浏览器默认操作。例如，表单的提交按钮的 onclick 属性注册的事件处理程序返回值为 false 时，将阻止浏览器提交表单；否则允许浏览器提交表单。

【示例 19-10】通过 HTML 属性注册的事件处理程序返回 false 阻止表单的提交。

```
<html>
<head>
<meta http-equiv="Content-Type" content="text/html; charset=utf-8" />
<title>通过HTML属性注册的事件处理程序返回false阻止表单的提交</title>
<script type="text/javascript">
function checkValue(){
    var name=document.getElementById("username");
    if(name.value.length==0){
        return false;
    }
    return true;
}
</script>
</head>
```

```
<body>
<form action="ex19-3.html">
    name:<input type="text" name="username" id="username"/>
    <input type="submit" value="提交" onclick="return checkValue()"/>
</form>
</body>
</html>
```

上述代码在提交按钮中使用 onclick 注册事件处理程序。该事件处理程序实现的功能是：当用户在输入表单域中输入用户名时提交表单，否则阻止表单的提交。为了实现该功能，需要事件处理程序在不同情况下分别返回 false 和 true。同时对于使用 HTML 属性注册事件处理程序时，还要在属性注册处理程序时加上 return 关键字。

极客学院
jikexueyuan.com

有关 JavaScript 事件处理的视频讲解（JavaScript 中的 "JavaScript 事件详解" 视频）

该视频介绍了事件流、事件处理和事件对象等内容。

JavaScript 事件详解

习 题 19

1. 填空题

注册事件处理程序有三种方式，分别是_____、_____和_____。

2. 简述题

（1）什么是事件、事件处理、事件目标和事件对象。

（2）简述取消事件的默认行为可使用哪些方法。

（3）简述 this 指针什么情况下指向事件目标，什么情况下指向 window 对象。

第20章
正则表达式模式匹配

正则表达式是由普通字符以及特殊字符（元字符）组成的字符模式。模式描述在搜索文本时要匹配的一个或多个字符串。

20.1　正则表达式定义

正则表达式总是以斜杠（/）开头和结尾，斜杠之间的所有内容都是正则表达式的组成部分，其中包括普通字符和特殊字符。正则表达式的定义语法如下所示：

`/字符串序列/[正则表达式修饰符]`

语法说明如下。

（1）两个斜杠（/）之间的字符串序列就是正则表达式，其中包括可打印的大小写字母和数字、不可打印的字符以及一些具有特定含义的特殊字符（元字符）。不可打印的字符在正则表达式中需要使用转义字符来表示。而元字符在正则表达式中主要用于匹配字符和匹配位置。常用的不可打印字符的转义字符和元字符请参见表 20-1 和表 20-2。

（2）正则表达式修饰符用于描述匹配方式，定义时可以省略。各个修饰符的描述请参见表 20-3。

表 20-1　　　　　　　　　　　　正则表达常用不可打印字符的转义字符

转 义 字 符	描　　　述
\f	匹配一个换页符
\n	匹配一个换行符
\r	匹配一个回车符
\t	匹配一个制表符
\v	匹配一个垂直制表符

表 20-2　　　　　　　　　　　　常用正则表达元字符

元　字　符		描　　　述
限定符	*	匹配前面的子表达式 0 次或多次，即任意次，等价于{0,}。例如：ab*能匹配"a",也能匹配"ab"、"abb"等字符串
	+	匹配前面的子表达式 1 次或多次，等价于{1,}。例如：ab+能匹配"ab",也能匹配"abb"、"abbb"等字符串

元 字 符		描　　述
限定符	?	匹配前面的子表达式 0 次或 1 次，等价于{0,1}。例如：ab?能匹配"a"和"ab"
	{n}	n 为非负整数。表示匹配前面的子表达式 n 次。例如：ab{2}能匹配"abb"
	{n,m}	n 和 m 都为非负整数，且 n<=m。表示至少匹配前面的子表达式 n 次，最多匹配 m 次。例如：ab{2，3}能匹配"abb"和"abbb"
	{n,}	n 为非负整数。表示至少匹配前面的子表达式 n 次。例如：ab{2,}能匹配"abb"、"abbb"、"abbbb"等字符串
分组符	()	将圆括号中的表达式定义为"组"，并且将匹配这个表达式的字符保存到一个临时区域。可以通过 RegExp 对象的属性$1~$9 来引用组。每个组可以通过"*"、"+"、"？"和"丨"等符号加以修饰。要匹配"("和")"时需要使用其转义字符:\(和\)。$1 存储正则表达式文本，余下的元素分别存储与圆括号内的子表达式相匹配的子串
字符匹配符	[...]	匹配方括号中的任意字符。例如：[xyz]、[a-z]、[A-Z]、[0-9]、[a-zA-Z0-9]。[a-z]、[A-Z]、[0-9]、[a-zA-Z0-9]表示匹配给定范围内的任意字符，例如[a-z]表示匹配"a"到"z"范围内的任意小写字母
	[^...]	匹配不在方括号的任意字符。例如：[^xyz]、[^a-z]、[^A-Z]、[^0-9]、[^a-zA-Z0-9]。[^a-z]、[^A-Z]、[^0-9]、[^a-zA-Z0-9]表示匹配不在指定范围内的任意字符，例如[^a-z]表示匹配不在"a"到"z"范围内的任意字符
	.	匹配除了\r 和\n 之外的任意字符。要匹配"."时要使用其转义字符:\
	\d	匹配一个数字字符，等价于[0-9]
	\D	匹配一个非数字字符，等价于[^0-9]
	\s	匹配任何空白字符，包括空格、制表符、换页符、换行符和回车符，等价于[\f\n\r\t\v]
	\S	匹配任何非空白字符，包括字母、数字、下划线、@、#、$、%等字符，等价于[^\f\n\r\t\v]
	\w	匹配包括下划线的任何单词字符，类似但不等价于[a-zA-Z_0-9]
	\W	匹配任何非单词字符，类似但不等价于[^a-zA-Z_0-9]
定位符	^	匹配字符串的开始位置，在多行检索中，匹配每一行的开始位置。要匹配"^"时需要使用其转义字符:\^
	$	匹配字符串的结束位置，在多行检索中，匹配每一行的结束位置。要匹配"$"时需要使用其转义字符:\$
	\b	匹配一个单词的边界，即单词和空格间的位置。例如，"er\b"可以匹配"never"中的"er"，但不能匹配"verb"中的"er"
	\B	匹配非单词边界。例如，"er\B"可以匹配"verb"中的"er"，但不能匹配"never"中的"er"
选择符	|	将两个匹配条件进行逻辑"或"运算。例如"him|her"可以匹配"him"和"her"

表 20-3　　　　　　　　　　　　　　　　　正则表达修饰符

修 饰 符	描　　述
i	执行不区分大小写的匹配
g	执行一个全局匹配，即找到被检索字符串中所有的匹配，而不是在找到第一个之后就停止
m	多行匹配模式，此时^匹配一行的开头和字符串的开头；$匹配行的结束和字符串的结束

20.2　使用 RegExp 对象进行模式匹配

正则表达式是一个描述字符模式的 RegExp 对象。创建 RegExp 对象的方式有两种：一种是定义一个正则表达式；另一种是使用 RegExp()构造函数。

20.2.1　创建 RegExp 对象

1. 使用定义正则表达式方式创建 RegExp 对象

脚本中存在正则表达式定义时，脚本执行正则表达式后将创建一个 RegExp 对象。例如：

```
var pattern=/\d{3}/g
var pattern1=/Java/ig;
```

上述两行代码分别定义了两个正则表达式。运行上述两个正则表达式定义代码后将创建两个 RegExp 对象，并将它们赋值给变量 pattern 和 pattern1。第一个 RegExp 对象用来匹配检索文本中所有包含三个数字的字符串；第二个 RegExp 对象用来匹配检索文本中所有包含"Java"的字符串，匹配时不区别大小写。

　　同一个正则表达式，每一次运行时都会创建新的 RegExp 对象。

2. 使用 RegExp()构造函数创建 RegExp 对象

RegExp()构造函数具有一个参数和两个参数两种形式，格式如下：

```
RegExp("正则表达式主体部分");
RegExp("正则表达式主体部分","修饰符");
```

语法说明：参数"正则表达式主体部分"指正则表达式定义中的两条反斜线之间的文本。在第一个参数中，正则表达式主体部分的所有转义字符前面需要再添加"\"作为其前缀。例如\d{3}作为 RegExp()构造函数参数时应写成"\\d{3}"。参数"修饰符"可以取 i、g、m 或它们的组合，如 ig、igm 等。

上面的 pattern 和 pattern1 两个 RegExp 对象同样可以使用构造函数来创建，格式分别如下：

```
var pattern=new Regexp("\\d{3}","g");
var pattern=new Regexp("Java","ig");
```

20.2.2　RegExp 对象常用属性和方法

创建 RegExp 对象后，就可以使用该对象的属性和方法进行字符串的匹配操作了。RegExp 对象常用的属性请参见表 20-4。

表 20-4　　　　　　　　　　　　　　RegExp 对象常用属性

属　　性	描　　述
$1~$9	分别存储对应正则表达式中圆括号表达式所匹配的子字符串
global	用于判断正则表达式是否带有修饰符 g，带有返回 true，否则返回 false

属　　性	描　　述
ignoreCase	用于判断正则表达式是否带有修饰符 i，带有返回 true，否则返回 false
multiline	用于判断正则表达式是否带有修饰符 m，带有返回 true，否则返回 false
lastIndex	当正则表达式带有修饰符 g 时，该属性存储继续匹配的起始位置
source	表示正则表达式文本

RegExp 对象常用的方法有 exec(string) 和 test(string) 两个方法。

exec(string) 方法的参数是一个字符串。该方法对参数指定的字符串执行一个正则表达式匹配，即在一个字符串中执行匹配检索。如果它没有找到任何匹配，将返回 null；如果找到了一个匹配，它将返回一个数组，其中的第一个元素是第一次匹配的字符串，第二个元素是第二次匹配的字符串，其他元素依此类推。该数组的 index 属性包含了发生匹配的字符开始位置。

test(string) 方法的参数是一个字符串。该方法对参数指定的字符串执行一个正则表达式匹配，即在一个字符串中执行匹配测试。如果它没有找到任何匹配，将返回 false；如果找到了一个匹配，它将返回 true。

【示例 20-1】RegExp 对象的创建及使用。

```html
<!DOCTYPE html>
<html>
<head>
<meta charset="utf-8">
<title>RegExp 对象的创建及使用</title>
<script type="text/javascript">
var pattern=/\d{3}/g; //使用正则表达式的定义方式创建 RegExp 对象
var pattern1=new RegExp("\\d{3}","g"); //使用构造函数的方式创建 RegExp 对象
var text="abc123def456"; //搜索字符串
var result;
alert("下面是通过使用正则表达式定义的方式创建的 RegExp 对象实现匹配：");
while((result=pattern.exec(text))!=null){
    alert("匹配字符串'"+result[0]+"'"+ "的位置是"+result.index+ "；下一次搜索开始位置是
        "+pattern.lastIndex);
}
alert("下面是通过使用构造函数的方式创建的 RegExp 对象实现匹配：");
while((result=pattern1.exec(text))!=null){
    alert("匹配字符串'"+result[0]+"'"+ "的位置是"+result.index+ "；下一次搜索开始位置是
        "+pattern1.lastIndex);
}
</script>
</head>
<body>
</body>
</html>
```

上述脚本代码中分别使用正则表达式定义和构造器两种方式创建了两个 RegExp 对象。然后分别对这两个对象调用了 exec() 来检索匹配以及访问其属性 lastIndex 来获取下一次搜索开始的位置。因为这两个 RegExp 对象是由同一个正则表达式文本所创建的，所以这些操作结果完全一样。RegExp 对象调用 exec() 方法和访问属性 lastIndex 的结果分别如图 20-1 和图 20-2 所示。

图 20-1　RegExp 对象调用方法和访问属性结果　　图 20-2　RegExp 对象方法和访问属性结果

【示例 20-2】使用 RegExp 对象校验表单数据的有效性。

（1）JavaScript 代码（20-2.js）。

```
function checkValue(){
    var flag=true;
    var username=document.getElementById("username");
    var password=document.getElementById("psw");;
    var idc=document.getElementById("idc");
    var email=document.getElementById("email");
    var tel=document.getElementById("tel");
    var mobil=document.getElementById("mobil");
    var zip=document.getElementById("zip");
    var url=document.getElementById("url");
    //用户名第一个字符为字母，其他字符可以是字母、数字、下划线等，且长度为 5~10 个字符
    var pname=/^[a-zA-Z]\w{4,9}$/;
    var ppsw=/\S{6,15}/;    //密码可以任何非空白字符，长度为 6~15 个字符
    //身份证号可以是 15 位或 18 位，18 位的可以是全部为数字，也可以最后一位为 x 或 X
    var pidc=/^\d{15}$|^\d{18}$|^\d{17}[\d|x|X]$/;
    //email 包含@，且其左、右两边包含任意多个单词字符，后面则包含至少一个包含 . 和 2~3 个单词字符的子串
    var pemail=/^\w+([\.-]?\w+)*@\w+([\.-]?\w+)*(\.\w{2,3})+$/;
    var ptel=/^\d{3,4}-\d{7,8}$/;    //xxx/xxxx-xxxxxxx/xxxxxxx，其中"x"表示一个数字
    //手机为 11 位数字，且第二数字只能为 3、4、5、7 或 8
    var pmobil=/^1[3|4|5|7|8]\d{9}$/;
    var pzip=/^[1-9]\d{5}$/;    //邮编为 1~9 之间的 6 位数字
    if(!pname.test(username.value))flag=false;
    alert("用户名通过校验："+pname.test(username.value));
    if(!ppsw.test(password.value))flag=false;
    alert("密码通过校验："+ppsw.test(password.value));
    if(!pidc.test(idc.value))flag=false;
    alert("身份证号通过校验："+pidc.test(idc.value));
    if(!pemail.test(email.value))flag=false;
    alert("email 通过校验："+pemail.test(email.value));
    if(!ptel.test(tel.value))flag=false;
    alert("家庭电话通过校验："+ptel.test(tel.value));
    if(!pmobil.test(mobil.value))flag=false;
    alert("手机通过校验："+pmobil.test(mobil.value));
    if(!pzip.test(zip.value))flag=false;
    alert("邮编通过校验："+pzip.test(zip.value));
    return flag;
}
```

（2）HTML 代码。

```
<!DOCTYPE html>
<html>
<head>
<meta charset="utf-8">
<title>使用 RegExp 对象校验表单数据的有效性</title>
<script type="text/javascript" src="js/20-2.js"></script>
</head>
<body>
<form action="ex20-1.html">
<table border="1" width="400" cellpadding="5" cellspacing="0">
<tr><td>用户名</td><td><input type="text" name="username" id="username"/></td></tr>
<tr><td>密 码</td><td><input type="password" name="psw" id="psw"/></td></tr>
<tr><td>身份证号</td><td><input type="text" name="IDC" id="idc"/></td></tr>
<tr><td>email</td><td><input type="text" name="email" id="email"/></td></tr>
<tr><td>家庭电话</td><td><input type="text" name="tel" id="tel"/></td></tr>
<tr><td>手 机</td><td><input type="text" name="mobil" id="mobil"/></td></tr>
<tr><td>通讯地址</td><td><input type="text" name="address" id="address"/></td></tr>
<tr><td>邮 编</td><td><input type="text" name="zip" id="zip"/></td></tr>
<tr><td colspan="2"><input type="submit" value="提交" onClick="return
    checkValue()"/></td></tr>
</table>
</form>
</body>
</html>
```

上述脚本代码中分别对用户名、密码、身份证号、email、家庭电话、手机和邮编定义了正则表达式来校验用户输入这些数据的有效性。对这些正则表达式使用 RegExp 对象的 test() 来进行匹配测试。如果用户输入的数据匹配正则表达式，则 test() 方法返回 true，否则返回 false。提交表单时，将调用脚本函数 checkValue() 进行数据有效性的校验。当所有匹配都通过测试时，表单提交给 ex20-1.html，否则停留在当前页面。图 20-3 和图 20-4 分别是用户名不匹配正则表达式和匹配正则表达式的运行结果。其他数据的匹配情况类似，在此不一一载图说明。

图 20-3　用户名不通过有效性校验

图 20-4　用户名通过有效性校验

20.3　用于模式匹配的 String 方法

在脚本编程中，除了上面介绍的可以使用 RegExp 对象进行模式匹配外，我们还可以使用一些 String 方法进行模式匹配。具有模式匹配功能的 String 方法如表 20-5 所示。

表 20-5　　　　　　　　　　　具有模式匹配功能的 String 方法

方　　法	描　　述
match(pattern)	在一个字符串中寻找与参数指定的正则表达式模式 pattern 的匹配
replace(pattern,newStr))	将匹配第一个参数指定的正则表达式 pattern 的子串替换为第二个参数指定的子串
search(pattern)	搜索与参数指定的正则表达式 pattern 的匹配
split(pattern)	根据参数指定的正则表达式 pattern 对字符串进行分隔

1. match()方法

match()方法是最常用的 String 正则表达式方法。它有一个参数，该参数是一个正则表达式。如果没有匹配，则返回 null。如果有匹配，则返回的是一个由匹配结果组成的数组；如果该正则表达式设置了修饰符 g，则该方法返回的数组包含字符串中的所有匹配结果。例如：

```
"1 plus 2 equal 3".match(/\d/g); //返回[1,2,3]
```

如果正则表达式没有设置修饰符 g，则 match()只检索第一个匹配。此时返回一个数组，该数组中的第一个元素就是匹配的字符串，其余的元素则是正则表达式中用圆括号括起来的子表达式。其用法请参见示例 20-3。

2. replace()方法

replace()方法用于匹配检索以及替换操作。它有两个参数，第一个参数是一个正则表达式，第二个参数是用来替换字符串中匹配第一个参数的源子串的新子串。执行 replace() 时，该方法首先会对调用它的字符串使用第一个参数指定的模式进行匹配检索，找到匹配子串后使用第二个参数进行替换。如果正则表达式中设置了修饰符 g，则源字符串中所有与模式匹配的子串都将替换成第二个参数指定的字符串；如果不带修饰符 g，则只替换所匹配的第一个子串。例如：

```
//将所有不区分大小写的 javascript 都替换成大小写正确的 JavaScript
var text="javascript is different from java.I like javascript."
text.replace(/javascript/gi,"JavaScript");
//返回"JavaScript is different from java.I like JavaScript."
```

如果 replace()的第一个参数是字符串而不是正则表达式，则 replace()将直接搜索这个字符串。

3. search()方法

search()是最简单的用于模式匹配的 String 方法。它有一个参数，该参数是一个正则表达式。如果找到匹配子串，则将返回第一个与之匹配的子串的起始位置；如果找不到匹配的子串，则将返回-1。例如：

```
"JavaScript".search(/script/i);//找到匹配的子串,结果返回 4
"JavaScript".search(/script1/i);//找不到匹配的子串,结果返回 - 1
```

需注意的是：search()方法不支持全局检索。

4. split()方法

split()方法用于将调用它的字符串拆分成一个子串组成的数组，使用的分隔符是 split()方法的参数。例如：

```
"ab , cd ,  ef ".split(/\s*,\s*/);//按"空格,空格"的格式分隔字符串,结果返回[ab,cd,ef]
```

需注意的是，该参数既可以是正则表达式，也可以是其他字符。

【示例 20-3】match()和 replace()方法的使用。

```html
<html>
<head>
<meta http-equiv="Content-Type" content="text/html; charset=utf-8" />
<title>match()和 replace()方法的使用</title>
<script type="text/javascript">
var url=/(\w+):\/\/([\w\.]+)\/(\S*)/;
var text="http://www.sise.com.cn/news.html?id=1";
var result=text.match(url);  //使用 url 模式对字符串进行模式匹配检索
if(result!=null){
    alert("完整 url: "+result[0]);
    alert("协议: "+result[1]);
    alert("主机地址: "+result[2]);
    alert("资源路径: "+result[3]);
}
alert(text.replace(/c/g,"C")); //将 text 字符串中的所有小写的"c"替换为大写"C"
</script>
</head>
<body>
</body>
</html>
```

上述脚本代码中分别使用了 String 方法中的 match()和 replace()来实现字符串的模式匹配和替换。其在 IE11 浏览器运行后弹出的警告对话框分别如图 20-5~图 20-9 所示。

图 20-5　匹配数组中的第一个元素　　　　图 20-6　匹配数组中的第二个元素

图 20-7　匹配数组中的第三个元素　　图 20-8　匹配数组中的第四个元素　　　图 20-9　字符串替换结果

【示例 20-4】使用 String 方法和正则表达式校验表单数据的有效性。

（1）JavaScript 代码（20-4.js）。

```javascript
function checkValue(){
    var flag=true;
    var username=document.getElementById("username");
    var password=document.getElementById("psw");;
    var idc=document.getElementById("idc");
    var email=document.getElementById("email");
    var tel=document.getElementById("tel");
    var mobil=document.getElementById("mobil");
    var zip=document.getElementById("zip");
    var url=document.getElementById("url");
    //用户名第一个字符为字母，其他字符可以是字母、数字、下划线等，且长度为 5~10 个字符
    var pname=/^[a-zA-Z]\w{4,9}$/;
    var ppsw=/\S{6,15}/;   //密码可以任何非空白字符，长度为 6~15 个字符
     //身份证号是 15 位或 18 位数字或 17 位数字后面跟 x 或 X
    var pidc=/^\d{15}$|^\d{18}$|^\d{17}[\d|x|X]$/;
//email 包含@，且其左、右两边包含任意多个单词字符，后面则包含至少一个包含.和 2~3 个单词字符的子串
    var pemail=/^\w+([\.-]?\w+)*@\w+([\.-]?\w+)*(\.\w{2,3})+$/;
    var ptel=/^\d{3,4}-\d{7,8}$/;   //xxx/xxxx-xxxxxxx/xxxxxxxx，其中"x"表示一个数字
    var pmobil=/^1[3|4|5|7|8]\d{9}$/;
    //手机为 11 位数字，且第二数字只能为 3 或 4 或 5 或 7 或 8
    var pzip=/^[1-9]\d{5}$/;   //邮编为 1~9 之间的 6 位数字
    if((username.value.search(pname))==-1){   //使用 String 的 search()方法进行模式匹配
        flag=false;
        alert("用户名第一个字符为字母，长度为 5~10 个字符");
    }
    if((password.value.search(ppsw))==-1){
        flag=false;
        alert("密码长度为 6~15 个字符");
    }
    if((idc.value.search(pidc))==-1){
        flag=false;
```

```
            alert("身份证号为 15 位或 18 位, 请输入正确的身份证号");
        }
        if((email.value.search(pemail))==-1){
            flag=false;
            alert("email 包含@, 请输入正确格式的 email");
        }
        if((tel.value.match(ptel))==null){ //使用 String 的 match()方法进行模式匹配
            flag=false;
            alert("家庭电话的格式为 xxx/xxxx-xxxxxxx/xxxxxxxx");
        }
        if(mobil.value.match(pmobil)==null){
            flag=false;
            alert("手机为 11 位数字, 且第二数字只能为 3 或 4 或 5 或 7 或 8");
        }
        if(zip.value.match(pzip)==null){
            flag=false;
            alert("邮编为 1~9 之间的 6 位数字");
        }
        return flag;
    }
```

（2）HTML 代码。

```
<!DOCTYPE html>
<html>
<head>
<meta charset="utf-8">
<title>使用 String 方法和正则表达式校验表单数据的有效性</title>
<script type="text/javascript" src="js/20-4.js"></script>
</head>
<body>
<form action="ex20-1.html">
<table border="1" width="400" cellpadding="5" cellspacing="0">
<tr><td>用户名</td><td><input type="text" name="username" id="username"/></td></tr>
<tr><td>密 码</td><td><input type="password" name="psw" id="psw"/></td></tr>
<tr><td>身份证号</td><td><input type="text" name="IDC" id="idc"/></td></tr>
<tr><td>email</td><td><input type="text" name="email" id="email"/></td></tr>
<tr><td>家庭电话</td><td><input type="text" name="tel" id="tel"/></td></tr>
<tr><td>手 机</td><td><input type="text" name="mobil" id="mobil"/></td></tr>
<tr><td>通讯地址</td><td><input type="text" name="address" id="address"/></td></tr>
<tr><td>邮 编</td><td><input type="text" name="zip" id="zip"/></td></tr>
<tr><td colspan="2"><input type="submit" value="提交" onClick="return
    checkValue()"/></td></tr>
</table>
</form>
</body>
</html>
```

上述脚本代码分别使用了 String 的 search()和 match()来实现对用户输入的用户名、密码、身份证号、email、家庭电话、手机和邮编进行模式匹配,校验用户输入这些数据的有效性。校验效果和示例 20-2 完全一样。

极客学院
jikexueyuan.com

有关 JavaScript 正则表达式的视频讲解（JavaScript 中的"JavaScript 正则表达式"视频）

该视频包括了正则表达式介绍及其使用等内容。

JavaScript 正则表达式

习 题 20

上机题

分别上机演示本章示例 20-2 和示例 20-4，熟悉使用正则表达式的定义以及使用 RegExp 对象和 String 方法校验数据的有效性。

第 21 章
JavaScript 内置对象

JavaScript 对象指既可以保存一组不同类型的数据（属性），又可以包含有关处理这些数据的函数（方法）的特殊数据类型。所谓 JavaScript 内置对象，指的是由 ECMAScript 实现提供的对象。常用的 JavaScript 内置对象主要有：Array 对象、String 对象、Date 对象、Math 对象、正则表达式 RegExp 对象。本章主要介绍前四个内置对象，第 17 章我们已介绍过了 RegExp 对象，在此就不再赘述。

21.1 Array 对象

Array 对象指的是可以存储多个相同或不同类型的值。使用 Array 对象存储数据之前必须先创建 Array 对象。

1. 创建 Array 对象

Array 对象的创建可以使用以下三种方式。

```
方式一：var 数组对象名 = new Array();
方式二：var 数组对象名 = new Array(数组元素个数);
方式三：var 数组对象名 = new Array(元素 1,元素 2,...,元素 n);
```

语法说明：上述三种创建方式都返回新创建并被初始化了的数组。其中方式一返回的数组为空，元素个数为 0；方式二返回具有指定个数、元素为 undefined 的数组；方式三将使用参数指定的值初始化数组，元素个数为参数的个数。

对方式一和方式二定义的数组对象，可以通过下标给每个元素赋值。例如：

```
var hobbies = new Array();
hobbies[0]="旅游";
hobbies[1]="运动";
hobbies[2]="音乐";
```

如果使用第三种方式来创建数组对象，则上述定义数组对象以及对数组赋值的代码可修改为：

```
var hobbies = new Array("旅游","运动","音乐");
```

需要注意的是，不管使用哪种方式创建数组对象，数组对象中的元素都是可以动态增加的。要添加数组元素的最常用的方法是使用 push()方法。

2. 数组元素的引用

使用数组名可以获取整个数组的值，若要获取数组元素的值，则需要使用数组名，同时借助下标。数组下标从 0 开始，到数组长度-1 结束，即第一个元素的下标为 0，最后一个元素的下标为数组长度-1。例如：hobbies=new Array("旅游","运动","音乐")的元素的引用分别使用 hobbies[0]、hobbies[1]和 hobbies[2]。

3. 数组对象的常用属性

length：获取数组长度（即数组元素个数）。

4. 数组对象的常用方法

数组对象的常用方法，如表 21-1 所示。

表 21-1　　　　　　　　　　　　　　　数组对象常用方法

方　　法	描　　述
concat(数组 1,..,数组 n)	用于将一个或多个数组合并到数组对象中。参数可以是具体的值，也可以是数组对象
join(分隔符）	将数组内各个元素以分隔符连接成一个字符串。参数可以省略，省略参数时，分隔符默认为"逗号"
push(元素 1,..元素 n)	向数组的末尾添加一个或多个元素，并返回新的长度。注：必须至少有一个参数
reverse()	颠倒数组中元素的顺序
slice(start,end)	返回包含从数组对象中截取的第 start~end-1 之间的元素的数组。注：end 参数可以省略。省略时表示从 start 位置开始一直到最后的元素，全部截取
sort()	按字典顺序对数组元素重新排序
toString()	把数组转换为字符串，并返回转换后的字符串。转换效果等效于不带参数的 join()

5. 访问数组对象的属性和方法的方式

```
数组对象.属性
数组对象.方法（参数 1,参数 2,…）
```

【示例 21-1】数组对象的使用。

```
<!DOCTYPE html>
<html>
<head>
<meta charset="utf-8">
<title>Array 数组对象的使用</title>
<script type="text/javascript">
  var fruit=new Array("苹果","橙子","梨子");  //创建数组
  var fruit1=new Array("pear","apple","orange"); //创建数组
  document.write("<li>fruit 数组的元素个数是: ",fruit.length); //访问数组对象的属性
  document.write("<li>直接输出 fruit 数组的结果: ",fruit);  //直接访问数组对象
  //以下代码分别演示了数组对象的各个方法的使用
  document.write("<li>对 fruit 数组调用 toString 后的输出结果: ",fruit.toString());
  document.write("<li>对 fruit 数组使用默认字符分隔数组的输出结果: ",fruit.join());
  document.write("<li>对 fruit 数使用'、'分隔数组的输出结果: ", fruit.join("、"));
  document.write("<li>将两个数组连接在一起后的输出结果: ",fruit.concat(fruit1));
  document.write("<li>fruit1 数组排序后的输出结果: ",fruit1.sort());
  fruit.push("香蕉");
  document.write("<li>fruit 数组添加元素后的输出结果: ",fruit);
  document.write("<li>对 fruit 数组截取 1~3 位置的元素后的输出结果: ",fruit.slice(1,3));
```

```
        document.write("<li>fruit 数组倒排数组元素后的输出结果: ", fruit.reverse());
    </script>
    <body>
    </body>
    </html>
```

上述脚本代码分别演示了数组对象的创建以及属性和各个方法的访问。上述代码在 IE11 浏览器中的运行结果如图 21-1 所示。

从图 21-1 运行结果可看出,直接输出数组对象和使用数组对象调用 toString()和 join()两个方法的效果完全一样。事实上,在字符串环境中,JavaScript 会自动调用 toString()方法将数组转换成字符串。所以,使用 document.write()直接输出数组对象时,实际是由 JavaScript 首先调用 toString()转换为字符串,然后再输出的。

图 21-1　数组对象的使用

21.2　String 对象

String 对象是包装对象,用来存储和处理文本。

1.　String 对象的创建

```
var String 对象名=new String(字符串);
```

说明:参数中的字符串常量必须使用引用双引号或单引号引起来,如果字符串中包含双引号,则引用字符串的引号必须使用单引号或使用转义字符 "\" 对双引号进行转义;如果字符串中包含单引号则引用字符串的引号必须使用双引号或使用转义字符 "\" 对单引号进行转义。例如:

```
var str1=new String("We are studying 'JavaScript'");     //双引号中嵌套单引号
var str2=new String('We are studying "JavaScript"');     //单引号中嵌套双引号
var str3=new String("We are studying \"JavaScript\"");   //加转义字符对双引号进行转义
var str4=new String('We are studying \'JavaScript\'');   //加转义字符对单引号进行转义
```

注意:字符串变量具有和字符串对象一样的作用,就是同样可以存储和处理文本。字符串对象和字符串具有相同的属性的方法。对字符串进行处理时 JavaScript 首先将其转换为一个伪对象,因而可以使用它访问属性和方法。因为创建字符串对象有可能拖慢执行速度,并可能产生其他副作用,所以在实际项目中尽量不要对字符串创建对象,而应直接对该字符串进行处理,或先将其存储在一个变量中,然后针对字符串变量进行操作。另外,还要注意以下两行代码的不同:

```
new String(s);    //它返回一个新创建的 String 对象,存放的是字符串 s
String(s);        //把 s 转换成原始的字符串,并返回转换后的值
```

2.　字符串对象的常用属性

length:返回字符串的长度(字符个数)。

3.　字符串对象的常用方法

字符串对象的方法包括两类方法:处理字符串内容的方法和处理字符串显示的方法。这些方

法的介绍请分别参见第 15 章的表 15-2 和表 15-3。

4. 访问字符串对象的属性和方法的方式

字符串对象.属性

字符串对象.方法（参数 1，参数 2，…）

5. 字符串对象的比较与字符串变量的比较

字符串变量的比较：直接将两个字符串变量进行比较。

字符串对象的比较：必须先使用 toString() 或 valueOf() 方法获取字符串对象的值，然后用值进行比较。

例如：

```
var str1="JavaScript";
var str2="JavaScript";
var strObj1=new String(str1);
var strObj2=new String(str2);
if(str1==str2)                          //比较两个字符串变量
if(strObj1.valueOf()==strObj2.valueOf())  //比较两个字符串对象
```

字符串对象的方法和属性的使用与字符串的方法和属性的使用完全一样，在此不再赘述了。

21.3　Math 对象

Math 对象用于执行数学计算。它同样包含了属性和方法，其属性包括了标准的数学常量，如 PI 常量；其方法则构成了数学函数库。Math 对象和前面介绍的两类对象不同的是，它在使用时不需要创建对象，而是直接使用 Math 来访问属性或方法，例如 Math.PI。

1. Math 对象的常用属性

E：欧拉常量，自然对数的底，约等于 2.7183。

PI：圆周率常数 π，约等于 3.14159。

2. Math 对象的常用方法

Math 对象常用的方法如表 21-2 所示。

表 21-2　　　　　　　　　　　　　Math 对象常用的方法

方　　法	描　　述
abs(x)	返回 x 的绝对值，参数 x 必须是一个数值
acos(x)	返回 x 的反余弦，参数 x 必须是 -1.0 ~ 1.0 之间的数
asin(x)	返回 x 的反正弦，参数 x 必须是 -1.0 ~ 1.0 之间的数
atan(x)	返回 x 的反正切弦，参数 x 必须是一个数值
ceil(x)	返回大于等于 x 的最小整数，参数 x 必须是一个数值
exp(x)	返回 e 的 x 次幂的值，参数 x 为任意数值或表达式
floor(x)	返回小于等于 x 的最大整数，参数 x 必须是一个数值
log(x)	返回 x 的自然对数，参数 x 为任意数值或表达式
max(x1,x2)	返回 x1、x2 中的最大值，参数 x1，x2 必须是数值
min(x1,x2)	返回 x1、x2 中的最小值，参数 x1，x2 必须是数值
pow(x1,x2)	返回 x1 的 x2 次方，参数 x1，x2 必须是数值

续表

方　　法	描　　述
random()	产生 0~1.0 之间的随机数
round(x)	返回 num 四舍五入后的整数，参数 x 必须是一个数值
sqrt(x)	返回 x 的平方根，参数 x 必须是大于等于 0 的数
sin(x)	返回 x 的正弦值，参数 x 以弧度表示
cos(x)	返回 x 的余弦值，参数 x 以弧度表示
tan(x)	返回 x 的正切值，参数 x 以弧度表示

3. 访问 Math 对象属性和方法的方式

Math.属性
Math.方法（参数1,参数2,…）

【示例 21-2】Math 对象的使用。

```html
<!DOCTYPE html>
<html>
<head>
<meta charset="utf-8">
<title>Math 对象的使用</title>
<script type="text/javascript">
document.write("Math.abs(-3) = "+Math.abs(-3)+"<br/>");
document.write("Math.ceil(15.6) = "+Math.ceil(15.6)+"<br/>");//求最高值
document.write("Math.floor(15.6) = "+Math.floor(15.6)+"<br/>");//求最低值
document.write("Math.max(2,3) = "+Math.max(2,3)+"<br/>");//求两个值中的最大值
document.write("Math.exp(0) = "+Math.exp(0)+"<br/>");// 求 0 的幂指数
document.write("Math.sqrt(3) = "+Math.sqrt(3)+"<br/>");// 求 3 的平方根
document.write("Math.pow(2,6) = "+Math.pow(2,6)+"<br/>");//求 2 的 6 次幂
document.write("Math.round(2.6) = "+Math.round(2.6)+"<br/>");//四舍五入
//求随机数，并对随机数四舍五入
document.write("Math.round(Math.random()*10) = "+Math.round(Math.random()*10));
</script>
</head>
<body>
</body>
</html>
```

上述代码在 IE11 浏览器中的运行结果如图 21-2 所示。

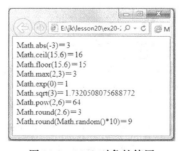

图 21-2　Math 对象的使用

21.4　Date 对象

Date 对象可用来处理日期和时间。

1．创建 Date 对象

```
var dt=new Date([日期参数]);
```

日期参数的取值有以下三种情况。

（1）省略不写：用于获取系统当前日期和时间。

例如：

```
var now=new Date();
```

（2）日期字符串。

格式为："月 日，公元年 时:分:秒"或其日期形式："月 日，公元年"，或"月/日/公元年 时:分:秒"或其日期形式："月/日/公元年"。

例如：

```
date=new Date("10/27/2000 12:06:36")
date=new Date("October 27,2000 12:06:36")
```

（3）一律以数值表示。

格式为"公元年，月，日，时，分，秒"或简写成"公元年，月，日"。

例如：

```
date=new Date(2012,10,10,0,0,0)
date=new Date(2012,10,10)
```

2．Date 对象的常用方法

Date 对象常用的方法如表 21-3 所示

表 21-3　　　　　　　　　　　　　　　　Date 对象常用方法

方　　法	描　　述
getDate()	根据本地时间返回 Date 对象的当月号数，取值 1～31
getDay()	根据本地时间返回 Date 对象的星期数，取值 0～6，其中星期日的取值是 0，星期一的取值是 1，其他依此类推
getMonth()	根据本地时间返回 Date 对象的月份数，取值 0～11，其中一月份的取值是 0，其他依此类推
getFullYear()	根据本地时间，返回以 4 位整数表示的 Date 对象年份数
getHours()	根据本地时间返回 Date 对象的小时数，取值 0~23，其中 0 表示晚上零点，23 表示晚上 11 点
getMinutes()	根据本地时间返回 Date 对象的分钟数，取值 0~59
getSeconds()	根据本地时间返回 Date 对象的秒数，取值 0~59
getTime()	根据本地时间返回自 1970 年 1 月 1 日 00:00:00 以来的毫秒数
Date.parse(日期字符串)	根据当地时间返回自 1970 年 1 月 1 日 00：00：00 以来的毫秒数，静态方法，则 Date 直接调用

续表

方　　法	描　　述
setDate(日期数)	根据本地时间设置 Date 对象的当月号数，参数取值 1~31
setMonth(月[，日])	根据本地时间设置 Date 对象的月份数，第一个参数的取值是 0~11，第二个参数的取值 1~31
setFullYear(年份数[，月份，日期数])	根据本地时间设置 Date 对象的年份数，第一个参数的取值是一个 4 位的整数，第二个参数的取值是 0~11，第三个参数的取值 1~31
setHours(小时[，分，秒，毫秒])	根据本地时间设置 Date 对象的小时数，第一个参数的取值是 0~23，第二和第三个参数的取值都是 0~59，第四个参数的取值 0~999
setMinutes(分[，秒，毫秒])	根据本地时间设置 Date 对象的分钟数，第一和第二个参数的取值都是 0~59，第三个参数的取值 0~999
setSeconds(秒，[，毫秒])	根据本地时间设置 Date 对象的秒数，第一个参数的取值是 0~59，第二个参数的取值 0~999
setMilliSeconds(毫秒)	根据本地时间设置 Date 对象的毫秒数，参数的取值 0~999
setTime(总毫秒数)	根据 GMT 时间设置 Date 对象 1970 年 1 月 1 日 00:00:00 以来的毫秒数，以毫秒形式表示日期可以使它独立于时区
toLocaleString()	把 Date 对象转换为字符串，并根据本地时区格式返回字符串
toString()	将 Date 对象转换为字符串，并以本地时间格式返回字符串。注意：直接输出 Date 对象时 JavaScript 会自动调用该方法将 Date 对象转换为字符串
toUTCString()	将 Date 对象转换为字符串，并以世界时格式返回字符串

3. 访问 Date 对象的属性和方法的方式

```
Date 对象.属性
Date 对象.方法（参数 1,参数 2,…）
```

静态方法的访问：Date.静态方法()

【示例 21-3】Date 对象的使用。

```
<!DOCTYPE html>
<html>
<head>
<meta charset="utf-8">
<title>Date 对象的使用</title>
<script type="text/javascript">
    var now = new Date(); //对系统当前时间创建 Date 对象
    var year=now.getFullYear(); //获取以四位数表示的年份
    var month=now.getMonth()+1; //获取月份
    var date=now.getDate();//获取日期
    var day=now.getDay(); //获取星期数
    var hour=now.getHours();//获取小时数
    var minute=now.getMinutes();//获取分钟数
    var second=now.getSeconds();//获取秒数
    //创建星期数组
    var week=new Array("星期日","星期一","星期二","星期三","星期四","星期五","星期六");
    hour=(hour<10) ? "0"+hour:hour;//以两位数表示小时
```

```
    minute=(minute<10) ? "0"+minute:minute;//以两位数表示分钟
    second=(second<10) ? "0"+second:second;//以两位数表示秒数
    document.write("现在时间是: "+year+"年"+month+"月"+date+"日"+hour+":"+minute+
        ":"+second+" "+week[day]+"<hr>");
    document.write("当前时间调用toLocaleString()的结果: "+now.toLocaleString()+
        "<br>");
    document.write("当前时间调用toString()的结果: "+now.toString()+"<br>");
    document.write("当前时间调用toUTCString()的结果: "+now.toUTCString()+"<br>");
</script>
</head>
<body>
</body>
</html>
```

上述脚本代码调用 Date 的无参构造函数，从而可以获取系统时间。上述代码在 IE11 中的运行结果如图 21-3 所示。

图 21-3　应用 Date 对象获取系统时间

有关 JavaScript 内置对象的视频讲解（JavaScript 中的"JavaScript 内置对象"视频）

该视频介绍了对象相关概念以及 String、Date、Array 和 Math 内置对象等内容。

JavaScript 内置对象

习 题 21

1．简述题
简述 JavaScript 常用的每个内置对象的常用属性和方法分别有哪些。

2．上机题
（1）任意创建一个可存入 10 个元素的数组，并为数组元素赋初值。然后删除数组中的第二个元素，并输出删除的元素值，以及删除后剩余元素的值。

（2）使用 Date 对象获取系统时间，并在页面中按"年-月-日　时:分:秒 星期几"的格式显示出来。

第22章
BOM 对象

BOM(Browser Object Model)，即浏览器对象模型。BOM 提供了独立于内容的、可以与浏览器窗口进行交互的对象结构。BOM 主要用于管理窗口与窗口之间的通讯。

22.1　BOM 结构

BOM 由多个对象组成，其中核心对象是 window 对象，该对象是 BOM 的顶层对象，代表浏览器打开的窗口，其他对象都是该对象的子对象。

在 JavaScript 中，存在两种对象模型：BOM 和 DOM（Document Object Model，文档对象模型）。DOM 提供了访问浏览器中网页文档各元素的途径，也是由一组对象组成，其顶层对象 document 是 DOM 的核心对象。BOM 和 DOM 具有非常密切的关系，BOM 的 window 对象中包含的 document 属性就是对 DOM 的 document 对象的引用。图 22-1 描述了 BOM 的结构。

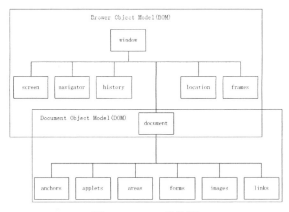

图 22-1　BOM 结构图

下面我们将详细介绍 BOM 中的各个常用对象，有关 DOM 的内容请参见第 23 章。

22.2　Window 对象

Window 对象表示浏览器打开的窗口。如果网页文档中包含 frame 或 iframe 标签，则浏览器会为每个框架创建一个 Window 对象，并将它们存放在 frames 集合中。

需要注意的是，Window 对象的所有属性和方法都是全局性的。而且 JavaScript 中的所有全局变量都是 Window 对象的属性；所有全局函数都是 Window 对象的方法。

Window 对象是全局对象，访问同一个窗口中的属性和方法时，可以省略"Window"字样，但如果要跨窗口访问，则必须写上相应窗口的名称（或别名）。

1．Window 对象的常用属性

Window 对象的常用属性如表 22-1 所示。

表 22-1　　　　　　　　　　　　　　Window 对象的常用属性

属　　　性	描　　　　　述
defaultStatus	设置或返回窗口状态栏的默认信息，主要针对 IE，FF 和 google chorme 没有状态栏
status	设置窗口状态栏的信息，主要针对 IE，FF 和 google chorme 没有状态栏
document	引用 document 对象
history	引用 history 对象
location	引用 location 对象
navigator	引用 navigator 对象
screen	引用 screen 对象
name	设置或返回窗口的名称
opener	返回创建当前窗口的窗口
self	返回当前窗口，等价于 Window 对象
top	返回最顶层窗口
parent	返回当前窗口的父窗口

2．Window 对象的常用方法

Window 对象的常用方法如表 22-2 所示。

表 22-2　　　　　　　　　　　　　　Window 对象的常用方法

方　　　法	描　　　　　述
back()	回到历史记录中的上一网页，相当于 IE 浏览器的工具栏上单击"后退"按钮
forward()	加载历史清单中的下一个网址，相当于 IE 浏览器工具栏上单击"前进"按钮
blur()	使窗口失去焦点
focus()	使窗口获得焦点
close()	关闭窗口
home()	进入客户端在浏览器上设置的主页
print()	打印当前窗口的内容，相当于在 IE 浏览器中选择【文件】—【打印】
alert(警告信息字符串)	显示警告对话框，用以提示用户注意某些事项
confirm(确认信息字符串)	显示确认对话框，有"确认"和"取消"两个按钮，单击确认按钮返回 true，单击取消按钮返回 false
prompt(提示字符串，[默认值])	显示提示输入信息对话框，返回用户输入信息

方　　法	描　　述
open(URL，窗口名称，[窗口规格])	打开新窗口
setTimeout(执行程序，毫秒)	在指定的毫秒数后调用函数或计算表达式
setInterval(执行程序，毫秒)	按照指定的周期（以毫秒计）来调用函数或计算表达式
clearTimeout(定时器对象)	取消 setTimeout 设置的定时器
clearInterval(定时器对象)	取消 setInterval 设置的定时器

3. 访问 Window 对象的属性和方法的方式

```
[Window 或窗口名称或别名].属性
[Window 或窗口名称或别名].方法 (参数列表)
```

例如：

```
Window.alert("警告对话框");
adwin.status="www.sise.com.cn";//adwin 是窗口名称
```

在实际使用时经常会省略 window。

例如：

```
alert("警告对话框");
status="www.sise.com.cn";
```

在实际使用中，"Window"也经常使用别名代替。Window 常用的别名有以下几个。

opener：表示打开当前窗口的父窗口。

parent：表示当前窗口的上一级窗口。

top：表示最顶层的窗口。

self：表示当前活动窗口。

例如：

```
self.close();  //关闭当前窗口
```

4. Window 对象的应用

（1）创建警告对话框。

使用 Window 对象的 alert()方法可以创建警告对话框。

【示例 22-1】使用 alert()创建警告对话框。

```
<!DOCTYPE html>
<html>
<head>
<meta charset="utf-8">
<title>使用 alert()创建警告对话框</title>
<script type="text/javascript">
    function checkPassword(testObject){
        if(testObject.value.length<6){
            alert("密码长度不得小于 6 位!");
        }
    }
</script>
```

```
</head>
<body>
请输入密码:<input type=password onBlur="checkPassword(this)">
</body>
</html>
```

当用户输入的密码长度小于 6 个字符时，将会调用 Window 对象的 alert()方法创建一个警告对话框。上述代码在 IE11 浏览器中的运行结果如图 22-2 所示。

图 22-2　创建警告对话框

（2）创建确认对话框。

使用 Window 对象的 confirm()方法可以创建确认对话框。

【示例 22-2】使用 confirm()创建确认对话框。

```
<!DOCTYPE html>
<html>
<head>
<meta charset="utf-8">
<title>使用 comfirm()创建确认对话框</title>
<script type="text/javascript">
function isConfirm(){
    if(confirm("你确认删除此信息吗?"))   //当用户确认删除时返回 true，否则返回 false
        alert("信息已成功删除!")
    else
        alert("你取消了删除!");
}
</script>
</head>
<body>
    <input type="button" value="删除" onclick="isConfirm()">
</body>
</html>
```

当用户在图 22-3 所示的运行结果中单击"删除"按钮时，将弹出图 22-3 所示的确认对话框。当用户在确认对话框中单击"确定"按钮时，确认对话框返回"true"，从而弹出图 22-4 所示的警告对话框；当用户在确认对话框中单击"取消"按钮时，确认对话框返回"false"，从而弹出图 22-5 所示的警告对话框。

图 22-3　创建确认对话框　　　图 22-4　确认删除的结果　　　图 22-5　取消删除的结果

（3）创建信息提示对话框。

使用 Window 对象的 prompt()方法可以创建信息提示对话框。

【示例 22-3】使用 prompt()创建信息提示对话框。

```
<!DOCTYPE html>
<html>
<head>
<meta charset="utf-8">
<title>提示信息对话框创建示例 </title>
<script>
    var name=prompt("请输入你的姓名");
    document.write("你的姓名是: "+name);
</script>
</head>
<body>
</body>
</html>
```

上述代码在浏览器中运行后首先会弹出一个信息提示对话框，在对话框中输入姓名，结果如图 22-6 所示。单击图 22-6 对话框中的"确认"按钮后得到图 22-7 所示结果。

图 22-6　创建信息提示对话框　　　　　图 22-7　在信息提示对话框输入信息的结果

（4）打开指定窗口。

使用 Window 对象的 open()方法可以按一定规格打开指定窗口。

基本语法：

```
open（URL,窗口名称[,规格参数]）
```

语法说明：

URL：该部分可以是完整的网址，表示在指定窗口中打开该网址页面；也可以是以相对路径表示的文件名称，表示在指定窗口中打开该文件；此外，其也可以是一个空字符串，此时将新增一个空白窗口。

窗口名称：这个名称可以是任意符合规范的名字，也可以使用 "_blank"、"_self"、"_parent" 和 "_top" 这些关键字作为窗口名称。"_blank""_self""_parent" 和 "_top" 作为窗口名称时分别表示新开一个窗口显示文档、在当前窗口显示文档、在当前窗口的父窗口显示文档和在顶层窗口中显示文档。窗口名称可以是一个空字符串，作用等效于 "_blank"。窗口名称可以用作标签 <a> 和 <form> 的属性 target 的值。

规格参数：由许多用逗号隔开的参数字符串组成，用以制定新窗口的外观及属性。按参数值的类型可以将规格参数分成两类：一类是布尔类型，以 0 或 no 表示关闭，以 1 或 yes 表示显示；另一类则是数值型。常用规格参数如表 22-3 所示。

表 22-3　　　　　　　　　　　　　　　常用规格参数表

规格参数	用　　法
directories=yes|no|1|0	是否显示连接工具栏，默认为 no
fullscreen=yes|no|1|0	是否以全屏显示，默认为 no
location=yes|no|1|0	是否显示网址栏，默认为 no
menubar=yes|no|1|0	是否显示菜单栏，默认为 no；如果打开窗口的父窗口不显示菜单栏，打开窗口也将不显示
resizable=yes|no|1|0	是否可以改变窗口尺寸，默认为 no
scrollbars=yes|no|1|0	设置如果网页内容超过窗口大小，是否显示滚动条，默认为 no
status=yes|no|1|0	是否显示状态栏，默认为 no
titlebar=yes|no|1|0	是否显示标题栏，默认为 no
toolbar=yes|no|1|0	是否显示工具栏，默认为 no
height=number	设置窗口的高度，以像素为单位
width=number	设置窗口的宽度，以像素为单位
left=number	设置窗口左上角相对于显示器左上角的 X 坐标，以像素为单位
top=number	设置窗口左上角相对于显示器左上角 Y 坐标，以像素为单位

【示例 22-4】使用 open() 打开一个新窗口。

```html
<html>
<head>
<title>打开一个新窗口</title>
<script type="text/javascript">
  window.open("http://www.baidu.com","","toolbar=yes,scrollbars=yes,height=200,
  width=400,resizable=yes,location=yes");
</script>
</head>
<body>
</body>
</html>
```

上述代码在 IE11 浏览器中运行后打开一个 400x200 大小的新窗口显示 baidu 网页。新开的窗口中可以显示工具栏和滚动条，同时也可以调节窗口大小，当网页内容超过窗口大小时显示滚动条。最终结果如图 22-8 所示。

图 22-8　使用 open()打开一个新窗口

【示例 22-5】在打开的窗口中显示表单的处理页面。

```html
<!DOCTYPE html>
<html>
<head>
<meta charset="utf-8">
<title>在打开的窗口中显示表单的处理页面</title>
<script type="text/javascript">
function open_win(){
  window.open("","temp","top=80,left=100,width=300,height=100");
}
</script>
</head>

<body>
<form target="temp" action="textfield.html">
    <input type="submit" value="打开窗口"
      onClick="open_win()">
</form>
</body>
</html>
```

在<form>标签中设置表单处理页面显示的目标窗口为名称为"temp"的窗口，该名称正是打开的窗口的名字,因而表单处理页面将在打开的窗口中显示。上述代码在 IE11 浏览器中运行后将在距显示器左上角（100，80）坐标处打开一个 300×100 大小的新窗口显示 textfield.html 页面内容，最终结果如图 22-9 所示。

（5）定时器的使用。

Window 对象可以提供定时器的功能。定时器的作用是：在规定的时间自动执行某个函数或表达式。

图 22-9　使用 open()打开一个新窗口

在 JavaScript 中，定时器包括两类：一类是在指定时间后调用函数或计算表达式，一类是按照指定的周期来调用函数或计算表达式。前者使用 setTimeout()来创建，后者使用 setInterval()创建。这两类定时器的区别是：前者在某一特定的时间只执行操作一次；后者则可以使操作从一加载时就重复不断地执行，直到窗口被关闭或执行 clearInterval()方法关闭定时器为止。利用定时器中指定执行的函数的递归调用，setTimeout()也可以达到与 setInterval()相同的效果，即周期性地执行指定代码。

① 使用 setInterval()创建和清除定时器。

- 创建定时器语法。

```
[定时器对象名称=]setInterval(表达式,毫秒)
```

语法说明：每隔由第二个参数设定的毫秒数，就执行第一个参数指定的操作。

- 清除 setInterval 定时器语法。

```
clearInterval(定时器对象名称)
```

【示例 22-6】使用 seInterval 创建定时器。

```
<!DOCTYPE html>
<html>
<head>
<meta charset="utf-8">
<title>使用 seInterval 创建定时器</title>
<style type="text/css">
input{width:200px;}
</style>
<script type="text/javascript">
function date(){
   var now=new Date();
   //设置文本框的值为系统时间的本地时间
   document.getElementById('txt').value=now.toLocaleString();
}
setInterval("date()",1000);//每隔1秒调用date()函数
</script>
</head>
<body>
   <form>
      现在时间是: <input type="text" id="txt">
   </form>
</body>
</html>
```

date()函数的功能是将系统时间的本地时间表示格式显示在文本框中。而 setInterval() 实现了每隔 1 秒调用 date()函数，使得文本框中显示的时间可以随着系统时间动态变化。上述代码在 IE11 运行的结果如图 22-10 所示。

② 使用 setTimeout()创建和清除定时器。

- 创建定时器语法。

图 22-10　setInterval 定时器的应用

```
[定时器对象名称=]setTimeout(表达式,毫秒)
```

语法说明：经过第二个参数所设定的时间后，执行一次第一个参数指定的操作。

- 清除 setTimeout 定时器。

```
clearTimeout(定时器对象名称)
```

【示例 22-7】使用 setTimeout 和 clearTimeout 创建和清除定时器。

```
<!DOCTYPE html>
<html>
<head>
<meta charset="utf-8">
```

```
<title>使用 setTimeout 和 clearTimeout 创建和取消定时器</title>
<script type="text/javascript">
var c=0,t;
function timeCount(){
    document.getElementById('txt').value=c;//设置文本框的值为变量 c 的值
    c=c+1; //变量 c 的值递增 1
    //定时递归调用 timeCount()方法,同时把定时器名称赋给变量 t
    t=setTimeout("timeCount()",1000);
}
</script>
</head>

<body>
    <form>
      <input type="text" id="txt">
      <input type="button" value="开始计时! " onClick="timeCount()">
      <!--调用 clearTimeout(t)清除定义定时器 t-->
      <input type="button" value="停止计时! " onClick="clearTimeout(t)">
    </form>
</body>
</html>
```

上述脚本函数 timeCount()中包含了 setTimeout(),
而在该方法中又定义为定时执行 timeCount()函数,从而
实现了 timeCount()定时地递归调用自己。上述代码在
IE11 浏览器中的运行结果如图 22-11 所示。当单击"开
始计时"按钮时,文本框中的数字从 0 开始不断累加;
当点击"停止计时"按钮时,计时停止,文本框中显示
点击"停止计时"按钮时的累加数。

图 22-11　setTimeout 定时器的应用

22.3　Navigator 对象

Navigator 对象包含有关浏览器的信息。Navigator 对象包含的属性描述了正在使用的浏览器。
Navigator 对象是 Window 对象的属性,因而可以使用 Window.navigator 来引用它,实际使用时一
般省略"Window"。

Navigator 没有统一的标准,因此各个浏览器都有自己不同的 Navigator 版本。下面将介绍各
个 Navigator 对象中普遍支持且常用的一些属性和方法。

1. Navigator 对象属性

Navigator 对象的常用属性,如表 22-4 所示。

表 22-4　　　　　　　　　　　　　　　Navigator 对象的常用属性

属　　　性	描　　　述
appCodeName	返回浏览器的代码名
appMinorVersion	返回浏览器的次级版本

属　　性	描　　述
appName	返回浏览器的名称
appVersion	返回浏览器的平台和版本信息
browserLanguage	返回当前浏览器的语言
cookieEnabled	返回指明浏览器中是否启用 cookie，如果启用则返回 true，否则返回 false
platform	返回运行浏览器的操作系统平台
systemLanguage	返回 OS 使用的默认语言
userAgent	返回由客户机发送服务器的 user-agent 头部的值

上述属性中，最常用的是 userAgent 和 cookieEnabled。前者主要用于判断浏览器的类型，后者则用于判断用户浏览器是否开启了 cookie。

2. Navigator 对象方法

Navigator 对象的常用方法如表 22-5 所示。

表 22-5　　　　　　　　　　　　　　　　Navigator 对象的常用属性

方　　法	描　　述
javaEnabled()	规定浏览器是否启用 Java
preference()	用于取得浏览器的爱好设置

3. 访问 navigator 对象属性和方法的方式

```
[window.]navigator.属性
[window.]navigator.方法(参数1,参数2,…)
```

【示例 22-8】Navigator 对象的使用。

```
<!DOCTYPE html>
<html>
<head>
<meta charset="utf-8">
<title>navigator 对象的使用</title>
<script type="text/javascript">
 if (navigator.userAgent.toLowerCase().indexOf("trident") > -1){
     alert('你使用的是 IE'+', 浏览器的 cookie 启用了吗? '+navigator.cookieEnabled);
 }else if(navigator.userAgent.indexOf('Firefox') >= 0){
     alert('你使用的是 Firefox'+', 浏览器的 cookie 启用了吗? '+navigator.cookieEnabled);
 }else if(navigator.userAgent.indexOf('Opera') >= 0){
     alert('你使用的是 Opera'+', 浏览器的 cookie 启用了吗? '+navigator.cookieEnabled);
 }else if(navigator.userAgent.indexOf("Safari")>0){
     alert('你使用的是 Safari'+', 浏览器的 cookie 启用了吗? '+navigator.cookieEnabled);
 }else{
     alert('你使用的是其他的浏览器浏览网页！');
 }
</script>
</head>
<body>
</body>
</html>
```

上述脚本代码使用了 navigator 对象来判断浏览器的类型以及是否启用了 cookie。上述代码在 IE、Firefox 和 Google Chrome 浏览器中的运行结果分别如图 22-12、图 22-13 和图 22-14 所示。

图 22-12　在 IE 中执行的结果　　图 22-13　在 Firefox 中执行的结果　　图 22-14　在 Google Chrome 中执行的结果

22.4　Location 对象

Location 对象包含了浏览器当前显示的文档的 URL 的信息。当 location 对象调用 href 属性设置 URL 时，可使浏览器重定向到该 URL。Location 对象是 window 对象的一个对象类型的属性，因而可以使用 window.location 来引用它，使用时也可以省略 "window"。

需注意的 document 对象也有一个 location 属性，而且 document.location 也包含了当前文档的 URL 的信息。尽管 window.location 和 document.location 代表的意思差不多，但两者还是存在一些区别：window.location 中的 location 本身是一个对象，它可以省略 window 直接使用；而 document.location 中的 location 只是一个属性，必须通过 document 来访问它。

下面我们来看看 Location 对象的一些常用属性和方法。

1. Location 对象属性

Location 对象的常用属性，如表 22-6 所示。

表 22-6　　　　　　　　　　　　location 对象常用属性

属　性	描　述
hash	设置或返回从井号（#）开始的 URL（锚）
host	设置或返回主机名和当前 URL 的端口号
hostname	设置或返回当前 URL 的主机名
href	设置或返回完整的 URL
pathname	设置或返回当前 URL 的路径部分
port	设置或返回当前 URL 的端口号
protocol	设置或返回当前 URL 的协议
search	设置或返回从问号（?）开始的 URL（查询部分）

完整的 URL 包括了不同的组成部分。上述属性中，href 属性存放的是当前文档的完整的 URL，其他属性则分描述了 URL 的各个部分。URL 的结构如图 22-15 所示。

图 22-15　URL 的结构示意图

2. Location 对象方法

Location 对象的常用方法，如表 22-7 所示。

表 22-7　　　　　　　　　　　　　　　location 对象的常用方法

方　　法	描　　述
assign()	加载新的文档
reload()	重新加载当前文档
replace()	用新的文档替换当前文档，且无须为它创建一个新的历史记录

3.访问 location 对象的属性和方法的方式

```
[window.]location.属性
[window.]location.方法(参数 1,参数 2,…)
```

【示例 22-9】Location 对象的使用。

```html
<!DOCTYPE html>
<html>
<head>
<meta charset="utf-8">
<title>location 对象的使用</title>
<script type="text/javascript">
function loadNewDoc(){
    window.location.assign("http://www.baidu.com");
}
function reloadDoc(){
    window.location.reload();
}
function getDocUrl(){
    alert("当前页面的 URL 是: "+window.location.href);
}
</script>
</head>
<body>
    <input type="button" value="加载新文档" onClick="loadNewDoc()"/>
    <input type="button" value="重新加载当前文档" onClick="reloadDoc()"/>
    <input type="button" value="查看当前页面的 URL" onClick="getDocUrl()"/>
</body>
</html>
```

上述脚本代码分别调用了 location 的 assign()、reload()和 href 属性实现加载 baidu 网页、重新加载当前页面和获取当前页面的 URL。上述代码在 IE11 中的运行结果如图 22-16 所示。当点击"查看当前页面的 URL 时将弹出图 22-17 所示的对话框；当点击"加载新文档"按钮时，页面将跳转到 baidu 网页；当点击"重新加载当前文档"按钮时，将重新加载当前页面。

图 22-16　location 对象的应用

图 22-17　使用 location 对象获取 URL

22.5　History 对象

History 对象包含用户（在浏览器窗口中）访问过的 URL。History 对象是 window 对象的一个对象类型的属性，可通过 window.history 属性对其进行访问，使用时也可以省略 "window"。History 对象最初设计时用于表示窗口的浏览历史。但出于隐私方面的原因，history 对象不再允许脚本访问已经访问过的 URL。唯一保持使用的功能只有 back()、forward() 和 go() 方法。

1. History 对象属性

History 对象的属性主要是 length，如表 22-8 所示。

表 22-8　　　　　　　　　　　　　　　　history 对象属性

属　　性	描　　述
length	返回浏览器历史列表中的 URL 数量

2. History 对象方法

History 对象的常用方法，如表 22-9 所示。

表 22-9　　　　　　　　　　　　　　　　history 对象的常用方法

方　　法	描　　述
back()	加载 history 列表中的前一个 URL
forward()	加载 history 列表中的下一个 URL
go(number)	加载 history 列表中的某个具体页面。参数 number 是要访问的 URL 在 history 的 URL 列表中的相对位置，可取正数或负数。在当前页面前面的 URL 的位置为负数（如在前一个页面的位置为-1），反之则为正数

3. 访问 history 对象的属性和方法的方式

```
[window.]history.属性
[window.]history.方法(参数1,参数2,…)
```

4. History 对象的使用示例

```
history.back();//等效单击"后退"按钮
history.forward();//等效单击"前进"按钮
history.go(-1);//等效单击一次后退按钮,与history.back()功能等效
history.go(-2);//等效单击两次后退按钮
```

22.6　Screen 对象

Screen 对象包含有关客户端显示屏幕的信息。JavaScript 程序可以利用这些信息来优化输出，以达到用户的显示要求。例如，JavaScript 程序可以根据显示器的尺寸选择使用大图像还是使用小图像，它还可以根据有关屏幕尺寸的信息将新的浏览器窗口定位在屏幕中间。

Screen 对象是 window 对象的一个对象类型的属性，可通过 window.screen 属性对其进行访问，

使用时也可以省略"window"。Screen 对象的使用主要是调用 screen 对象的属性。Screen 对象的常用属性如表 22-10 所示。

表 22-10 screen 对象常用属性

属 性	描 述
availHeight	返回显示屏幕的可用高度，单位为像素，不包括任务栏
availWidth	返回显示屏幕的可用宽度，单位为像素，不包括任务栏
height	返回显示屏幕的高度，单位为像素
width	返回显示屏幕的宽度，单位为像素
colorDepth	返回当前颜色设置所用的位数 - 1：黑白；8：256 色；16：增强色；24/32：真彩色

1. 访问 screen 对象属性的方式

```
[window.]screen.属性
```

2. Screen 对象的使用示例

```
screen.availHeight;//获取屏幕的可用高度
screen.availWidth;//获取屏幕的可用宽度
scren.height;//获取屏幕的高度
screen.width;//获取屏幕的宽度
```

有关 BOM 的视频讲解（JavaScript 中的"JavaScript 浏览器对象"视频）
该视频介绍了常用浏览器对象等内容。（给的视频内容是 DOM 的）

JavaScript 浏览器对象

习 题 22

1. 填空题

BOM 的全称是＿＿＿＿＿＿＿＿＿＿，中文意思是＿＿＿＿＿＿＿＿＿＿，该模型的顶层对象是＿＿＿＿＿＿＿＿＿＿。

2. 上机题

（1）分别使用 window 对象创建一个确认对话框、删除对话框、信息提示对话框。

（2）使用 window 对象的定时器和 Date 对象创建一个在页面中显示的动态变化的系统时间。

第23章
使用 DOM 操作 HTML 文档

DOM（Document Object Model）即文档对象模型。DOM 技术使得用户页面可以动态地变化，如可以动态地显示或隐藏一个元素，改变它们的属性，增加一个元素等，DOM 技术大大增强了页面的交互性。

23.1 DOM 概述

DOM 提供了一组独立于语言和平台的应用程序编程接口，描述了如何访问和操纵 XML 和 HTML 文档的结构和内容。在 DOM 中，一个 HTML 文档是一个树状结构，其中的每一块内容称为一个节点。HTML 文档中的元素、属性、文本等不同的内容在内存中转化为 DOM 树中的相应类型的节点。在 DOM 中，经常操作的节点的类型主要有 document 节点、元素节点（包括根元素节点）、属性节点和文本节点几类。其中，document 节点位于最顶层，是所有节点的祖先节点，该节点对应整个 HTML 文档，是操作其他节点的入口。每个节点都是一个对应类型的对象，所以在 DOM 中，对 HTML 文档的操作可以通过调用 DOM 对象的相关 API 来实现。

下面是一个简单的 HTML 文档。

```
<!DOCTYPE html>
<html>
<head>
<meta charset="utf-8">
<title>一个简单的 HTML 文档</title>
</head>
<body>
    <h1>一级标题</h1>
    <div id="box">DIV 内容</div>
</body>
</html>
```

上面的 HTML 文档的对应的 DOM 树如图 23-1 所示。

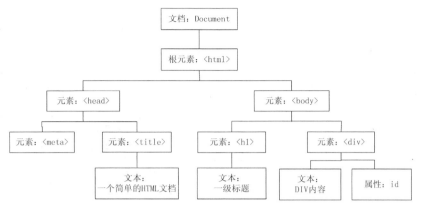

图 23-1　HTML DOM 模型树结构

23.2　DOM 对象

23.2.1　Document 对象

在 DOM 中，Document 是节点树中的顶层节点，代表的是整个 HTML 文档，它是操作文档其他内容的入口，即要访问或处理文档元素需要通过 Document 对象。Document 对象访问或处理文档需要调用它的方法或属性。Document 对象的常用属性和方法分别如表 23-1 和表 23-2 所示。

表 23-1　　　　　　　　　　　　　　　Document 对象常用属性

属　　性	描　　述
anchors	返回文档中的所有书签锚点，通过数组下标引用每一个锚点，如：document.anchors[0]返回第一个锚点
body	代表 body 元素
forms	返回文档中的所有表单，通过数组下标引用每一个表单，如：document.forms[0]返回第一个表单
images	返回文档中的所有图片，通过数组下标引用每一张图片，如：document.images[0]返回第一张图片
lastModified	用于获取文档最后修改的日期和时间
links	返回文档中的所有链接，通过数组下标引用每一个链接，如：document.links[0]返回第一个链接
location	用于跳转到指到的 URL
title	用于设置或获取文档标题
URL	返回当前文档完整的 URL

表 23-2　　　　　　　　　　　　　　　Document 对象方法

方　　法	描　　述
createAttribute(节点名)	创建一个属性节点
createElement(节点名)	创建一个元素节点

方　　法	描　　述
createTextNode(节点内容)	创建一个文本节点
getElementsByClassName(CSS 类名)	返回文档中所有指定类名的元素集合，集合类型为 NodeList
getElementById(id 属性值)	返回拥有指定 id 的第一个对象的引用
getElementsByName(name 属性值)	返回文档中带有指定名称的元素集合，集合类型为 NodeList
getElementsByTagName(标签名)	返回文档中带有指定标签名的元素集合，集合类型为 NodeList
normalize()	删除空文本节点，并连接相邻节点
querySelectorAll(选择器名)	返回文档中匹配指定 CSS 选择器的所有元素集合，集合类型为 NodeList
write(字符串)	向文档写指定的字符串，包括 HTML 语句或 JavaScript 代码。早期较常用，现在主要用于代码的测试

需要访问 HTML 文档以及创建各类节点时，将会使用到表 23-2 所列的一些方法，具体示例请参见 23.3 节和 23.4 节中的相关内容。

23.2.2　元素对象

在 HTML DOM 中，一个元素节点就是一个元素对象，代表一个 HTML 元素。使用 DOM 对文档执行插入、修改、删除节点等操作时需要使用元素对象的相应属性和方法。元素对象的常用属性和方法分别如表 23-3 和表 23-4 所示。

表 23-3　　　　　　　　　　　　　元素对象常用属性

属　性	描　　述
attributes	返回元素的属性列表，列表类型为 NamedNodeMap
childNodes	返回元素的子节点列表，列表类型为 NodeList
className	设置或返回元素的 class 属性
clientHeight	在页面上返回内容的可视高度，包括内边距，但不包括边框、外边距和滚动条
clientWidth	在页面上返回内容的可视宽度，包括内边距，但不包括边框、外边距和滚动条
contentEditable	设置或返回元素的内容是否可编辑
firstChild	返回元素的第一个子节点
id	设置或返回元素的 id
innerHTML	设置或返回元素的内容
lastChild	返回元素的最后一个子节点
nextSibling	返回该元素紧跟着的下一个兄弟节点
nodeName	返回元素的标签名（大写）
nodeType	返回元素的节点类型
offsetHeigth	返回元素的高度，包括边框和内边距，但不包括外边距
offsetWidth	返回元素的宽度，包括边框和内边距，但不包括外边距
offsetLeft	返回元素相对于文档或偏移容器（当元素被定位时）的水平偏移位置
offsetTop	返回元素相对于文档或偏移容器（当元素被定位时）的垂直偏移位置

属　　性	描　　述
offsetParent	返回元素的偏移容器
parentNode	返回元素的父节点
previousSibling	返回该元素紧跟着的前一个兄弟节点
scrollHeight	返回整个元素的高度，包括带滚动条的隐藏的地方
scrollWidth	返回整个元素的宽度，包括带滚动条的隐藏的地方
scrollLeft	返回水平滚动条的水平位置
scrollTop	返回水平滚动条的垂直位置
style	设置或返回元素的样式属性
tagName	返回元素的标签名（大写），作用和 nodeName 完全一样
title	设置或返回元素的 title 属性

表 23-4　　　　　　　　　　　　　　　　元素对象方法

方　　法	描　　述
appendChild(子节点)	在元素的子节点列表后面添加一个新的子节点
focus()	设置元素获取焦点
getAttribute(属性名)	返回元素指定属性的值
getElementsByTagName(标签名)	返回元素的指定标签名的所有子节点列表，列表类型为 NodeList
getElementsByClassName(CSS 类名)	返回元素的指定类名的所有子节点列表，列表类型为 NodeList
hasAttributes()	判断元素是否存在属性，存在则返回 true，否则返回 false
hasChildNodes()	判断元素是否存在子节点，存在则返回 true，否则返回 false
hasfocus()	判断元素是否获得焦点，存在焦点则返回 true，否则返回 false
insertBefore(节点 1,节点 2)	在元素的指定子节点（节点 2）的前面插入一个新的子节点（节点 1）
querySelectorAll(选择器名)	返回文档中匹配指定 CSS 选择器的所有元素集合，集合类型为 NodeList
removeAttribute(属性名)	删除元素的指定属性
removeChild(子节点)	删除元素的指定子节点
replaceChild(新节点,旧节点)	使用新的节点替换元素指定的子节点（旧节点）
setAttribute(属性名,属性值)	设置元素指定的属性值

需要访问 HTML 文档以及对文档执行插入、修改和删除节点等操作时，将会使用到表 23-3 和表 23-4 所列的一些属性和方法，具体示例请参见 23.4 节中的相关内容。

23.2.3　属性对象

在 HTML DOM 中，一个属性节点就是一个属性对象，代表 HTML 元素的一个属性。一个元素可以拥有多个属性。元素的所有属性存放在表示无序的集合 NamedNodeMap 中。NamedNodeMap 中的节点可通过名称或索引来访问。使用 DOM 处理 HTML 文档元素，有时需要处理元素的属性，此时需要使用到属性对象的属性和相关方法。属性对象的常用属性和相关方法如表 23-5 所示。

表 23-5　　　　　　　　　　　　属性对象的常用属性和相关方法

属性/方法	描　　述
name	使用属性对象来引用，返回元素属性的名称
value	使用属性对象来引用，设置或返回元素属性的值
item()	为 NamedNodeMap 对象的方法，返回该集合中指定下标的节点
lengh	为 NamedNodeMap 对象的属性，返回该集合中的节点数

有关属性对象的使用示例请参见 23.4 节中的相关内容。

23.3　使用 DOM 访问文档元素

23.3.1　获取文档元素

文档元素的获取可采用以下五种方式。

- 用指定的 id 属性：调用 document.getElementById（id 属性值）。
- 用指定的 name 属性：调用 document.getElementsByName（name 属性值）。
- 用指定的标签名字：调用 document|元素对象.getElementsByTagName（标签名）。
- 用指定的 CSS 类：调用 document|元素对象.getElementsByClassName（类名）。
- 匹配指定的 CSS 选择器：调用 document|元素对象.querySelectorAll（选择器）。

下面使用示例 23-1 演示使用 DOM 获取元素的五种方式。

【示例 23-1】获取文档元素的综合示例。

```
<!DOCTYPE html>
<html>
<head>
<meta charset="utf-8">
<title>获取文档元素综合示例</title>
<script type="text/javascript">
window.onload=function(){
    var box=document.getElementById("box"); //使用 id 属性获取元素
    var a1=document.getElementsByName("a1")[0]; //使用 name 属性获取元素
    var h1=document.getElementsByTagName("h2")[0]; //使用标签名获取元素
    var p1=box.getElementsByClassName("content")[0]; //使用父元素通过 CSS 类名获取元素
    var hr1=box.querySelectorAll("hr")[0]; //使用父元素通过 CSS 选择器获取元素
    alert("获取的元素的标签名分别为: \n"+box.tagName+", "+a1.tagName+", "+h1.tagName+",
        "+p1.nodeName+", "+hr1.nodeName);
}
</script>
</head>
<body>
  <div id="box">
    <a name="a1"><h2>标题一</h2></a>
    <p class="content">段落一</p>
    <hr/>
    <a name="a2"><h2 id="h">标题二</h2></a>
```

```
    <p class="content">段落二</p>
  </div>
</body>
</html>
```

上述脚本代码中分别使用 id 属性、name 属性、标签名、CSS 类名和 CSS 选择器来选择文档元素。访问这些元素的 tagName 或 nodeName 属性可以分别获得这些元素的大写的标签名，其在 IE11 中的运行结果如图 23-2 所示。

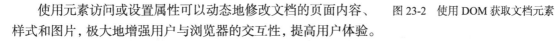

図 23-2　使用 DOM 获取文档元素

23.3.2　访问和设置文档元素属性

使用元素访问或设置属性可以动态地修改文档的页面内容、样式和图片，极大地增强用户与浏览器的交互性，提高用户体验。下面使用示例 23-2 演示使用元素对象访问文档内容以及设置文档内容和样式。

【示例 23-2】使用 DOM 访问和设置文档元素属性。

（1）JavaScript 代码（23-2.js）。

```
function onOrOffBulb(){/*切换灯泡的开关状态*/
    var bulb=document.getElementById("bulb"); //通过 id 属性值获得图片
    var btn=document.getElementsByTagName("input")[0]; //通过标签名获得按钮
    if(bulb.src.match("bulboff")){ //使用正则表达式进行图片的匹配
        bulb.src="images/pic_bulbon.gif"; //修改 img 的 src 属性值，即更换图片
        btn.value="关灯"; //修改按钮的 value 属性值
    }else{
        bulb.src="images/pic_bulboff.gif";
        btn.value="开灯";
    }
}
function changBg(){/*修改页面背景颜色*/
    var body1=document.getElementsByTagName("body")[0];
    var bg=document.getElementsByName("bg")[0].value;
    if(bg==-1){
        body1.style.backgroundColor="#ffffff"; //设置页面背景颜色为白色
    }else{
        body1.style.backgroundColor=bg; //设置页面背景颜色为下拉菜单所选择的颜色
    }
}
function changText(){/*修改段落的文本内容*/
    var p1=document.getElementsByTagName("p")[0];
    alert("更换前的文本内容是："+p1.innerHTML); //使用 innerHTML 获取 HTML 内容
    //使用 innerHTML 设置 HTML 内容
    document.getElementsByTagName("p")[0].innerHTML="这是更换的文本";
    p1.style.color="red"; //使用 DOM 元素对象的 style 属性修改元素样式
}
```

（2）HTML 代码。

```
<!DOCTYPE html>
<html>
```

```
<head>
<meta charset="utf-8">
<title>访问和设置文档元素属性示例</title>
<script type="text/javascript" src="js/23-2.js"></script>
</head>
<body>
  <img src="images/pic_bulboff.gif" id="bulb"/><br/><br/>
        
  <input type="button" value="开灯" onClick="onOrOffBulb()"/>
  <hr />
  更换页面背景颜色:
  <select name="bg" onChange="changBg()">
    <option value="-1">--请选择背景颜色--</option>
    <option value="pink">粉红色</option>
    <option value="olive">橄榄色</option>
    <option value="lightblue">浅蓝色</option>
  </select>
  <hr/>
  <p onClick="changText()">点击这里更换 HTML 内容</p>
</body>
</html>
```

上述脚本代码中通过对不同的 HTML DOM 元素的属性的设置，实现页面的动态变化：对 DOM 图片元素对象的 src 属性进行设置，达到不同情况下显示不同的图片；通过设置 body 元素的 style 属性，实现了页面背景颜色的动态变化；通过 innerHTML 属性实现 p 元素的内容的访问和修改。上述代码在 IE11 中的运行结果如图 23-3~图 23-7 所示。

图 23-3　页面初始状态

图 23-4　单击"开灯"按钮后的状态

图 23-5　修改页面背景颜色为浅蓝色

图 23-6　单击最后一段文本弹出的对话框

图 23-7　单击警告对话框后的效果

23.4 使用 DOM 创建、插入、修改和删除节点

使用 HTML DOM 创建、插入、修改和删除元素需要分别调用 Document 对象和元素对象的相应方法来实现，调用情况分别如下。

（1）创建节点：创建元素节点调用 document.createElement（"节点名"）；创建文本节点调用 document.createTextNode（"节点名"）；创建属性节点调用 document.createAttribute（"节点名"）。

（2）节点的插入分两种情况：在元素子节点列表的后面附加子节点和在元素某个子节点前面添加子节点。第一种情况调用：element.appendChild(子节点)；第二种情况调用：element.insertBefore（节点 1,节点 2）。

（3）节点的修改：element.replaceChild（新节点，旧节点）。

（4）节点的删除：element.removeChild（子节点）。

下面通过示例 23-3 演示使用 HTML DOM 对节点分别进行创建、添加、插入、修改和删除操作。其中节点类型包括元素节点和文本节点。

【示例 23-3】使用 HTML DOM 操作节点综合示例。

（1）JavaScript 代码（23-3.js）。

```javascript
function addNode(){
    var box=document.getElementById("box");  //通过 id 属性值获得 DIV
    var p=document.createElement("p"); //创建需要添加的元素节点
    var txt=document.createTextNode("段落三(添加的内容)");//创建文本节点
    p.appendChild(txt);//对段落节点添加文本节点
    box.appendChild(p);  //将段落节点添加到 box 的子节点列表后面
}
function insertNode(){
    var box=document.getElementById("box");  //通过 id 属性值获得 DIV
    var h2=document.createElement("h2");  // 创建一个 H2 元素节点
    var txt=document.createTextNode("二级标题(插入的内容)");  //创建文本节点
    h2.appendChild(txt);  //对 H2 节点添加文本节点
    var p=document.getElementsByTagName("p")[0];  //获取第一个段落
    box.insertBefore(h2,p);  //在第一个段落前面插入一个 H2 标题
}
function updateNode(){
    var box=document.getElementById("box");  //通过 id 属性值获得 DIV
    var p=document.getElementsByTagName("p")[1];//获取第二个段落
    var oldtxt=p.firstChild;//获取第二个段落的文本节点
    //创建需要替换旧文本节点的新文本节点
    var newtxt=document.createTextNode("新段落二(修改的内容)");
    p.replaceChild(newtxt,oldtxt);  //使用 newtxt 节点替换 oldtxt 节点
}
function deleteNode(){
    var box=document.getElementById("box");  //通过 id 属性值获得 DIV
    var p=document.getElementsByTagName("p")[0];//获取第一个段落
```

```
        box.removeChild(p);//删除第一个段落
    }
```

（2）HTML 代码。

```
<!DOCTYPE html>
<html>
<head>
<meta charset="utf-8">
<title>使用 HTML DOM 操作节点</title>
<script type="text/javascript" src="js/23-3.js"></script>
</head>
<body>
    <div id="box">
        <p>段落一</p>
        <p>段落二</p>
    </div>
    <a href="javascript:addNode()">添加节点</a>
    <a href="javascript:insertNode()">插入节点</a>
    <a href="javascript:updateNode()">修改节点</a>
    <a href="javascript:deleteNode()">删除节点</a>
</body>
</html>
```

上述脚本代码实现的功能是：点击"添加节点"链接时会在 DIV 的子节点列表后面添加段落三；单击"插入节点"链接时会在段落一前面插入一个二级标题；单击"修改节点"链接时会修改段落二的文本内容；单击"删除节点"链接时会把段落一删掉。上述代码在 IE11 中的运行结果分别如图 23-8~图 23-10 所示。

图 23-8　页面初始状态　　图 23-9　添加、插入和修改节点后的效果　　图 23-10　删除节点后的效果

23.5　表单及表单元素对象

表单是一个网站的重要组成内容，是动态网页的一种主要的外在形式，它主要用于实现收集浏览者的信息或实现搜索等功能。为了减少数据无效时来回客户端和服务端时的网络带宽以及降低服务器负担，表单中的数据在提交给服务端处理之前应先使用 JavaScript 进行数据的有效性校验。JavaScript 对表单的处理是作为一个对象来处理的。在 JavaScript 中，根据对象的作用，对象

主要分为 JavaScript 内置对象、DOM 对象和 BOM（浏览器）对象。表单属于 DOM 对象，所以对表单对象的处理，我们可以使用 DOM。

23.5.1　表单对象

一个 form 对象代表一个 HTML 表单，在 HTML 页面中由<form>标签对构成。JavaScript 运行引擎会自动为每一个表单标签建立一个表单对象。对 form 对象的操作需要使用它的属性或方法。Form 对象的常用属性和方法分别如表 23-6 和表 23-7 所示。

表 23-6　　　　　　　　　　　　　　　Form 对象常用属性

属　　性	描　　述
action	设置或返回表单的 action 属性
elements	包含表单中所有表单元素的数组，使用索引引用其中的元素
length	返回表单中的表单元素数目
method	设置或返回将数据发送到服务器的 HTTP 方法
name	设置或返回表单的名称
target	设置或返回表单提交的数据所显示的 Frame 或窗口
onreset	在重置表单元素之前调用事件处理方法
onsubmit	在提交表单之前调用事件处理方法

表 23-7　　　　　　　　　　　　　　　Form 对象常用方法

方　　法	描　　述
reset()	把表单的所有输入元素重置为它们的默认值
submit()	提交表单

获取表单的方式有以下几种。

（1）引用 document 的 forms 属性：document.forms[索引值]，索引值从 0 开始。

（2）直接引用表单的 name 属性：document.formName。

（3）通过表单的 ID：调用 document.getElementById()方法。

（4）通过表单的 name 属性：调用 document.getElementsByName()方法。

（5）通过表单标签：调用 document.getElementsByTagName()方法。

（6）通过选择器：调用 document.querySelectorAll()方法。

上述方法中，最常用的是第 2 种和第 3 种。例如：

```
<form name="form1" id="fm">
    ...
</form>
var fm=document.form1; //获取表单方式一：直接引用表单 name 属性
var fm=document.getElementById("form1"); //获取表单方式二：通过 ID 获取表单
```

23.5.2　表单元素对象

在 HTML 页面中<form>标签对之间包含了用于提供给用户输入或选择数据的表单元素。JavaScript 运行引擎会自动为每一个表单元素标签建立一个表单元素对象。表单元素按使用的标签可分为三大类：输入元素（<input>标签）、选择元素（<select>标签）和文本域元素（<textarea>

标签）。其中输入元素包括：文本框（text）、密码框（password）、隐藏域（hidden）、文件域（file）、单选按钮（radio）、复选框（checkbox）、普通按钮（button）、提交按钮（submit）、重置按钮（reset）；选择元素包括：多项选择列表或下拉菜单（select）、选项（option）；文本域则只有 textarea 一个元素。对表单元素对象的操作需要使用它们的属性或方法。由于不同表单元素具有的属性和方法有些相同有些不同，下面将分别按公共和私有两方面来介绍它们的属性和方法。

1. 表单元素的常用属性

（1）表单元素常用的公共属性主要有以下几个。

disabled：设置或返回是否禁用表单元素。注意：hidden 元素没有 disabled 属性。

id: 设置或返回表单元素的 id 属性。

name：设置或返回表单元素的 name 属性。注意：option 元素没有 name 属性。

type：对输入元素可设置或返回 type 属性；对选择和文本域两类元素则只能返回 type 属性。

value：设置或返回表单元素的 value 属性。注意：select 元素没有 value 属性。

（2）text 和 password 元素具有以下几个常用的私有属性。

defaultValue：设置或返回文本框或密码框的默认值。

maxLength：设置或返回文本框或密码框中最多可输入的字符数。

readOnly：设置或返回文本框或密码框是否应是只读的。

size：设置或返回文本框或密码框的尺寸（长度）。

（3）textarea 元素具有以下几个常用的私有属性。

defaultValue：设置或返回文本域元素的默认值。

rows：设置或返回文本域元素的高度。

cols：设置或返回文本域元素的宽度。

（4）radio 和 checkbox 元素具有以下几个常用的私有属性。

checked：设置或返回单选按钮或复选框的选中状态。

defaultChecked：返回单选按钮或复选框的默认选中状态。

（5）select 元素具有以下几个常用的私有属性。

length：返回选择列表中的选项数目。

multiple：设置或返回是否选择多个项目。

selectedIndex：设置或返回选择列表中被选项目的索引号。注意：若允许多重选择，则仅返回第一个被选选项的索引号。

size：设置或返回选择列表中的可见行数。

（6）option 元素具有以下几个常用的私有属性。

defaultSelected：返回 selected 属性的默认值。

selected：设置或返回 selected 属性的值。

text：设置或返回某个选项的纯文本值。

2. 表单元素常用的事件属性

（1）表单元素的公共事件属性主要有以下两个。

onblur：当表单元素失去焦点时调用事件处理函数。

onfocus：当表单元素获得焦点时调用事件处理函数。

（2）text、password、textarea 元素具有以下两个私有的事件属性。

onSelect：当选择了一个 input 或 textarea 中的文本时调用事件处理函数。

onChange：表单元素的内容发生改变并且元素失去焦点时调用事件处理函数。

（3）radio、checkbox、button、submit 和 reset 表单元素具有以下一个私有的事件属性。

onClick：单击复选框、单选按钮或 button、submit 和 reset 按钮时调用事件处理函数。

3. 表单元素常用的方法

（1）表单元素常用的公共方法主要有以下两个。

blur()：从表单元素上移开焦点。

focus()：在表单元素上设置焦点。

（2）text 和 password 元素具有以下一个私有的方法。

select()：选取文本框或密码框中的内容。

（3）radio、checkbox、button、submit 和 reset 表单元素具有以下一个私有的方法。

click()：在表单元素上模拟一次鼠标单击。

（4）select 元素具有以下两个私有的方法。

add()：向选择列表添加一个选项。

remove()：从选择列表中删除一个选项。

获取表单元素的方式有以下几种。

① 引用表单对象的 elements 属性：document.formName.elements[索引值]。

② 直接引用表单元素的 name 属性：document.formName.name。

③ 通过表单元素的 ID：调用 document.getElementById()方法。

④ 通过表单元素的 name 属性：调用 document.getElementsByName()方法。

⑤ 通过表单标签：调用 document.getElementsByTagName()方法。

⑥ 通过选择器：调用 document.querySelectorAll()方法。

上述方法中，第 2~6 种方法都是比较常用的方法。

下面通过示例 23-4 来演示表单及表单元素的获取以及它们的一些常用属性和方法的使用。在该示例中要求所有表单元素都必填，其中用户名和密码的输入必须符合正则表达式要求。

【示例 23-4】使用 DOM 操作表单及表单元素。

（1）JavaScript 代码（23-4.js）。

```
function validate(){
    //声明变量
    var flag=true;
    var sex,selDegree,infor;
    var hobbies=new Array(); //用于存储选择的爱好
    var langs=new Array(); //用于存储选择的语言
    var fr=document.form1;//获取表单对象
    //获取各个 span 对象
    var userSpan=document.getElementById("uerror");
    var pswSpan1=document.getElementById("perror1");
    var pswSpan2=document.getElementById("perror2");
    var genderSpan=document.getElementById("gerror");
    var langSpan=document.getElementById("lerror");
    var hobbySpan=document.getElementById("herror");
    var degreeSpan=document.getElementById("derror");
    var inforSpan=document.getElementById("ierror");
    //用户名第一个字符为字母，其他字符可以是字母、数字、下划线等，且长度为 5~10 个字符
```

```
var pname=/^[a-zA-Z]\w{4,9}$/;
var ppsw=/\S{6,15}/;  //密码可以任何非空白字符，长度为6~15个字符
//使用Rexg正则表达式对象校验用户名的有效性
if(!pname.test(fr.username.value)){
    userSpan.innerHTML=" *用户名第一个字符为字母，长度为5~10个字符";
    flag=false;
}
//使用Rexg正则表达式对象校验密码的有效性
if(!ppsw.test(fr.psw1.value)){
    pswSpan1.innerHTML=" *密码可以任何非空白字符，长度为6~15个字符";
    flag=false;
}
//校验密码和确认密码是否一致
if(fr.psw2.value!=fr.psw1.value){
    pswSpan2.innerHTML=" *密码和确认密码不一致";
    flag=false;
}
//校验是否选择了性别，以及获取所选择的值
if(fr.gender[0].checked==true){
    sex="女";
}else if(fr.gender[1].checked==true){
    sex="男";
}else{
    genderSpan.innerHTML=" *请选择性别";
}
//将选择的语言存储在langs数组中
for(var i=0;i<4;i++){
    if(fr.lang[i].checked==true)
        langs.push(fr.lang[i].value);
}
//校验是否选择了语言
if(langs.length==0){
    langSpan.innerHTML=" *请选择掌握的语言";
    flag=false;
}
//将选择的爱好存储到hobbies数组中
for(i=0;i<6;i++){
if(fr.hobby.options[i].selected==true)hobbies.push(fr.hobby.options[i].value);
}
//校验是否选择了爱好
if(hobbies.length==0){
    hobbySpan.innerHTML=" *请选择爱好";
    flag=false;
}
//校验是否选择了学历。如果选择了，则将选择的学历存储在selDegree变量中
if(fr.degree.value==-1){
    degreeSpan.innerHTML=" *请选择最高学历";
}else{
    var index=fr.degree.selectedIndex;
    selDegree=fr.degree.options[index].value;
}
```

```
//校验是否填写了个人简介。如果填写了，则把个人简介存储在 infor 变量中
if(fr.info.value.length==0){
    inforSpan.innerHTML=" *请填写个人简介";
    flag=false;
}else{
    infor=fr.info.value;
}
var msg="您注册的个人信息如下：\n 用户名："+fr.username.value+"\n 密码："
 +fr.psw1.value+"\n 性别："+sex+"\n 掌握的语言有："+langs.join("、")+"\n 爱好有："+
hobbies.join("、")+"\n 最高学历是："+selDegree+"\n 个人情况："+infor;
//当所有输入数据都是效的，则把用户的个人信息显示在警告对话框中
if(flag==true){
    alert(msg);
}
return flag;
}
```

（2）HTML 代码。

```
<!DOCTYPE html>
<html>
<head>
<meta charset="utf-8">
<title>使用 DOM 操作表单及表单元素</title>
<style type="text/css">
span{color:red;}
</style>
<script type="text/javascript" src="js/23-4.js"></script>
</head>
<!--使用表单元素的 focus()方法使用户名在页面加载完后获得焦点-->
<body onLoad="document.form1.username.focus()">
<h2>个人信息注册</h2>
<form id="form" name="form1" action="register.jsp" onSubmit="return validate();">
<table border="1" width="630" cellpadding="5" cellspacing="0">
<tr><td>用户名</td>
<td><input type="text" name="username"/><span id="uerror"></span></td></tr>
<tr><td>密 码</td>
<td><input type="password" name="psw1"/><span id="perror1"></span></td></tr>
<tr><td>确认密码</td>
<td><input type="password" name="psw2"/><span id="perror2"></span></td></tr>
<tr><td>性 别</td>
<td>
<input type="radio" name="gender" value="女">女
<input type="radio" name="gender" value="男">男
<span id="gerror"></span></td></tr>
<tr><td>掌握的语言</td>
<td>
<input type="checkbox" name="lang" value="中文">中文
<input type="checkbox" name="lang" value="英文">英文
<input type="checkbox" name="lang" value="法文">法文
<input type="checkbox" name="lang" value="日文">日文
```

```
<span id="lerror"></span></td></tr>
<tr><td>个人爱好</td>
<td><select name="hobby" size="4" multiple="miltiple">
<option value="旅游">旅游</option>
<option value="运动">运动</option>
<option value="阅读">阅读</option>
<option value="上网">上网</option>
<option value="游戏">游戏</option>
<option value="音乐">音乐</option>
</select><span id="herror"></span></td></tr>
<tr><td>最高学历</td>
<td><select name="degree">
<option value="-1">--请选择学历--</option>
<option value="博士">博士</option>
<option value="硕士">硕士</option>
<option value="本科">本科</option>
<option value="专科">专科</option>
<option value="高中">高中</option>
<option value="初中">初中</option>
<option value="小学">小学</option>
</select><span id="derror"></span></td></tr>
<tr><td>个人简介</td>
<td><textarea name="info" rows="6" cols="45"></textarea>
<span id="ierror"></span></td></tr>
<tr><td colspan="2" align="center">
<input type="submit" value="注 册"/>
<input type="reset" value="重 置"/>
</td></tr>
</table>
</form>
</body>
</html>
```

上述脚本代码演示了直接通过 name 属性来获取表单及表单元素，以及它们的一些常用属性和方法的使用。例如表单的 onSubmit 属性使表单在提交前调用 validate()方法进行数据有效性的校验；而 body 标签中的 onLoad 属性则调用了 username 表单元素的 focus()方法，使文本框在页面加载完成后获得焦点，这是一个提高用户体验的处理方法；此外通过表单元素的相关属性演示了不同类型的表单元素值的获取。为了显示校验出错信息，在每个表单元素后面添加了一个 <span>标签。上述代码在 IE11 浏览器运行后，如果什么都不填就直接单击"注册"按钮，则所有表单元素后面都将显示红色的校验出错信息，如图 23-11 所示。当用户名和密码的输入不符合正则表达式规定以及密码和确认密码不一致时，将在这些表单元素后面显示红色校验出错信息，如图 23-12 所示。当所有输入都正确后，将弹出警告对话框，并在对话框中显示用户所输入的所有数据，如图 23-13 和图 23-14 所示。当点击警告对话框中的"确定"按钮后，页面跳转到"register.jsp"页面。

示例 23-4 虽然比较实用，但还不完善，就是当更正错误数据后，表单元素后面的错误提示信息不能消失。大家思考一下如何取消后面的错误提示信息。

图 23-11　没有输入任何数据即提交的结果

图 23-12　输入不符合要求的数据时的结果

图 23-13　按要求修改错误数据

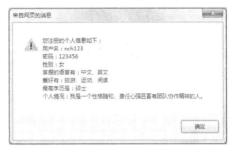

图 23-14　显示用户输入的所有数据

有关 JavaScript DOM 操作 HTML 的视频讲解（JavaScript 中的 "JS DOM 对象控制 HTML" 视频）

该视频介绍了 DOM 获取元素、获取属性、设置属性等方法。

JavaScript DOM 对象
控制 HTML 元素详解

习　题　23

1. 填空题

DOM 的全称是＿＿＿＿＿＿＿＿＿＿＿，中文意思是＿＿＿＿＿＿＿＿＿＿＿，该模型的顶层对象是＿＿＿＿＿＿＿＿＿＿＿。

2. 上机题

（1）上机演示本章中所给的示例 23-1、示例 23-2 和示例 23-3。

（2）完善示例 23-4 代码，使更正错误数据后，表单元素后面的错误提示信息立刻消失。

第24章
JavaScript 经典实例

本章将介绍目前网站中比较常用的几个实例，其中每个实例都整合使用了 JavaScript+CSS 两方面的相关知识。

24.1　使用 JavaScript 创建选项卡切换内容块

使用选项卡切换内容块，可以在有限的空间显示更多内容。这种方法在网易、腾讯、搜狐、新浪等各大门户网站上被大量使用，如图 24-1 就是网易主页中的一个选项卡切换块。

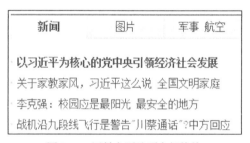

图 24-1　网易主页选项卡切换块

下面我们将介绍使用 JavaScript+CSS 创建类似于图 24-1 所示的选项卡切换块实例。

1. 实例描述

默认显示选项卡 1 的内容，当将鼠标移到其他选项卡上时，显示该选项卡对应的内容。效果如图 24-2 所示。

图 24-2　实例的选项卡切换块效果

2．技术要点

要求鼠标移到选项卡时，选项卡样式变化，同时其对应的内容块显示，而其他选项卡样式保持不变，同时它们对应的内容块全部隐藏。

本实例使用了 CSS 对选项卡中的 li 元素进行浮动排版，以及设置选项卡 1 的默认显示。使用 JavaScript 主要是通过修改选项卡和内容的类名来应用不同的样式，实现选项卡和对应内容的显示和隐藏。涉及的 JavaScript 知识点包括事件处理（onmouseover 和 onmouseout 事件）及 DOM 编程（通过 DOM 中的相关方法获取选项卡及其对应的内容，并使用 DOM 对象中的 className 属性对它们进行样式的更换）。

3．实现代码（本章所有实例均使用外部 css 文件和脚本文件）

（1）CSS 代码（24-1.css）。

```css
body,ul,li{
    margin:0;
    padding:0;
    font:12px/18px arial;/*字号大小为12px,行间距为18px*/
}
ul{
    list-style:none;/*不显示列表项的前导符*/
}
.box{
    width:400px;
    margin:20px auto;/*使盒子在窗口中水平居中*/
}
.hide{
    display:none;/*隐藏内容块*/
}
#tab{
    height:25px;
    border-bottom:1px solid #ccc;
}
#tab li{
    float:left; /*浮动排版*/
    width:80px;
    height:24px;
    line-height:24px; /*使选项卡上的文本垂直居中*/
    margin:0 4px;
    text-align:center;
    border:1px solid #ccc;
    border-bottom:none;
    background:#f5f5f5;
    cursor:pointer; /*使鼠标移到选项卡上时变成手指形状*/
}
#tab.act{
    height:25px;
    background:#fff;
}
#content{
    border:1px solid #ccc;
    border-top:none;
    padding:20px;
```

```
        height:200px;
    }
```

（2）JavaScript 代码（24-1.js）。

```
window.onload = function(){
 var tab = document.getElementById("tab");  //获取选项卡所在的盒子
 var topic = tab.getElementsByTagName("li");//获取所有选项卡
 var content = document.getElementById("content");//获取选项卡内容 DIV 所在的盒子
 var div = content.getElementsByTagName("div");//获取所有选项卡内容 DIV
 var len = topic.length;//获取选项卡个数
 for(var i=0; i<len; i++){ //循环历遍选项卡 onmouseover 事件
  topic[i].index = i;//index 是自定义属性
  topic[i].onmouseover = function(){
   for(i=0; i<len; i++){//循环历遍去掉选项卡样式并隐藏 div 内容
    topic[i].className = '';  //清空选项卡的样式
    div[i].className = 'hide';//隐藏所有 DIV
   }
   topic[this.index].className = 'act';//为当前选项卡添加样式
   div[this.index].className = '';//显示当前选项卡内容 DIV
  }
 }
}
```

（3）HTML 代码。

```
<html>
<!DOCTYPE html>
<html>
<head>
<meta charset="utf-8">
<title>选项卡切换示例</title>
<link href="css/24-1.css" type="text/css" rel="stylesheet"/>
<script src="js/24-1.js" type="text/javascript"></script>
</head>
<body>
  <div class="box">
    <ul id="tab">
      <li class="act">选项卡 1</li><!--默认点击的选项卡-->
      <li>选项卡 2</li>
      <li>选项卡 3</li>
    </ul>
    <div id="content">
      <div>选项卡 1 内容</div><!--默认点击的选项卡内容 DIV-->
      <div class="hide">选项卡 2 内容</div>
      <div class="hide">选项卡 3 内容</div>
    </div>
  </div>
</body>
</html>
```

上述代码首先使用了 CSS 样式设置了"选项卡 1"为默认选中状态以及显示"选项卡 1"对

应的内容块。当把鼠标移到其他选项卡时，启发 onmouseover 事件。在该事件中首先把所有的选项卡的样式去掉以及隐藏所有内容块，然后再设置当前选项卡样式并显示当前选项卡对应内容块。

24.2　使用 JavaScript 创建对联广告

对联广告指的是对称出现在页面左右两端的广告。这种广告不占页面内容空间，因而得到广泛应用。图 24-3 所示是搜狐新闻网主页上的一个对联广告。

图 24-3　搜狐主页选项卡切换块

下面我们将介绍使用 JavaScript 创建类似于图 24-3 所示的对联广告。

1. 实例描述

在页面左右两端分别设置一个对联广告。该广告可适应不同分辨率和不同窗口大小，即不管窗口大小和分辨率怎么变化，广告的大小以及与浏览器的左右边框的距离保持不变，另外其具有固定位置，不随滚动条滚动而改变位置，并且用户可自行关闭广告。效果如图 24-4 所示。

图 24-4　实例的对联广告效果

2. 技术要点

为了使广告适应不同窗口大小和分辨率的变化，以及不随滚动条滚动而改变位置，需要对广告进行固定定位。另外，为了允许用户自行关闭广告，在每个广告中添加了一个链接，用户点击链接时执行脚本代码使广告隐藏。

3. 实现代码

（1）CSS 代码（24-2.css）。

```css
*{
    margin:0px;/*设置所有盒子的外边距为 0*/
}
#content{/*设置页面内容盒子样式*/
    width:600px;
```

```
    height:760px;
    margin:0 auto;/*设置页面内容水平居中*/
    background:#CFF;
    padding:50px;
}
#ad1,#ad2{/*设置左右两端广告为固定定位排版，广告距离浏览器上边框为 60px*/
    position:fixed;
    top:60px;
    width:120px;
    height:160px;
    background:#9CF;
}
/*以下两行样式代码设置左、右广告分别距离浏览器左、右边框为 0px*/
#ad1{left:0px;}
#ad2{right:0px;}
#cs{/*设置关闭铵钮盒子样式*/
    margin-top:140px;
    width:120px;
    height:26px;
    line-height:26px;
    text-align:center;
    font-size:14px;
    background-color:#999;
}
a{
    color:#fff;
    text-decoration:none;
}
```

（2）HTML 代码。

```
<html>
<head>
<meta http-equiv="Content-Type" content="text/html; charset=utf-8" />
<title>对联广告示例</title>
<link href="css/24-2.css" type="text/css" rel="stylesheet"/>
<script>
  function closeWindow(idname){
    var win=document.getElementById(idname);
    win.style.display="none";
  }
</script>
</head>
<body>
  <div id="container">
    <div id="content">网页内容网页内容网页内容网页内容网页内容网页内容网页内容网页内容网页内容网
      页内容网页内容网页内容</div>
    <div id="ad1">
    广告 1
      <a href="javascript:closeWindow('ad1')"><div id="cs">关闭广告</div></a>
    </div>
    <div id="ad2">
    广告 2
      <a href="javascript:closeWindow('ad2')"><div id="cs">关闭广告</div></a>
```

```
      </div>
    </div>
  </body>
</html>
```

上述代码通过 CSS 对对联广告进行固定定位排版，使其能适应窗口和分辨率的变化且不会随滚动条的变化而发生位置的改变。上述脚本代码中的 closeWindow() 包含了一个参数，调用时传递的参数是对应广告 DIV 的 id 值，因而点击链接时可以通过该参数获取对应的广告，从而可以对其设置显示样式为 none，使广告隐藏，以此来达到关闭的效果。

24.3　使用 JavaScript 创建折叠菜单

折叠菜单指单击某个标题时，可以将其对应的下级菜单隐藏或显示的菜单。当菜单项比较多时，如果全部在同一页面显示所有的菜单项，将会显得比较杂乱，且占用较多空间。此时如果使用折叠菜单则节约了空间，使页面排版更加紧凑。折叠菜单常常用在后台管理导航菜单。折叠菜单可以有两种效果：一种是一次只显示一个标题下的菜单，单击其他标题时，将隐藏已打开的菜单；还有一种就是可以打开所有菜单，单击其他标题不会隐藏已打开的菜单，要隐藏打开的菜单需要再次单击对应的标题。图 24-5 所示就是第二种类型的折叠菜单。

下面我们将介绍使用 JavaScript 创建折叠菜单。

图 24-5　折叠菜单效果

1. 实例描述

本实例实现上述介绍的第一类折叠菜单，即一次只显示一个标题的下级菜单。其最初效果只显示各个标题，当单击某个标题时，将显示该标题的下级菜单；此后单击其他标题时，隐藏已显示的菜单，并显示最后单击的标题的下级菜单；如果再次单击已显示菜单的标题，将隐藏显示的菜单，回到最初效果。效果如图 24-6~图 24-8 所示。

图 24-6　运行最初效果　　　　图 24-7　单击第一个标题效果　　　　图 24-8　单击第三个标题效果

2. 技术要点

运行的最初效果通过 CSS 设置各个菜单对应的列表 ul 的显示样式为 "none" 来实现。使用 JavaScript 实现的功能是：单击一个标题时，首先判断其下级菜单是否显示，如果显示则隐藏其菜单列表；如果不显示，则首先隐藏所有菜单列表，然后显示该标题的下级菜单。

本实例涉及的 JavaScript 知识点包括 onClick 事件处理及 DOM 编程。通过 DOM 中的相关方法获取菜单标题和菜单列表，并使用 DOM 对象中的 style 属性设置显示样式，实现鼠标单击菜单标题时切换菜单列表的显示和隐藏状态。

3. 实现代码

（1）CSS 代码（24-3.css）。

```css
*{
    margin:0;
    padding:0;
    font-size:14px;
}
a{
    font-size:14px;
    text-decoration:none;
}
.menu{
    width:210px;
    margin:50px auto;
}
.menu p{
    color: #fff;
    height: 36px;
    cursor: pointer;
    line-height: 36px;
    background: #2980b9;
    padding-left: 5px;
    border-bottom: 1px solid #ccc;
}
.menu div ul{
    display:none;/*默认隐藏所有菜单列表*/
    list-style:none;
}
.menu li{
    height:33px;
    line-height:33px;
    padding-left:5px;
    background:#eee;
    border-bottom: 1px solid #ccc;
}
```

（2）JavaScript 代码（24-3.js）。

```javascript
window.onload=function(){
    // 将所有单击的标题和要对应的列表取出来
    var ps = document.getElementsByTagName("p");
    var uls = document.getElementsByTagName("ul");
    // 遍历所有要单击的标题且给它们添加索引及绑定单击事件
    for(var i = 0, n = ps.length; i <n; i += 1){
        ps[i].id = i;//添加索引
        ps[i].onclick = function(){
            //判断当前的菜单列表是否显示，如果是隐藏的，则首先隐藏所有菜单列表，然后显示当前菜单列表
            if(uls[this.id].style.display!="block"){
                //隐藏所有菜单列表
                for(var j = 0; j < n ; j += 1){
                    uls[j].style.display = "none";
```

```
            }
            uls[this.id].style.display = "block";//显示当前菜单列表
        }else{//如果当前菜单列表是显示的,则单击当前菜单标题后隐藏当前菜单列表
            uls[this.id].style.display = "none";
        }
    }
    }
}
```

（3）HTML 代码。

```
<html>
<head>
<meta http-equiv="Content-Type" content="text/html; charset=utf-8" />
<title>伸缩菜单示例</title>
<link href="css/24-3.css" type="text/css" rel="stylesheet"/>
<script src="js/24-3.js" type="text/javascript"></script>
</head>
<body>
  <div class="menu" id="menu">
    <div>
      <p>用户管理</p>
      <ul>
        <a href="#"><li>新增用户</li></a>
        <a href="#"><li>用户查看</li></a>
      </ul>
    </div>
    <div>
      <p>部门管理</p>
      <ul>
        <a href="#"><li>新增部门</li></a>
        <a href="#"><li>部门查看</li></a>
      </ul>
    </div>
    <div>
      <p>新闻管理</p>
      <ul>
        <a href="#"><li>发布新闻类型</li></a>
        <a href="#"><li>新闻类型查看</li></a>
        <a href="#"><li>发布新闻</li></a>
        <a href="#"><li>新闻查看</li></a>
      </ul>
    </div>
  </div>
</body>
</html>
```

上述代码创建的折叠菜单是第一种类型的,如果将上述脚本代码中的 if 条件语句中的循环语句注释掉的话,将得到第二种类型的折叠菜单。

24.4 使用 JavaScript 创建二级菜单

二级菜单是在用户鼠标移到导航条中的某个菜单上时弹出的菜单。二级菜单是相对于作为一级菜单的导航条来说的。根据二级菜单的排列方式，二级菜单又分为横向二级菜单和纵向（又称下拉）菜单。图 24-9 所示的导航条就包括一个二级下拉菜单。二级菜单可以极大地节省导航条所占用的空间，而且很容易体现菜单之间的层次关系，因而在许多网站中被使用。

图 24-9 二级下拉菜单效果

其实仅仅使用 CSS，我们一样可以创建二级菜单。细心的读者此时可能就会问了，既然纯 CSS 就可以创建二级菜单，那么为什么还要使用 JavaScript 呢？这主要是因为很多 CSS 样式存在浏览器兼容问题，比如:hover 等伪类在一些低版本的浏览器中是不支持的，此时就无法在这些浏览器中得到二级菜单。而 JavaScript 可以很好地解决浏览器兼容问题。因而在实际项目中，更多是用 JavaScript 和 CSS 相结合来创建二级菜单。其中 CSS 用于设置默认的样式，JavaScript 用于设置动态变化的样式。

下面我们来介绍使用 JavaScript+CSS 创建类似于图 24-9 所示的二级下拉菜单。

1. 实例描述

在页面的导航条创建一个二级下拉菜单。当用户将鼠标移到包含有二级菜单的导航条菜单项上时，该菜单项的背景颜色变为白色，同时在该菜单项的正下方弹出一个下拉菜单，下拉菜单的背景颜色也是白色。当用户将鼠标移到某个二级菜单项上时，菜单项背景颜色改变。效果如图 24-10 所示。

图 24-10 二级下拉菜单

2. 技术要点

本示例使用了 CSS 对导航条中的 li 元素进行浮动和相对排版，以及设置二级菜单默认隐藏效果。使用 JavaScript 主要实现二级菜单的显示和隐藏、一级菜单项和二级菜单的背景颜色的修改以及二级菜单的定位。涉及的 JavaScript 知识点包括事件处理（onmouseover、onmouseout 事件）、及 DOM 编程。通过 DOM 中的相关方法获取一级菜单项以及二级菜单项，并使用 DOM 对象中的 style 属性对它们进行样式的设置。

3. 实现代码

（1）CSS 代码（24-4.css）。

```css
*{
    margin:0px;
    padding:0px;
}
body{
    font-size:12px;
    font-family:Verdana, Geneva, sans-serif;
}
#nav{
    width:100%;
    height:36px;
    background:#999;
    height:36px;
}
ul{
    width:600px;
    margin:0 auto;/*控制菜单居中*/
    list-style-type:none;
}
.menu{
    position:relative;/*设置相对定位，便于二级菜单对它进行绝对定位*/
    float:left;
    width:100px;
    height:36px;
    line-height:36px;
    text-align:center;
}
.subMenu{
    display:none; /*使用 CSS 代码设置二级菜单默认隐藏效果*/
    border:1px solid #ccc;
}
li.last{
    /*覆盖前面.subMenu li 选择器设置的下边框线样式，使最后一个列表项的下边框线不显示*/
    border-bottom:0px;
}
a:link{
    color:#000;
    text-decoration:none;
}
```

（2）JavaScript 代码（24-4.js）。

```javascript
window.onload=function(){
    var menu=document.getElementById("nav").getElementsByClassName("menu");
    for(i=0;i<menu.length;i++){
        //鼠标移到导航条菜单项上时显示二级菜单并设置一级菜单项和二级菜单的样式
        menu[i].onmouseover=function(){
            this.style.background="#fff";
```

```
                    var lis=this.getElementsByTagName("ul")[0].getElementsByTagName("li");
                    this.getElementsByTagName("ul")[0].style.display="block"; //显示二级菜单
                    this.getElementsByTagName("ul")[0].style.width="98px"; //设置二级菜单宽度
                    //绝对定位二级菜单
                    this.getElementsByTagName("ul")[0].style.position="absolute";
                    for(var i=0;i<lis.length;i++){
                        lis[i].onmouseover=function(){//鼠标移到二级菜单项上时背景颜色修改为#999
                            this.style.background="#999";
                        }
                        lis[i].onmouseout=function(){//鼠标移出二级菜单项上时背景颜色修改为白色
                            this.style.background="#fff";
                        }
                    }
                }
                //鼠标移出导航条菜单项上时隐藏二级菜单，并修改一级菜单项的背景颜色
                menu[i].onmouseout=function(){
                    this.style.background="#999";
                    this.getElementsByTagName("ul")[0].style.display="none";
                }
            }
        }
}
```

（3）HTML 代码。

```
<!DOCTYPE html>
<html>
<head>
<meta charset="utf-8">
<title>二级下拉导航菜单示例</title>
<link href="css/24-4.css" type="text/css" rel="stylesheet"/>
<script src="js/24-4.js" type="text/javascript"></script>
</head>
<body>
  <div id="nav">
    <ul>
    <li class="menu">菜单项 1
      <ul class="subMenu">
      <li><a href="#">菜单项 11</a></li>
        <li class="last"><a href="#">菜单项 12</a></li>
      </ul>
    </li>
    <li class="menu">菜单项 2
      <ul class="subMenu">
        <li><a href="#">菜单项 21</a></li>
        <li><a href="#">菜单项 22</a></li>
        <li class="last"><a href="#">菜单项 23</a></li>
      </ul>
    </li>
    <li class="menu"><a href="#">菜单项 3</a></li>
    <li class="menu"><a href="#">菜单项 4</a></li>
    <li class="menu"><a href="#">菜单项 5</a></li>
    <li class="menu"><a href="#">菜单项 6</a></li>
```

```
        </ul>
    </div>
</body>
</html>
```

上述脚本代码中的导航条菜单项中的 onmouseover 事件处理函数中又包含了二级菜单项的 onmouseover 和 onmouseout 两个事件处理函数，分别用来实现二级菜单项鼠标移入和移出时的背景颜色的修改。

习 题 24

上机题

（1）上机演示本章中的四个实例。

（2）使用 JavaScript+CSS 的方法修改第 11 章节中的示例 11-28，使其得到图 24-11 所示的效果。其中导航条的默认背景颜色为#999，鼠标移到菜单项以及弹出的二级菜单的背景颜色都是#eee。另外，鼠标移到二级菜单项时，菜单项颜色变为红色。

图 24-11　左侧菜单二级菜单效果

第 4 篇

HTML+CSS+JavaScript
综合案例篇

第 25 章

使用 HTML+CSS+JavaScript 创建企业网站

在本章中，将综合应用前面所介绍过的 HTML、CSS 和 JavaScript 创建一个页面效果如图 25-1 所示的企业网站。

图 25-1　页面效果图

25.1　企业网站的创建流程

在第 1 章中，已介绍过网站建设是一个系统工程，在创建网站时应首先进行网站策划，然后依次收集素材、设计网站目录、规划网页，最后进行网页制作。

1.　网站策划

网站策划，即网站定位，主要是明确网站的类型。经过策划，我们确定将创建的网站是一个企业网站，主要用于宣传企业形象、企业文化和产品，并为企业提供与用户的在线交流。网站主要面向的用户是单位。

2.　网站素材收集

根据上面的策划，在网站制作前，需要收集网站中用到的一些素材，如网站标志（logo）、Flash广告、公司简介、产品图片及信息等资料。

3.　网页规划

网页规划包括网页版面布局和颜色规划。

为了让尽可能多的浏览器能在一个窗口中完整地显示网页，本网站将网页宽度设定为 800px。根据网站策划，可确定网站包括的栏目主要有首页、公司简介、新闻中心、产品展示、合作伙伴、网上订购、人才招聘和联系我们。网页涉及的板块主要包括网站 logo、导航条、flash 广告、侧边栏、主内容区和页脚。通过分析，可知该页使用的版式是：页眉+左右两栏+页脚版式，页面的总体结构如图 25-2 所示，使用 HTML5+DIV+CSS 布局页面的页面结构如图 25-3 所示。通过对页面的分析，我们可以看到，其中页眉又划分为 logo+导航条+广告条，此时页面的总体结构如图 25-4所示，对应的布局页面结构如图 25-5 所示。

图 25-2　网页总体结构

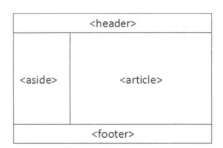

图 25-3　网页布局结构

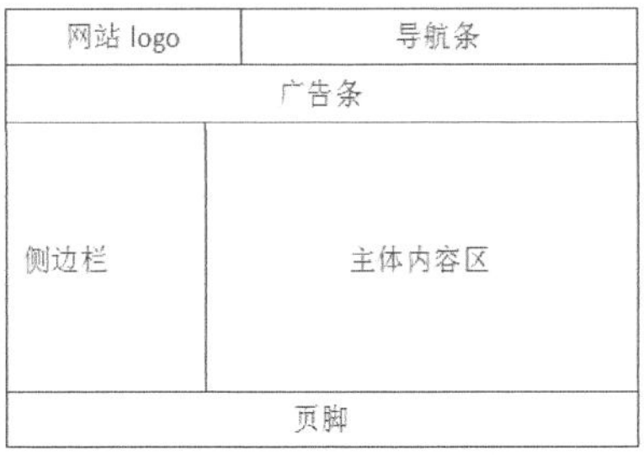

图 25-4　页眉细分后的网页总体结构

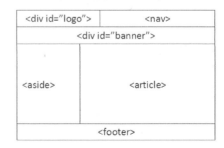

图 25-5　页眉细分后的网页布局结构

上面介绍了网页规划，接下来再说说颜色规划。颜色规划需要从两方面考虑，一是网页内容，二是访问者。在网站策划中已知道，网站面向的用户主要是一些单位，因而网站可以做得简洁、大方。为此，将网站的背景色调定为白色，前景主色调定为中灰色，对某些需强调或希望引起浏览者注意的地方则使用橙色，整个网页的颜色尽可能不超过三种。

4.　网站目录设计

根据网站策划，该网站的目录可包括首页 index.html、保存网站公共图片的 images 目录、保存样式文件的 css 目录、保存脚本文件的 js 目录、保存多媒体文件的 media，以及针对导航条栏目设置的一些目录。网站目录结构可设计成如图 25-6 所示。

其中 product 目录包括产品相关的内容，company 目录包括公司简介、联系方式等相关信息。

5. 网页制作

我们可以使用任何文本编辑工具制作网页，但为了提高网页的制作效率，建议大家使用 Dreamweaver 这个可视化的网站管理和制作工具。使用 Dreamweaver 工具时，首先使用它的"站点"菜单创建一个本地站点，然后在这个站点中把第四步设计好的目录一一创建好，最后就可以开始我们的网页制作之旅了。下面将通过公司简介和网上订购两个页面来介绍网页的制作，其中涉及了 HTML、CSS 和 JavaScript 的内容。

图 25-6　网站目录结构

25.2　公司简介网页的制作

公司简介网页的结构如图 25-2 所示，其中的主体内容就是公司简介，页面的最终效果如图 25-1 所示。

25.2.1　页面头部制作

页面头部的内容包括了网站 logo、导航条和 Flash 广告，如图 25-7 所示。

图 25-7　网页头部

头部内容的 HTML 结构代码如下所示：

```
<header class="wrap">
    <div id="logo">
        ...
    </div>
    <nav>
        ...
    </nav>
    <div id="flash">
        ...
    </div>
</header>
```

1. 页眉布局 CSS 代码

```
.wrap {
    width:800px;
    margin:0;
```

```
    padding:0;
    margin:0 auto;/*水平居中显示*/
}
```

2. 网站 logo 设置

（1）设置网站 logo 的 HTML 代码。

```
<div id="logo"><img src="images/maintop001.gif"/></div>
```

（2）布局网站 logo 的 CSS 代码。

```
/*设置 logo 的最外层 DIV 的样式*/
#logo{
    width:190px;
    margin:0px;
    padding:0px;
    float:left;
}
/*设置 logo 图片的样式*/
#logo img{
    width:100%;
    height:129px;
}
```

上述代码使网站 logo 居左浮动。

3. 导航条设置

（1）设置网站导航条的 HTML 代码。

```
<nav>
    <ul>
        <li><a href="">首 页</a> | </li>
        <li><a href="">公司简介</a> | </li>
        <li><a href="">新闻中心</a> | </li>
        <li><a href="">产品展示</a> | </li>
        <li><a href="">新品推荐</a> | </li>
        <li><a href="">合作伙伴</a> | </li>
        <li><a href="">网上订单</a> | </li>
        <li><a href="">人才招聘</a> | </li>
        <li><a href="">联系我们</a></li>
    </ul>
</nav>
```

导航条使用了无序列表来创建，通过 CSS 样式设置将列表的各个选项布局在一行中。

（2）布局导航条的 CSS 代码。

```
/*导航条的样式设置*/
nav{
    margin:0;
    width:610px;
    height:46px;
    font-size:12px;
    padding-top:83px;
    float:right;
}
```

```css
/*设置无序列表项样式*/
nav li{
    display:inline;
    list-style-type:none;
}
/*设置超链接未访问和已访问两种状态的样式*/
a:link,a:visited{
    font-family: "宋体";
    font-size:12px;
    color:#666666;
    text-decoration:none;
}
/*设置超链接悬停状态的样式*/
a:hover{
    font-family: "宋体";
    color: #FF6600;
    text-decoration: none;
}
```

上述代码中使用了 display:inline 将各个列表项显示在一行中。

4. Flash 广告设置

（1）设置 Flash 广告的 HTML 代码。

```html
<div id="flash">
   <object classid="clsid:D27CDB6E-AE6D-11cf-96B8-444553540000"
     id="FlashID" width="800" height="165">
   <param name="movie" value="flash/top_01.swf">
   <param name="quality" value="high">
   <param name="wmode" value="opaque">
   <param name="swfversion" value="6.0.65.0">
   <param value="../Scripts/expressInstall.swf" name="expressinstall">
   <object type="application/x-shockwave-flash"
     data="flash/top_01.swf" width="800" height="165">
     <param name="quality" value="high">
     <param name="wmode" value="opaque">
     <param name="swfversion" value="6.0.65.0">
     <param value="../Scripts/expressInstall.swf" name="expressinstall" >
   <div>
       <h4>此页面上的内容需要较新版本的 Adobe Flash Player</h4>
       <p><a href="http://www.adobe.com/go/getflashplayer">
       <img src="http://www.adobe.com/images/shared/
       download_buttons/get_flash_player.gif" width="112"
       height="33" alt="获取 Adobe Flash Player"/>
     </a></p>
     </div>
   </object>
  </object>
</div>
```

（2）布局导航的 CSS 代码。

```css
/*设置 flash 广告 DIV 样式*/
```

```
#flash{
    clear:both;/*清除左、右浮动，使动画显示在 logo 和导航条下面*/
    width:800px;
    height:165px;
    margin:0;
    padding:0;
}
```

上述代码使用了 clear:both，使广告条不至上浮，与 logo 和导航条发生重叠。

25.2.2　页面内容布局版式

页面内容包括边栏和主体内容两块内容，如下使用了左右两栏布局版式。

（1）HTML 结构代码如下所示。

```
<div id="content" class="wrap clearfix">
    <aside>
        ...
    </aside>
    <article>
        ...
    </article>
</div>
```

（2）布局导航的 CSS 代码。

```
/*设置网页内容与页眉之间的间距*/
#content{
    margin-top:12px;
}
/*左侧边栏向左浮动*/
aside{
    float:left;
    width:186px;
}
/*主体内容向右浮动*/
article{
    width:586px;
    padding:0;
    margin:0 0 0 20px;
    float:right;
}
/*使用伪元素解决左右两栏浮动后#content 父元素高度自适应问题*/
.clearFix:after {
    content: "";
    display: block;
    clear: both;
}
```

上述 HTML 代码将网页内容分为左、右两块内容，其中左边内容作为侧边栏，右边内容作为主体内容。CSS 将左、右两块内容分别设置向左和向右浮动，因此需要对父元素#content 设置高度自适应，上述代码使用了伪元素来解决父元素的高度自适应。

25.2.3 页面主体内容制作

公司简介页面的主体内容是公司简介，如图 25-8 所示。从图 25-8 可看到，页面主体内容包括公司简介标题和公司简介，HTML 结构代码如下所示。

```
<article>
    <h1><img src="images/newtoptb001.gif" style="float:left"></h1>
    <section id="main">
        ...
    </section>
</article>
```

图 25-8　网页主体内容

1. 放置主体内容的布局 CSS 代码

```
article{
    width:586px;
    padding:0;                 /*设置主体内容与区块边框上、下、左、右间距为0*/
    margin:0 0 0 20px;         /*设置主体内容与侧边栏间距为20px，与周围其他对象的间距为0*/
    float:right;               /*居右浮动*/
}
```

上述代码使用 float:right 设置主体内容居右浮动。

2. 主体内容标题设置

（1）设置主体内容标题的 HTML 代码。

```
<h1>
    <!--使用内联样式设置图片居左浮动 -->
    <img src="images/newtoptb001.gif" style="float:left; ">
</h1>
```

上述代码使用了一级标题标签设置主体内容标题，可起到强调作用。另外，因为 article 区块设置了居右浮动，所以为了让内容标题能单独居左浮动，需要覆盖父区块的样式设置，通过使用内联样式可达到这一目的。上述代码中对标题图片设置了内联样式，使图片居左浮动。

（2）主体内容标题的样式代码。

```
/*设置主体内容标题布局样式*/
article h1{
    width:566px;
    margin:0 0 5px 0;
    padding:0px;
}
/*设置主体内容标题图片样式*/
article h1 img{
    width:265px;
    height:35px;
}
```

3. 主体内容设置

（1）设置主体内容的 HTML 代码。

```
<section id="main">
    <p class="desc">深圳市都龙实业发展有限公司于 1992 年诞生于全国最大的礼品研发、生产基地深圳。都
        龙人经十载的不懈努力和奋斗使都龙现已成为颇具实力与规模的专业礼品公司。公司集研发、生产和代理于一
        体，主要产品有：广告礼品、促销礼品、圣诞礼品、旅游纪念品、劳保用品等，产品远销香港、台湾、欧美、
        中东等地区和国家。
    </p>
    <div>
        <img src="images/00001.gif" id="phto">
        <p class="desc">我们致力于设计形象为用户传播企业文化、塑造品牌形象，以极富创意的设计、精
            湛的工艺制作及专业的销售服务获得广大客户的好评，在同业界中享有良好的口碑。先后得到了中国电
            信、中国移动、中国联通、中国银行、中国建行、中国人寿、中国人保、五粮液集团、剑南春集团、绵
            阳卷烟厂等单位的青睐与支持。
        </p>
    </div>
    <div>
        <strong>我们的理念</strong><br>
        <p class="desc">
            我们以"互利共赢，资源共享，共谋发展"为理念，以传递时尚、品位、交流、关爱为定位，透过策略
            性的思考，审视客户的市场现状及客源定位，根据您的品牌风格，产品的性质，在符合您预算的范围内
            做出有创造性的礼品选择和方案设计，令礼品与您的品牌在风格上得到充分的统一和升华，最大限度的
            吸引消费者，让您的企业和产品在激烈的市场竞争中如虎添翼。
        </p>
    </div>
    <div>
        <strong>全方位的创意</strong><br>
        <p class="desc">面对纷纭繁杂的礼品种类和千变万化的市场需求，礼品方案的选择及设计决定着促
            销活动的成败，我们所秉持的是：
        </p>
        <p class="pt">→如何吸引消费者最大的注意</p>
        <p class="pt">→传达一个简单而有力的品牌主张</p>
        <p class="pt">→占据有效而极具竞争力的市场定位</p>
    </div>
</section>
```

主体内容中使用了 HTML5 的<section>标签来包含，其作为<article>的正文内容。"我们的理念"和"全方位的创意"分别使用了<strong>标签来达到加粗样式以及强调效果。

（2）布局主体内容的 CSS 代码。

```css
/*设置主体内容的样式*/
#main{
    margin:0;
    padding:0;
    clear:left; /*清除主体内容标题的左浮动*/
    width:576px;
    font-size:12px;
    font-family: "宋体";
    text-align:left;
    line-height:180%;
    color: #666666;
}}
/*设置主体内容中的图片样式*/
#phto{
    width:319px;
    height:194px;
    float:right;            /*居右浮动*/
}
p{
    text-indent:24px;/*段首缩进两个字符*/
}
.desc{
    margin-top:0;/*重置段落的上外边距为 0*/
}
.pt{
    margin:0;/*重置段落的上、下外边距为 0*/
}
```

在#main 中使用 clear:left 设清除主体内容标题居左的浮动，使内容显示在标题的下面。另外，在公司简介中的图片，为了让其居右显示，再一次使用了 float:right 让其浮动到文字的右边。由于段落默认存在上、下边距，在上述 CSS 代码中分别使用了两个类选择器来重置相关段落的上外边距以及上、下外边距。需要注意的是，段首缩进应使用 CSS 来设置，不要使用 来设置缩进，因为 在不同浏览器中解析的字符可能是不一样的。

25.2.4 页面侧边栏制作

页面侧边栏的内容包括了最新公告、友情链接和图片广告，如图 25-9 所示。

侧边栏的 HTML 结构代码如下所示。

```html
<aside>
    <section id="notice">
       ...
    </section>
    <section id="link">
        ...
    </section>
    <section id="ad">
```

```
    ...
    </section>
</aside>
```

上述代码使用 HTML5 的 section 元素将侧边栏分为三块内容。

1.　侧边栏的布局 CSS 代码

```css
aside{
    float:left;
    width:186px;
}
```

2.　最新公告设置

（1）设置最新公告的 HTML 代码。

```html
<section id="notice">
    <h1>最新公告</h1>
    <div id="notice_content">
      <marquee onMouseOver="this.stop()" onMouseOut="this.start()"
        scrollamount="1" scrolldelay="16" direction="up">
        本公司将一如既往，服务好新老客户，为客户提供最优价产品，欢迎联系我们！<br>
        热线：0755-83155222  <br>
        传真：0755-83155366<br>
        电邮：dulonglp@vip.163.com<br>
        QQ:59223322  228238633<br>
      </marquee>
    </div>
</section>
```

上述代码将最新公告划分成了标题和公告两块内容，分别使用<h1>和<div>来设置。

（2）最新公告的 CSS 代码。

```css
#notice{                        /*最新公告的布局样式*/
    width:186px;
    margin:0;
    padding:0;
}
/*设置最新公告标题样式*/
h1{
    margin: 0;
    padding: 0;
    color:#000;
    font-family: "宋体";
    font-size: 14px;
    line-height: 180%;
    text-align:left;
}
#notice_content{                /*设置最新公告*/
    margin:0;
    padding:5px;
    text-align:left;
    border:1px solid #f1f1f1;
}
```

```css
marquee{                        /*设置滚动字幕的样式*/
    width:100%;
    height:170px;
    font-family: "宋体";
    font-size: 12px;
    line-height: 180%;
    color:#FF6600;
}
```

为了引起访问者的注意，将公告内容颜色设置成橙色。

3. 友情链接设置

（1）设置友情链接的 HTML 代码。

```html
<section id="link">
    <h1>友情链接</h1>
    <div id="link_content">
        <div id="img">
          <a href="http://www.hongkongzousonfu.com" target="_blank">
            <img src="images/link002.gif" />
          </a>
        </div>
        <div id="form">
          <form>
            <select size="1" class="shared" name="quickbar"
            onChange="QbDcTEST(this);"language="JavaScript"
            style="font-size: 9pt; background-color:#000000; color:#ffffff">
             <option value="-1" >-----友情链接-----</option>
             <option value="http://www.bjgift.com">礼品网</option>
             <option value="http://www.allmug.com/main.htm">上海欧源工艺礼品</option>
             <option value="http://www.cjol.com">中国人才热线</option>
             <option value="http://www.sina.com.cn">新浪网</option>
             <option value="http://www.szptt.net.cn">深圳之窗</option>
             <option value="http://www.szonline.net">深圳热线</option>
        </select>
        <script language="JavaScript">
            <!--
            function QbDcTEST(s){
               var d = s.options[s.selectedIndex].value;
               window.open(d);
               s.selectedIndex=0;
            }
          //-->
        </script>
      </form>
    </div>
  </div>
</section>
```

上述代码将友情链接划分成了标题和链接两部分内容，其中链接内容又进一步划分成图片链接和下拉列表链接两部分。下拉列表使用了内联样式设置了背景颜色和前景颜色。另外，通过在HTML 中嵌入脚本响应下拉列表的选项变化事件。

（2）布局友情链接的 CSS 代码。

```
#link{                              /*友情链接的布局样式*/
     margin:15px 0 0 0;
     padding:0;
     width:186px;
}
h1{    /*与最新公告标题样式完全相同*/
     ...
}
#link_content{                      /*设置友情链接 DIV 样式*/
     margin:0;
     padding:0;
     border:1px solid #f1f1f1;
}
#link img{                          /*设置友情链接图片样式*/
     width:175px;
     height:56px;
     border:0;
     padding:0;
     margin:5px 5px 0 5px;
}
#form{                              /*设置下拉列表样式*/
     text-align:center;
     padding:0;
     margin:10px 0 10px 0;
}
form{
     margin-bottom:0;/*重置下外边距为0*/
}
```

Form 元素默认有一个下外边距，上述 CSS 代码使用 margin-bottom:0 重置 form 元素的下外边距为 0。

25.2.5　页脚制作

页脚主要用于设置版权信息、网站备案信息、联系方式等内容，效果如图 25-9 所示。

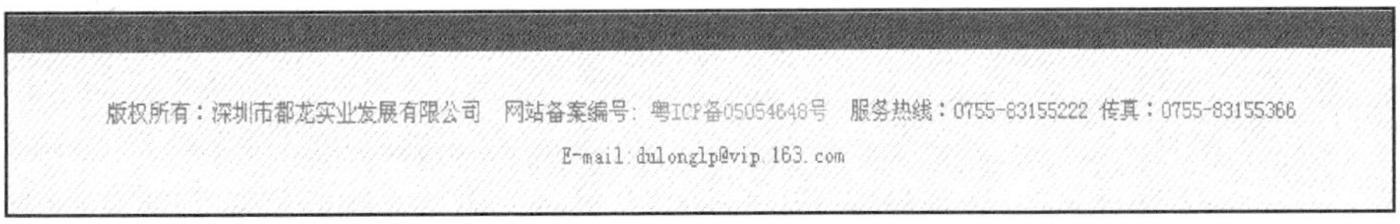

版权所有：深圳市都龙实业发展有限公司　网站备案编号：粤ICP备05054648号　服务热线：0755-83155222　传真：0755-83155366
E-mail:dulonglp@vip.163.com

图 25-9　网页页脚

上图所示页脚包含了两种背景图片，可通过设置两个 div 得到该效果。页脚的 HTML 结构代码如下所示：

```
<footer>
  <div id="bg1">
      ...
    </div>
  <div id="bg2">
```

```
        ...
    </div>
</footer>
```

（1）设置页脚的 HTML 代码。

```
<footer>
    <div id="bg1"> </div>
    <div id="bg2">
        版权所有：深圳市都龙实业发展有限公司　网站备案编号：
        <a href="http://www.miibeian.gov.cn" target="_blank">
        <span>粤 ICP 备 05054648 号</span></a>
        服务热线：0755-83155222 传真：0755-83155366 <br />
        E-mail: <a href="mailto:dulonglp@vip.163.com">
            dulonglp@vip.163.com</a>
    <div>
</footer>
```

在页脚中第一个 div 不包含任何内容，纯粹是用来设置背景图片的。第二个 div 用于设置版权信息、网络备案信息和联系方式。

（2）布局页脚的 CSS 代码。

```
#bg1{                           /*设置放置第一个背景图片的 DIV 样式*/
    width:100%;
    background:url(../images/bg002.jpg);
    margin:0;
    padding:0;
}
#bg2{                           /*设置放置第二个背景图片的 DIV 样式*/
    width:100%;
    margin:0;
    padding:20px 0 0 0;
    background:url(../images/bg001.gif);
    height:60px;
    color:#666666;
    font-family: "宋体";
    font-size: 9pt;
    line-height: 180%;
}
#bg2 span{                      /*设置超链接文本颜色*/
    color:#FF6600;
}
```

上述代码在#bg1 和#bg2 中分别设置了背景图片，另外，为了突出网络备案信息，特意使用了 span 对该信息设置了橙色。

25.2.6　网页居中显示设置

在第一节中，规划网页的宽度为 800px，为了让网页能居中显示，在非标准的 IE 浏览器中可以通过设置 body 的文本居中显示，但在标准的浏览器，如 Firefox、chrome 以及遵循 W3C 标准的较高版本的 IE 等浏览器中必须设置网页所在 div 的左右两边边距为 0、上下边距自动调整，在本案例中，对页眉、内容和页脚使用了 class="wrap" 作为网页各块内容的外部容器。按照这个思想，可以通过设置以下 CSS 样式来得到在各种浏览器中的居中显示效果：

```
body{
    /*在非标准的 IE 浏览器中只要设置文本水平居中即可使网页居中显示*/
    text-align:center;
    margin: 0;
}
.wrap {
    width:800px;
    margin:0 auto;/*设置标准的浏览器中内容的水平居中显示*/
}
```

25.3　网上订购页面的制作

网上订购页面的结构如图 25-2 所示，其中的主体内容主要为网上订购表单，页面的最终效果如图 25-10 所示。

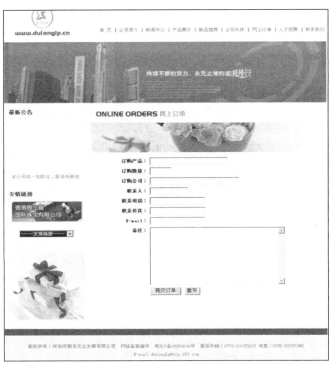

图 25-10　网上订购页面效果

1. 主体内容 HTML 代码

```
<div id="order">
    <h1>
        <!--使用内联样式覆盖父 div 的居右浮动设置-->
        <img src="images/newtoptb006.gif" style="float:left;">
    </h1>
    <div id="order_ad">
        <img src="images/newp006.jpg">
```

```
    </div>
    <div id="order_form">
        <!--提交表单时首先执行 check () 脚本函数, 校验表单数据是否有效-->
        <form action="" onSubmit="return check()">
        <table>
            <tr>
                <td class="label">订购产品: </td>
                <td class="element">
                    <input name="product" id="product" size="26" maxLength="36">
                </td>
            </tr>
            <tr>
                <td class="label">订购数量: </td>
                <td class="element">
                    <input name="account" id="account" size="6" maxLength="30">
                </td>
            </tr>
            <tr>
                <td  class="label">订购公司: </td>
                <td class="element">
                    <input name="company" id="company" size="30"  maxLength="36">
                </td>
            </tr>
            <tr>
                <td class="label">联系人: </td>
                <td class="element">
                    <input name="name" id="name" size="12" maxLength="30">
                </td>
            </tr>
            <tr>
                <td class="label">联系电话: </td>
                <td class="element">
                    <input name="tel" id="tel" size="18" maxLength="36">
                </td>
            </tr>
            <tr>
                <td class="label">联系传真: </td>
                <td class="element">
                    <input name="fax" id="fax" size="18" maxLength="36">
                </td>
            </tr>
            <tr>
                <td class="label"> E-mail: </td>
                <td class="element">
                    <input name="email" id="email" size="18" maxLength="36">
                </td>
            </tr>
            <tr>
                <td class="label" valign="top">备注: </td>
                <td class="element">
```

```
                    <textarea name="message" id="message"cols="45" rows="10"></textarea>
                </td>
            </tr>
            <tr>
                <td class="label">  </td>
                <td class="element">
                    <input name="cmdOk" type="submit" value="提交订单">
                    <input name="cmdReset" type="reset" value="重写">
                </td>
            </tr>
        </table>
    </form>
  </div>
</div>
```

上述代码使用了表格来布局表单 label 和表单元素，并分别使用 label 和 element 类选择器来设置表单 label 和表单元素的样式，以达到样式的重用。

2. 布局主体内容的 CSS 代码

```
/*主体内布局样式代码*/
#order{
    width:586px;
    margin:0 0 0 20px;
    padding:0;              /*主体内容与div边框间距为0px*/
    float:right;            /*设置网上订购主体内容div居右浮动*/
}
/*设置主体内容标题样式*/
#order h1{
    width:566px;
    padding:0;
    margin:0 0 5px 0;       /*主体内容标题与下面的广告图片的间距为5px，与周围其他
                              对象的间距为0px*/
}
/*设置标题图片的样式*/
#order h1 img{
    width:265px;
    height:35px;
}
/*设置广告div的宽度*/
#order_ad{
    width:586px;
}
/*设置广告图片的样式*/
#order_ad img{
    width:580px;
    height:80px;
    border:1px solid #f1f1f1;  /*广告图片边框线为实线，宽为1px，颜色为浅灰色*/
}
/*设置网上订购表单div的样式*/
#order_form{
    width:566px;
```

```
        margin:5 0 0 0px;          /*网上订购表单与上面的广告图片间距为 5px，与其他对象的间距为 0px*/
        padding:0;                 /*网上订购表单与 div 边框间距为 0px*/
}
/*设置表单 label 样式*/
.label{
        height:25px;
        width:130px;
        text-align:right;
        font-family: "宋体";
        font-size: 12px;
        line-height: 180%;          /*行间距为默认行间距的 180% */
        font-weight:bold;           /*字体加粗显示*/
}
/*设置表单元素样式*/
.element{
        width:455px;
}
/*设置表格样式*/
table{
        width:100%;
        height:79px;
}
```

3. 校验表单数据有效性的脚本代码

在网上订购网页中使用了在 HTML 页面中嵌入脚本的方式来校验表单数据的有效性，校验代码如下所示。

```
<script type="text/javascript">
//定义原型函数 trim()来去掉表单输入数据前后的空格
String.prototype.trim=function(){
        return this.replace(/(^\s*)(\s*$)/g,"");
}
function check(){
    var product=document.getElementById("product");
    var account=document.getElementById("account");
    var company=document.getElementById("company");
    var name=document.getElementById("name");
    var tel=document.getElementById("tel");
    var email=document.getElementById("email");
    //判断订购产品表单元素是否有输入值
    if(product.value.trim().length==0){
        alert("请填写想订购的产品");
        product.focus();        //订购产品表单元素没有输入值时获得焦点
        return false;
    }else if(account.value.trim().length==0){
        alert("请填写订购数量");
        account.focus();
        return false;
    }
    //判断输入的数量是否是数字类型
    else if(isNaN(account.value)){
        alert("请填写正确的订购数量");
```

```
            account.select();    //将输入的错误的数量值选中
            return false;
        }
        else if(company.value.trim().length==0){
            alert("请填写订购的公司名称");
            company.focus();
            return false;
        }
        else if(name.value.trim().length==0){
            alert("请填写公司联系人");
            name.focus();
            return false;
        }
        else if(tel.value.trim().length==0){
            alert("请填写联系电话");
            tel.focus();
            return false;
        }
        else if(email.value.trim().length==0){
            alert("请填写 email");
            email.focus();
            return false;
        }
        //判断输入的 email 是否含有 "@" 符号
        else if(email.value.indexOf("@")==-1){
            alert("请填写正确的 email");
            email.select();
            return false;
        }else{
            return true;
        }
    }
}
</script>
```

人民邮电出版社
POSTS & TELECOM PRESS

教师服务登记表

* 填表日期：_____年___月___日

尊敬的老师：

您好！感谢您购买我社出版的_____教材。

我社为进一步加强与高校教师的沟通与合作，更好地为高校教师提供优质的教学服务，特附此登记表，请您填妥后回复给我们，我们将定期向您寄送我社最新的图书出版信息。

感谢您对我社图书的关注与支持！

个人资料（**请准确填写**）

☆院校信息		☆教师信息			
* 学　校		* **姓　名**		* **性　别**	□男　□女
* 学　院		出生年月		* **职　务**	
* 系　所		* **职　称**	□教授　　□副教授　　□讲师　　□助教		
* 教研室		* **办公电话**		* **E-mail**	
* 邮　编		家庭电话		* **手　机**	
* **通 信 地 址**	省　　　　市　　　　区/县_____				

☆讲授课程信息

主讲课程			作者及出版社	共同授课教师	教材满意度
课程1					□希望更换 □不满意 □一般　□满意
层　次	学生人数	学　期			
□专□本□研	人/学期	□春　□秋			
课程2					□希望更换 □不满意 □一般　□满意
层　次	学生人数	学　期			
□专□本□研	人/学期	□春　□秋			

☆图书出版信息

已出版著作		
著 书 计 划	方向一	
	方向二	

☆样书申请信息

* 书号（ISBN）	* 书名	作者	索要样书说明	学生人数
978-7-115			□教材　□参考	人/学期
978-7-115			□教材　□参考	人/学期

☆意见和建议

对本书的意见或建议	
其他意见或建议	

填妥后请选择以下任何一种方式将此表返回：（如方便请赐名片）

地址：北京市丰台区成寿寺路 11 号邮电出版大厦 教育出版中心　　邮编：100164

电话：（010）81055215　　　　　　　　　　E-mail：xujinxia@ptpress.com.cn

图书详情可登录 http:// www.ryjiaoyu.com 网站查询